高等职业教育数控技术专业规划教材
国家示范性高职院校建设项目成果

数控高速加工与工艺

主　编　高永祥
副主编　周纯江
参　编　徐晓风　郁元正
主　审　杜红文

机械工业出版社

本书全面介绍了高速加工的机床、刀具、工艺、编程等相关知识，并重点讲解了高速加工中的编程要点。本书主要内容包括：高速加工技术的特点与应用；高速加工机床的结构与关键部件；高速加工使用的刀具及刀具接口等工具系统；数控编程中切削参数的选择、切削路径的规划，以及粗加工、半精加工、精加工的编程策略。此外，本书还介绍了几个常用的CAD/CAM软件，并以UG NX为例，重点论述了高速加工编程的加工方式与参数设置，最后给出叶轮高速加工的实例。

本书可作为高职高专院校的机械类专业教材，也可供从事数控切削加工、CAD/CAM编程的工程技术人员和技术工人，以及科研院所的科研人员参考。

本书配有电子课件，凡使用本书作教材的教师可登录机械工业出版社教材服务网（http://www.cmpedu.com）下载，或发送电子邮件至cmp-gaozhi@sina.com索取。咨询电话：010-88379375。

图书在版编目（CIP）数据

数控高速加工与工艺/高永祥主编. —北京：机械工业出版社，2012.12（2022.8重印）

高等职业教育数控技术专业规划教材　国家示范性高职院校建设项目成果

ISBN 978-7-111-40499-6

Ⅰ.①数…　Ⅱ.①高…　Ⅲ.①数控机床—加工—高等职业教育—教材　Ⅳ.①TG659

中国版本图书馆CIP数据核字（2012）第280810号

机械工业出版社（北京市百万庄大街22号　邮政编码100037）

策划编辑：郑　丹　王英杰　责任编辑：郑　丹　王英杰　武　晋

版式设计：赵颖喆　责任校对：樊钟英

封面设计：鞠　杨　责任印制：单爱军

北京虎彩文化传播有限公司印刷

2022年8月第1版第3次印刷

184mm×260mm · 11.5印张 · 281千字

标准书号：ISBN 978-7-111-40499-6

定价：37.00元

电话服务	网络服务
客服电话：010-88361066	机　工　官　网：www.cmpbook.com
010-88379833	机　工　官　博：weibo.com/cmp1952
010-68326294	金　　书　　网：www.golden-book.com
封底无防伪标均为盗版	机工教育服务网：www.cmpedu.com

前　　言

高速加工（High Speed Machining，HSM）是近几十年来迅速崛起的一项先进制造技术。由于高速切削技术使汽车、模具、飞机、轻工等行业的生产率和制造质量显著提高，加工工艺及装备更新换代，因此，如同数控技术一样，高速切削和高速加工已成为20世纪机械制造业一场影响深远的技术革命。目前，适应高速切削要求的高速加工中心和其他高速数控机床的应用在发达国家已呈普及趋势。我国近年来也在加快发展其应用；同时，它也是我国许多产业部门的进口热点。但是，目前对这类设备的理论研究大大滞后于市场要求，造成有些高速机床的选型不够科学，设备安装后不会使用，不能充分发挥其高速效能。目前，市场上还没有一本符合高职高专院校使用的高速加工教材，而培养懂高速加工的人才又是比较重要的。

本书编写过程中始终坚持“少理论多练习”的原则，配有大量的思考与练习题。本书主要分为六章。第一章主要介绍高速加工的定义、高速加工的特点；第二章主要介绍高速主轴单元及高速进给机构；第三章讲解了高速加工刀具的刀柄结构、刀具材料；第四章介绍了高速数控加工的编程策略的应用；第五章讲解了高速加工工艺参数的选择及应用；第六章讲解了UG NX高速铣削编程。

本书由高永祥任主编，周纯江任副主编。徐晓风、郁元正参与了本书的编写工作。在本书编写过程中，还得到浙大旭日科技有限公司、杭州娃哈哈集团有限公司精密机械分公司等企业技术人员的帮助。本书由杜红文教授任主审，在此深表感谢。另外，本书还参考和引用了大量文献与企业技术资料，在书中未能一一列出，在此一并表示感谢。

由于作者水平、知识背景和研究方向的限制，书中不足和遗漏之处在所难免，恳请广大读者不吝指正。

编　者

目　　录

第一章　认知高速加工

高速加工在航空、汽车、模具制造等行业已经得到广泛应用。本章对高速加工的定义、高速加工的基本要素、高速加工设备的关键技术及高速加工技术的应用等几部分内容进行了阐述。

本章学习要点

◎ 高速加工的定义和基本构成要素；
◎ 高速加工机床主要部件组成；
◎ 高速加工的特点；
◎ 高速加工设备的关键技术；
◎ 高速加工的应用场合。

第一节　高速加工概述

近年来，高速加工（High Speed Machining，HSM）技术蓬勃发展，已成为切削加工的主流和先进制造技术的一个重要发展方向。高速加工是一项高新技术，它以高效率、高精度和高表面质量为基本特征，在汽车工业、航空航天、模具制造和仪器仪表等行业中获得了越来越广泛的应用，并已取得了较大的技术经济效益，是当代先进制造技术的重要组成部分。

学习目标

◎ 理解高速加工的定义和基本构成要素；
◎ 了解高速加工的历史；
◎ 了解高速加工机床的主要组成部件；

一、高速加工的定义

高速加工首先是由航空工业和模具工业的需求而推动的。因为飞机机体的主要材料为铝合金，而飞机零件中有大量的薄壁零件，如翼肋、长框等，它们有很薄的壁和肋，加工中金属切除率能达到80%以上，有时甚至达到90%以上，容易产生切削变形，因此加工比较困难。在模具工业和汽车工业中，模具制造是关键，缩短模具交货周期，提高模具制造质量，也是人们长期努力的目标。高速加工无疑是解决这些困扰航空和模具等工业的问题的一条重要途径。从20世纪90年代起，高速加工逐步在制造业中推广应用。现在，美国和日本大约有30%的公司已经使用高速加工；在德国，这个比例高达40%。在飞机制造业中，高速切削已经普遍应用于飞机零件的加工。因此，高速加工作为一种新的切削加工理念，对其进行深入研究具有重要意义。

到目前为止，高速加工还没有统一的定义，如高切削速度加工（High Cutting Speed

Machining)、高主轴转速加工（High Spindle Speed Machining)、高进给率加工（High Feed Machining)、高转速和进给率加工（High Speed and Feed Machining)、高生产率加工（High Productive Machining)。

通常认为，高速数控加工是一种以高主轴转速、快速进给、较小的切削深度和刀具切削间距为加工特征的高效率、高精度数控加工方式。传统模式的数控加工常采用加大切削深度的方法来提高加工效率，而这种加工方法往往受机床刚性、刀具强度和刚度等的制约，而且对机械零件的加工精度也影响很大，因此，传统模式下的数控加工效率会受到许多限制。高性能、高转速数控机床的出现、高性能刀具的研制成功与应用以及支持高速加工软件的研制开发成功为数控加工高速化提供了技术保障。

高速加工从技术概念的提出、发展到较成熟的工业应用大致经历了 4 个阶段，如图 1-1 所示。目前，通过主轴转速来定义高速加工。认为主轴转速为 8000～35000 r/min或更高的切削加工为高速加工；有定义切削速度为 500～7500m/min 的切削加工为高速加工；也有定义切削速度大于 610m/min 且主轴转速不低于 10000r/min 的切削加工为高速加工；还有的认为典型的高速加工应是主轴转速为 15000～25000r/min 和进给速度为 5～20m/min 的切削加工；另外，还有人认为使用主轴的 Dn 值，即主轴轴承内径 D（mm）和主轴转速 n（r/min）的乘积来定义高速加工更为合理，并且认为 Dn 值为 0.5×10^6～0.5×10^7mm・r/min 的切削加工属于高速加工。

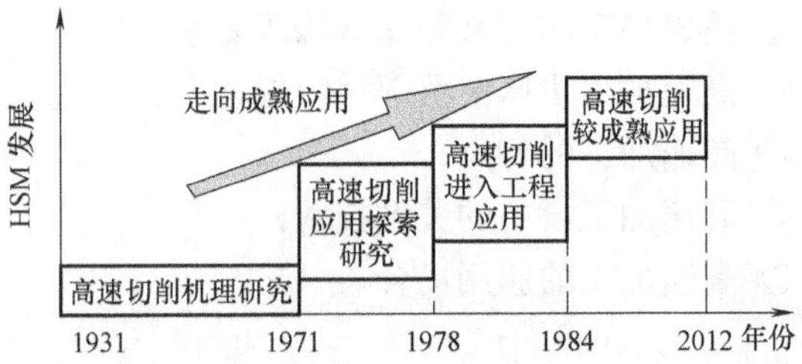

图 1-1 HSM 技术发展历程

表 1-1 高速加工指标的发展历程

速度特征	20 世纪 60 年代	20 世纪 70 年代	20 世纪 80 年代	20 世纪 90 年代	21 世纪初
主轴转速/（r/min）	1000～2000	2000～4000	2000～6000	4000～10000	10000～60000
进给速度/（m/min）	2～5	5～10	10～15	15～40	20～120
加速度	0.1g～0.2g	0.2g～0.4g	0.3g～0.6g	0.5g～1g	0.5g～2g
换刀时间/s	15～30	10～15	5～10	2～5	0.6～2

尽管对 HSM 的定义有所不同，但通过这些定义可以看出，高速加工具有显著的特征，其中最具标志性的是速度特征，见表 1-1。高速加工的这些特征导致其工艺策略完全不同于常规的切削加工工艺策略。常规加工工艺的策略是采用低转速、大切削深度、慢进给、单行程来提高生产率；而 HSM 则是采用高主轴转速、中小切削深度、快进给、多行程来提高生产率，同时提高了零件的加工精度和质量，并延长了刀具使用寿命。Makino 公司做过试验，加工某材料零件用一个直径为 25mm 的球头刀具，主轴转速为 1300r/min，切削深度为 12.7mm，进给速度为 203mm/min，零件材料切除率（Material Removal Rate，MRR）为 6.5cm^3/min；同样的刀具在主轴转速为 6000r/min，切削深度为 2.5 mm，进给速度为 3050mm/min 时，零件材料切除率可达 118cm^3/min，比前种情况提高了 17 倍。

二、高速加工的基本构成要素

高速加工的目标不仅仅是速度本身，而且还包括由速度带来的灵活性。高速加工中，系统可以在预先得到很少信息的情况下执行批处理作业，这样就简化了总工作量。此外，对于曾经需要更专用机床的加工工序的工件，在进行大量处理时，速度可使数控加工中心更有竞争力。

对于机械零件的加工而言，高速加工就是以较快的生产节拍进行加工，而一个生产节拍包括零件送进—定位夹紧—刀具快进—刀具工进（在线检测）—刀具快退—工件松开、卸下—质量检测等基本生产环节；高速切削则是指刀具切削刃相对于零件表面的切削运动（或移动）速度超过普通切削 5～10 倍（主要体现在刀具快进、工进及快退三个环节上），它是高速加工系统的一个子系统。对于整条自动生产线而言，高速加工技术表现为以较简捷的工艺流程和较短、较快的生产节拍进行生产加工。要实现高速加工，就必须突破传统的机械加工的观念，在确保产品质量的前提下，改革原有加工工艺（方式），或采用一工位多工序、一刀多刃的加工方式，或以车、铰、铣削替代磨削，或以拉削、搓、挤、滚压等加工工艺替代滚、插、铣削等加工工艺，尽可能缩短整条生产线的工艺流程。对于某一产品而言，高速加工技术体现为企业以较短的生产周期完成产品的信息采集与处理、设计开发、加工制造、市场营销及信息反馈，它与敏捷制造工程技术理念具有相似之处。

高速加工需要具备以下要素，如图 1-2 所示：

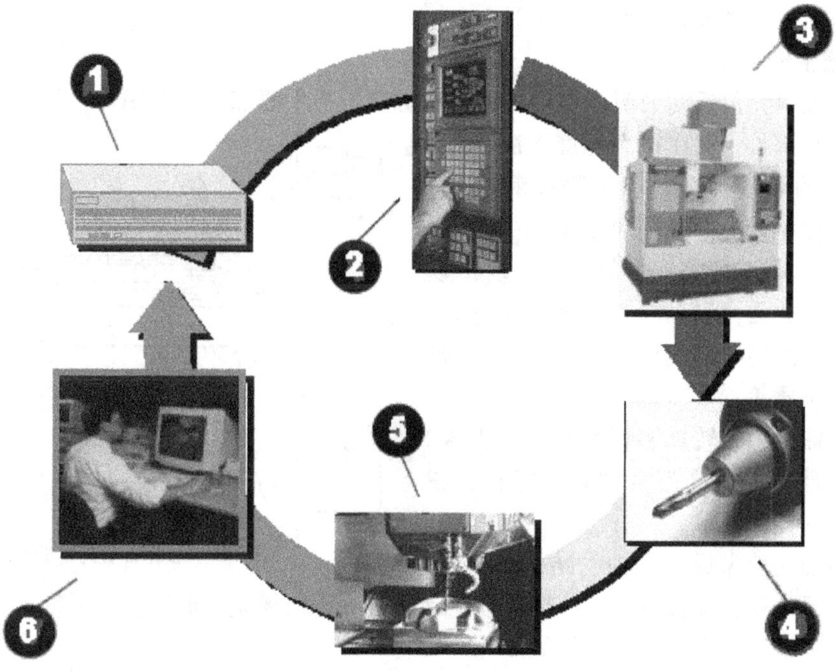

图 1-2　高速加工要素

（1）高速通信技术　高速加工中，系统需要高速通信来适应 PTP 文件，这些文件的容量可达 1GB 或以上。

（2）控制技术　高速加工中，控制系统必须能处理包含许多超高速运动的大程序。有些控制系统还使用 NURBS 插补程序。

（3）机床设计　高速机床要按照重工件高速运动时所需的驱动、加速和减速进行设计。

（4）平衡精度切削刀具和刀柄　在主轴转速较高时，存在的残余不平衡量会产生与转速成平方关系的离心力，这种动态负载会激起刀具和机床的振动，从而导致加工表面质量、刀具寿命和主轴寿命的下降，甚至影响加工过程的正常进行。为减小或限制这种由残余不平衡量产生的动态负载的影响，需要平衡精度切削刀具和刀柄，即进行必要的动平衡。

(5) 加工技巧　高速加工不仅仅是更快地加工，为了真正实现高速加工，还必须掌握加工技巧，更改切削策略。

(6) 生成刀轨的计算机辅助制造系统　计算机辅助制造系统的设计目的就是生成高速加工中的刀具轨迹。

三、高速数控机床部件

高速数控机床是实现高速加工的前提和基本条件。一个国家高速加工的技术水平，很大程度反映在高速数控机床的设计制造技术上。在现代机床制造中，数控机床的高速化是一个必然的发展趋势。此外，在要求数控机床高速化的同时，还要求其具有高精度和高的静、动刚度。

高速数控机床主要包括高速单元（或称功能部件）和机床整机。其中，高速单元包括高速主轴单元、高速进给系统、高速 CNC 控制系统等；机床整机包括机床床身、冷却系统、安全设施、加工环境等。分别简介如下：

1. 高速主轴单元

高速主轴单元包括动力源、主轴、轴承和机架 4 个主要部分，如图 1-3 所示，是高速数控机床的核心部件。它在很大程度上决定了机床所能达到的切削速度、加工精度和应用范围。高速主轴单元的性能取决于主轴的设计方法、材料、结构、轴承、润滑冷却、动平衡、噪声等多项相关技术，其中一些技术又是相互制约的，包括高转速和高刚度的矛盾、高速度和大转矩的矛盾等。

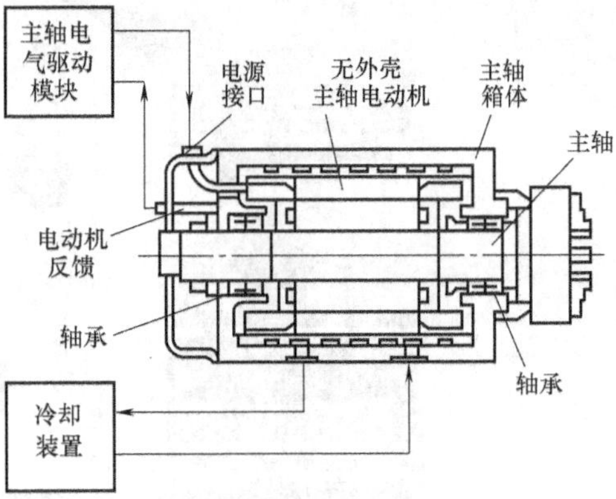

图 1-3　电主轴结构示意图

因此，提高主轴转速和精度是一项很困难的工作，设计和制造高速主轴必须综合考虑，满足多方面的技术要求。

高速主轴一般做成电主轴的结构形式，其关键技术包括高速主轴轴承、无外壳主轴电动机及其控制模块、润滑冷却系统、主轴刀柄接口和刀具夹紧方式以及刀具动平衡等。

2. 高速进给系统

进给系统的高速性也是评价高速机床性能的重要指标之一，不仅对提高生产率有重要意义，而且也是维持高速加工刀具正常工作的必要条件。高速进给系统不仅要能够达到高速运动，而且要求瞬时达到高速、瞬时准停等，所以要求具有很大的加速度以及很高的定位精度。

高速进给系统的关键技术包括进给伺服驱动技术、滚动元件导向技术、高速测量与反馈控制技术和其他周边技术，如冷却和润滑、防尘、防切屑、降噪及安全技术等，如图 1-4～图 1-6 所示。

图 1-4　NSK 高速滚珠丝杠和滚动导轨（240m/min）

图 1-5　DMG 采用直线电动机的卧式加工中心（120m/min）

3. CNC 控制系统

CNC 控制系统是高速加工中心的重要组成部分，它在很大程度上决定着机床的加工速度、精度和加工工件表面质量。高速机床要求其 CNC 系统对数据处理要快得多，高的进给速率要求 CNC 系统有很高的内部数据处理速度，而且还应有较大的程序存储量。CNC 控制系统的关键技术主要包括快速处理刀具轨迹、预先前馈控制、反应的伺服系统等。

图 1-6　并联加工中心（虚拟轴机床）

4. 床身、立柱和工作台

高速数控机床设计的另一个关键点，是如何在降低运动部件惯性的同时，保持基础支承部件（如床身、立柱和工作台）高的静刚度、动刚度和热刚度。通过计算机辅助工程的方法，采用有限元法和优化设计，能获得重量减轻、刚度提高的床身、立柱和工作台结构。为获得较好的动态性能，有些高速数控机床的床身由聚合物混凝土材料制成。

5. 切屑处理和冷却系统

高速切削过程会产生大量的切屑，单位时间内高的切屑切除量需要高效的切屑处理和清除装置。高压大流量的切削液不但可以冷却机床的加工区，而且也是一种行之有效的清理切屑的方法，但同时也会对环境造成严重的污染。切削液的使用并不是对高速切削的任何场合都适用，如对抗热冲击性能差的刀具。在有些情况下，切削液反而会降低刀具的使用寿命，这时可采用干切削，并用吹气或吸气的方法进行清理切屑的工作。

6. 安全装置

机床运动部件的高速运动、大量高速流出的切屑以及高压喷洒的切削液等，都要求高速数控机床有一个足够大的密封工作空间。刀具破损时的安全防护尤为重要，要求工作空间的仓壁能吸收喷射部分的能量。此外，防护装置必须有灵活的控制系统，以保证操作人员在不直接接触切削区的情况下操作安全，如 DMU 60 monoBLOCK 高速数控铣削加工中心的安全门，如图 1-7 所示。

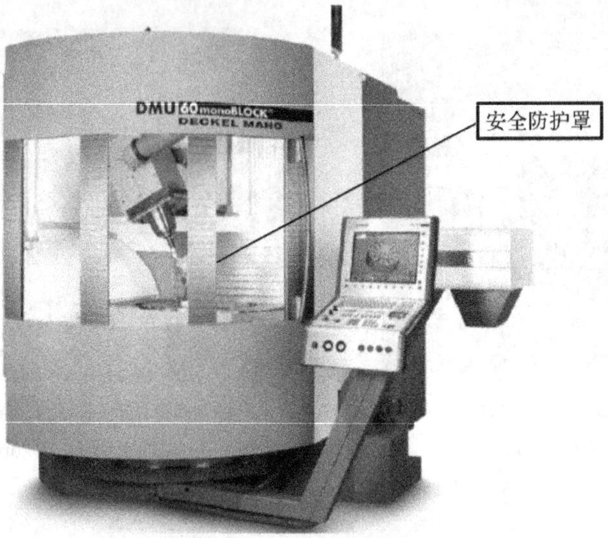

图 1-7　DMU 60 monoBLOCK 高速数控铣削加工中心

相关知识链接　高速加工的历史由来

20 世纪初，美国人泰勒（Frederick W. Taylor）研究了切削速度对刀具寿命的影响，强调金属切削中加工速度的重要性，是最早研究金属切削机理的学者之一。他获得了“金属切削奠基人”的美誉。其代表成果是确立了切削用高速钢的最佳成分 W18Cr4V（$w_C=0.75\%$，$w_W=18\%$，$w_{Cr}=4.0\%$，$w_V=1.0\%$）。当时切削中碳钢速度为 30m/min，比之前提高了十几倍。这一成果带来了机械加工的划时代革命，也因此使得刀具材料在进入 19 世纪后呈现出异乎寻常的发展速度，创造了前所未有的辉煌。

1921～1931 年，德国切削物理学家萨洛蒙（Carl Salomon）提出并进行了一系列高速切削实验，于 1931 年申请“超极限速度”专利，随后把该专利卖给了 Krupp（克虏伯）公司。

对萨洛蒙提出的高速切削概念，现在人们常用“萨洛蒙曲线”来表示，如图 1-8 所示。他认为，在常规切削速度范围内，切削温度随着切削速度的提高而升高，一定的工件材料对应有一个临界切削速度，此处切削温度最高，但当切削速度超过临界值后，切削温度不但不升反而下降。对于每一种工件材料，都存在一个速度范围，在该范围内，由于切削温度太高，刀具材料无法承受，切削加工不能进行，这个范围称为“死谷”。如果切削速度能越过“死谷”，在高速区工作，则有可能用现有的刀具进行高速切削，切削温度与常规切削基本相同，从而大大减少切削工时，大幅度提高机床的生产效率。

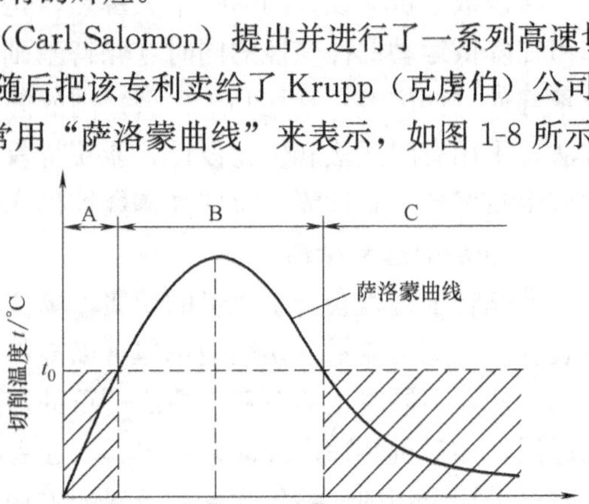

图 1-8　萨洛蒙曲线

20 世纪 50 年代后期，美国洛克希德飞机公司（Lockheed Aircraft）的工程师沃汉（Robert L. Vaughan），通过美国在德国的领事馆索取到萨洛蒙的一些资料，并进行翻译和进一步研究。

沃汉工程师的研究小组提出了各种可能想到的、提高切削速度的方法，在 1960 年确定使用“弹道切削”，即用枪（图 1-9）或炮射出一个工件，以 4500～11000m/min 的速度通过一个单刃刀具。用微型摄像机拍下“弹道切削”过程的照片，为研究高速切削过程提供了很好的分析数据。研究指出，在高速切削的条件下，切屑的形成过程和普通切削不同。随道切削速度的提高，弹塑性材料的切屑形态将从带状、片状到碎屑不断演变，单位切削力初期呈上升趋势，而后急剧下降。

图 1-9　枪击工件实验

20 世纪 60 年代，英国莫林斯公司（Molins）接受总设计师威廉姆逊（Williamson）的想法，成功研制出应用高速切削概念的 Molins24 系统。这是世界著名的第一个用计算机控制的、由一组机床联合起来形成的柔性制造系统（FMS）。

20 世纪 70 年代，位于加利福尼亚州太阳山谷的洛克德导弹和空间公司的一个研究小组，在首席科学家罗伯特·金（Robert I·King）博士的领导下，把高速切削技术作为一种节约资金的方法进行研究。金博士将卧式加工中心加以改造，采用电主轴（图 1-10），转速为 18000r/min，功率为 19kW，主轴单元采用液体外循环式冷却，精密滚动轴承用油雾润滑。经过一系列的试验研究之后，金博士于 1985 年出版了第一本专门论述高速切削技术的专著《高速切削技术手册》（Handbook of High Speed Machining Technology）。该书总结了有史以来高速切削研究的成果和经验，第一次系统地论述了高速切削技术的基本理论及实用技术。

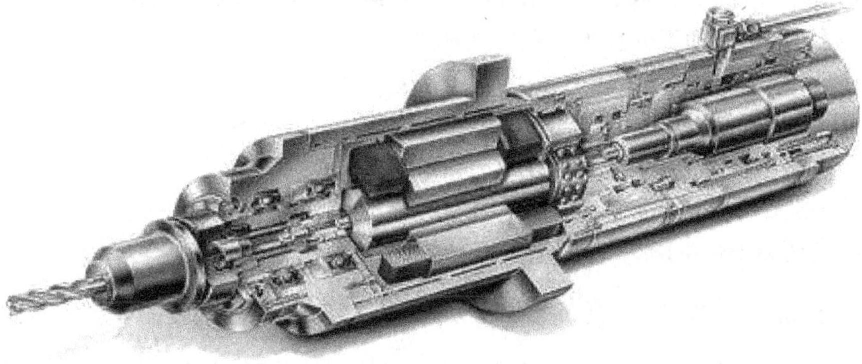

图 1-10　电主轴

20 世纪 70 年代后期，美国通用电气公司（GE）组织的研究人员在佛罗姆（Donald G·Flom）的领导下，建立了一个金属快速去除加工的研究基地，不仅研究高速切削，而且研究激光加工。

研究指出，随着切削速度的提高，切削力下降，加工表面质量提高。刀具磨损主要取决于刀具材料的导热性，并确定了铝合金的最佳切削速度是 1500～4500m/min。

1984 年，在德国达姆斯塔特工业大学（Darmstadt）的切削、成形与机床研究所（ITW）成立了一个新的研究小组，目的是加强高速切削技术的应用研究。该小组在舒尔兹教授（H. Schulz）的领导下，联合德国 41 家机床制造厂、刀具厂、主轴、数控系统和驱动单元的制造厂商对高速切削加工工艺、机床及其功能部件、刀具、控制系统以及冷却、监控等涉及高速切削应用技术的各个方面进行了全面的研究。

1996 年，舒尔兹教授出版了全面介绍其研究结果的新著《高速切削》（High Speed Machining），进一步充实、完善了高速切削理论和应用技术，提供了大量在各种情况下的切削实验数据，有力地推动了高速切削技术的普及应用。

到了 20 世纪 90 年代，高速切削基本理论和应用技术的研究已经在发达国家（美国、德国和日本等）普遍展开。

高速切削技术产生巨大的效益，对高速加工的研究应用工作也在许多公司展开，比较典型的有：

1）美国波音飞机公司研究高速加工在飞机制造中的各种应用技术。

2）日本马扎克公司（Mazak）研究高速机床的相关技术。

3）美国的英格索公司（Ingersoll）研究高速机床的相关技术。

4）辛辛纳提公司（Cincinnati）研究高速机床的相关技术。

5）瑞典的山德维克公司研究了刀具和刀柄的应用技术。

6）美国的肯纳公司（Kennametal）研究刀具和刀柄的应用技术。

第二节　高速加工技术

高速加工一般采用高的切削速度，适当的进给量，小切深。高速切削时，大量的切削热被切屑带走，因此，工件的表面温度较低。随着切削速度的提高，铣削力略有下降，表面质量提高，加工生产率随之提高。但在高速加工范围内，随铣削速度的提高会加剧刀具的磨损。因此，要了解高速加工的技术特点尤其重要。

学习目标

◎ 了解高速加工技术的特点；

◎ 了解高速加工的关键技术；

◎ 了解高速加工技术的实际应用。

一、高速加工技术的特点

高速加工技术的特点主要有单位时间内的材料切削去除量（切除率）大，表面质量高，切削力小，激振频率高及切削热大部分被切屑带走。图 1-11 所示为高速铣削时加工性能的特点。

高速切削速度较常规切削速度几乎高出 1 个数量级，其切削机制异于常规切削。由于切削机制的改变，使得高速切削技术具有如下特点：

1）切削力小。由于切削速度高，切屑流出的速度加快，阻力减少，切削变形减小，从而使切削力比常规切削的切削力降低 30%以上，尤其是主轴轴承、刀具、工件受到的径向切削力大幅降低，因此高速加工特别适合加工薄壁类刚性差

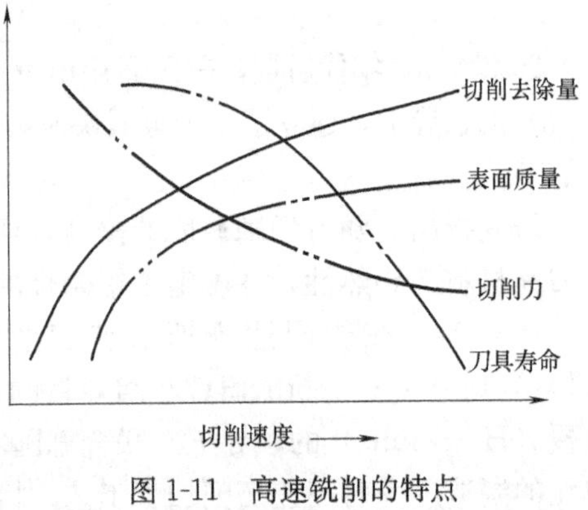

图 1-11　高速铣削的特点

的工件，如飞机上的机翼壁板等。

2）工件热变形小。在高速切削时，90%以上的切削热来不及传给工件就被高速流出的切屑带走，工件积累热量少，温升不会超过3℃，基本保持冷态，不会由于温升导致工件热变形，故高速加工特别适合加工细长且易热变形的工件。

3）材料切除率高。随着切削速度的提高，高速加工中进给速度也相应提高5～10倍，材料切除率可达常规切削材料切除率的3～6倍，适用于要求材料切除率大的场合。在航空航天、汽车和模具制造等领域，高速切削技术已成为加工整体构件最理想的制造技术。在2001年德国汉诺威举办的欧洲机床展览会（EMO）上，荷兰Unisign公司制造的Unipro25型五轴立式加工中心的X行程为1000mm，Y行程为800mm，电主轴功率为100kW，最高转速达25000r/min，最大转矩为90N·m，其铣削铝合金的材料切除率达到8000～10000cm^3/min。

4）工艺系统振动小，可实现高精度、低表面粗糙度值的加工。高速切削时，机床的激振频率很高，远远超出了“机床-刀具-工件”工艺系统的固有频率范围（50～300Hz），使得加工过程平稳，振动小，可实现高精度、低表面粗糙度值的加工。高速切削加工获得的表面质量常常可达到磨削水平，因此常可省去铣削后的精加工工序。例如，瑞士DIXI机床公司生产的DHP50高精度卧式加工中心，其工作台规格为500mm×500mm，双托盘，行程为700mm×700mm×700mm，主轴转速为12000r/min，功率为25kW，刀库容量65把，换刀时间分别为4s（T2T）和6s（C2C），定位精度达到4μm，重复定位精度为2μm（按ISO 23022标准），测量分辨率为0.15μm。

5）可加工难加工材料。难加工材料，如高锰钢、淬硬钢、奥氏体不锈钢、复合材料和耐磨铸铁等在普通切削加工时，不仅切削效率低，而且刀具寿命短。高速切削时，由于切削力小，切屑变形阻力小，刀具磨损小，故可加工一些难加工材料。例如，航空制造业中大量采用的镍基合金、钛合金材料，具有强度大、硬度高、耐冲击等特点，切削时易发生加工硬化，切削温度高，刀具磨损严重，故在常规切削中一般采用很低的切削速度。如果采用高速切削，其切削速度可提高到100～1000m/min，不但能大幅度提高机床生产效率，而且能有效减少刀具磨损，提高工件表面加工质量。

6）高速“干切削”可以实现“绿色”制造。高速“干切削”就是在切削加工过程中不使用任何切削液的工艺方法，是对传统切削方式的一种技术创新。它相对于“湿切削”而言，是一种从源头上控制污染的“绿色”切削和清洁制造工艺，它消除了切削液的使用对外部系统造成的负面影响。目前，能实现高速“干切削”的加工材料主要有铸铁、铝合金、滚动轴承钢等。

二、高速加工的关键技术

高速切削是制造技术中引人注目的一项新技术，其应用面广，对制造业的影响大。高速切削技术是新材料技术、计算机技术、控制技术和精密制造技术等多项新技术综合应用发展的结果。

德国Darmstadt工业大学生产工程与机床研究所的舒尔兹教授（H·Schulz）对高速切削技术进行了多年的深入研究，他对高速切削所包含的技术提出了图1-12所示的框图。

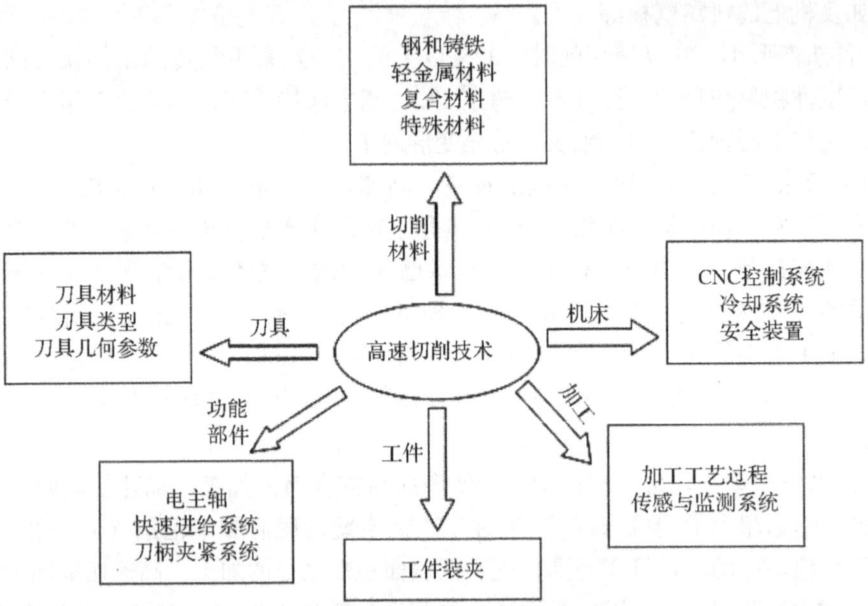

图 1-12 高速切削所包含的技术框图

1. 高速切削机理

高速切削技术的应用和发展是以高速切削机理为理论基础的，通过对高速加工中切屑形成机理、切削力、切削热、刀具磨损、表面质量等技术的研究，也为开发高速机床、高速加工刀具提供了理论指导。试想，如果没有萨洛蒙的高速切削假设，没有德国、美国和日本等国的科学家、工程师不断地研究，去证实萨洛蒙的理论，去完善和修改高速切削理论，也不会有今天高速切削的快速发展和广泛应用。因此，在高速切削技术的发展中，高速切削机理的研究仍然占有重要的地位，而且高速切削机理和相关理论至今还不完善，高速切削数据库尚未真正建立起来。和美国、德国、日本等先进工业国家相比，我国高速切削机理的研究工作还有相当大的差距，这种基础理论的落后也极大地制约了高速切削技术在我国的发展和应用。

高速切削机理的研究主要有以下几个方面：

(1) 高速切削过程和切屑形成机理的研究　对高速切削加工中切屑形成机理、切削过程的动态模型、基本切削参数等反映切削过程原理的研究，采用科学实验和计算机模拟仿真两种方法。

(2) 高速加工基本规律的研究　包括对高速切削加工中的切削力、切削温度、刀具磨损、刀具寿命和加工质量等方面及切削参数对它们的影响规律进行研究，提出反映其内在联系的数学模型。此外，试验方案设计和数据处理也是研究工作中需要解决的问题。研究过程中，工艺参数应基于建立的数学模型及多目标优化的结果。

(3) 各种材料的高速切削机理研究　由于不同材料在高速切削中表现出不同的特性，所以要研究各种工程材料在高速切削下的切削机理，包括轻金属材料、钢和铁、复合材料、难加工合金材料等。通过系统的实验研究和分析，建立高速切削数据库，以便指导生产。

(4) 高速切削虚拟技术的研究　在试验研究的基础上，利用虚拟现实和仿真技术，虚拟高速加工过程中刀具和工件相对运动的作用过程，对切屑形成过程进行动态仿真，显示加工过程中的热流、相变、温度及应力分布等，预测被加工工件的加工质量，研究切削速度、进给量、刀具和材料以及其他切削参数对加工的影响等。

应该指出，虚拟技术是基于计算机技术和信息技术的发展而产生的一种信息处理技术。采用虚拟技术对高速切削的理论进行研究具有节约资源、加快研究进度的优越性，特别是对于一些试验条件不具备或试验很难做、且耗资耗力巨大的情况，用虚拟技术进行分析研究，虚拟仿真试验情况，是非常有价值的。但是虚拟仿真必须有试验数据作基础，同时还要检验虚拟仿真的真实性和可信性。虚拟技术的应用，无疑会给高速切削机理的研究工作提供一种崭新和有效的方法，必将大大加快高速切削理论研究工作的进程。

2. 高速切削刀具技术

高速切削刀具技术是实现高速加工的关键技术之一。生产实践证明，阻碍切削速度提高的关键因素是切削刀具不能承受越来越高的切削温度。在萨洛蒙高速切削假设中，并没有把切削刀具作为一个重要因素。但是，随着现代高速切削机理研究和高速切削试验研究的不断深入，证明高速切削的最关键技术之一就是高速切削所用的刀具。舒尔兹教授在第一届德国-法国高速切削年会（1997年）上做的报告中指出：目前，在高速加工技术中，有两个基本的研究发展目标，一个是高速引起的刀具寿命问题，另一个是具有高精度的高速机床。切削刀具的性能在很大程度上会制约高速切削技术的应用和推广，图 1-13 所示为一些数控高速切削刀具。

图 1-13 数控高速切削刀具

目前，高速切削刀具的国产化也是机械制造行业急需解决的问题。高速切削刀具与普通加工的刀具有很大的不同。目前，在高速切削中使用的刀具有硬质合金刀具、聚晶金刚石（PCD）刀具、聚晶立方氮化硼（PCBN）刀具、陶瓷刀具等。在我国，一些高校和研究单位也在进行这些新刀具材料的研究，但规模很小，距实用化还有相当大的距离。

3. 高速切削的工艺技术

高速切削的工艺技术也是成功进行高速加工的关键技术之一。切削方法选择不当，会使刀具加剧磨损，完全达不到高速加工的目的。高速切削的工艺技术包括切削方法和切削参数的选择优化，即对各种不同材料的切削方法、刀具材料和刀具几何参数的选择等。

（1）切削方法和切削参数的选择与优化　在高速切削中，必须对切削方法和切削参数进行优化选择。其中包括优化切削刀具的控制，如刀具接近工件的方向、接近的角度、移动的方向和切削过程（顺铣还是逆铣）等。

（2）对各种不同材料的切削方法的选择　切削铝、铜等轻合金，与切削钢和铸铁以及切削难加工合金钢相比，由于切削机理不同，除了要选择不同的刀具材料和刀具几何参数外，在切削过程中还要采取不同的切削策略才能得到较好的切削效果。根据不同加工材料来研究高速切削工艺方法，也是高速切削工艺技术研究的重要内容之一。

（3）刀具材料和刀具几何参数的选择　在研究高速切削工艺技术中，切削方法和技术必须紧密结合刀具材料和刀具几何参数的选择综合进行。高速切削性能的好坏取决于构成刀具的材料、几何参数及其结构，其中刀具材料对刀具的寿命、加工效率和加工质量等影响最大。由于高速切削所采用的速度比常规切削速度高几倍甚至十几倍，切削温度很高。因此，高速切削对刀具的材料提出了更高的要求。

4. 高速加工的测试技术

高速加工是在密封的机床工作空间里进行的，在零件加工过程中，操作人员很难直接进行观察、操作和控制，因此机床自身应能对加工情况、刀具的磨损状态等进行监控、实时地对加工过程在线监测，这样才能保证产品质量，提高加工效率，延长刀具使用寿命，确保人员和设备的安全。

高速加工的测试技术包括传感技术、信号分析和处理技术等。近年来，在线测试技术在高速机床中使用得越来越多。现在已经在机床使用的在线测试有：主轴发热情况测试、滚珠丝杠发热情况测试、刀具磨损状态测试、工件加工状态监测等。测量传感器有热传感器、测试刀具的声发射传感器、工件加工可视监视器等。此外，智能技术已经应用于测试信号的分析和处理。例如，神经网络技术被应用于刀具磨损状态的识别。

三、高速加工技术的应用

通过对高速加工技术的研究，人们发现高速铣削与常规铣削相比，高速铣削在单位功率下的金属切除率提高了30%～40%，切削力降低了30%，刀具的寿命提高了70%，滞留于工件的切削热量大幅度降低，切削引起的振动几乎消失。国外统计数据表明，进给速度和切削速度每提高15%～20%，可降低制造成本10%～15 %。高速加工和常规加工在同样的加工类型下，其切削参数和效率都不同，高速加工的效率明显地提高，见表1-2。

表1-2　高速加工和常规加工的比较

比较项目	常规加工	高速加工
加工类型	粗加工	粗加工
刀具	ϕ1in 球头立铣刀	ϕ1in 球头立铣刀
切削深度/in	0.5	0.1
主轴转速/（r/min）	1300	10000
进给率/（in/min）	8	120
金属切除率/（in^3/min）	0.4	7.2

注：1in=25.4mm。

高速加工比常规加工的效率提高较多，因此其应用越来越广泛，但同时也存在一些不足。因此，应用高速加工技术时必须选择适合的领域。例如，高速铣削加工在以下四大领域取得了成功的应用。

1. 航空工业及其零件产业

航空工业是高速切削加工的主要应用行业。航空工业用的主要材料为铝合金，以及部分难切削合金（如铁合金等）；而且为了减轻飞机重量，多采用薄壁结构；零件由整块材料直接加工出来。因此，使用高速切削加工可大幅度缩短周期及降低成本。为了提高可靠性和降低成本，飞机上的一些零件采用整体制造法，即将原来由多个铆接或焊接而成的部件，改用整体实心材料制造。此外，有的整体构件的材料去除率高达 90%，而其中许多零件为薄壁、细肋结构，厚度甚至不到 1mm，由于刚度差，不允许有较大的背吃刀量，因此高速切削成为此类零件加工工艺的唯一选择。采用高速切削可大大提高生产效率和产品质量，降低制造成本，这也是高速切削技术在飞机制造业获得广泛应用的主要原因。例如，波音公司在生产波音 F15 战斗机时，采用“整体制造法”，飞机零件数量减少了 42%；用高速铣削代替组装方法得到大型薄壁构件，减少了装配等工艺过程。在高速切削加工时采用小切削量、高切削速度代替大切削量、低切削速度的加工工艺，提高了加工效率和加工精度，加工时间减少，精度和表面质量都达到了无需补充光整加工的水平。图 1-14 所示为飞机结构件的加工。

图 1-14　飞机结构件加工

2. 汽车/机车工业及其零组件产业

在轻量化及环保要求的推动下，汽车/机车中越来越多地采用轻合金和非铁金属，高速加工将成为主要的机械加工手段。例如，用户对汽车的多样化、个性化的要求迫使汽车企业的产品换型越来越快，产品品种纷繁多样，原来单一工件的大批量生产变成了多种工件的较小批量叠加成的大批量生产，因此，多年来在汽车制造行业占统治地位的组合机床（专机）生产线，已无法满足汽车行业快速更新的现实需要。这是因为专机或专机自动线虽然效率高，但却限制了加工的柔性，使得机床对加工零件品种变化的适应性非常差。以高速加工技术为基础的敏捷柔性自动生产线被越来越多的国内外汽车制造厂家使用。例如国内一汽大众捷达轿车自动生产线由冲压、焊接、涂装、总装、发动机及变速器等高速生产线组成，年产轿车能力 15 万辆，制造节拍为 1150 辆/min；国外如美国 GM 发动机总成工厂采用高速柔性自动生产线，福特汽车公司和 Ingersoll 机床公司合作研制了以 HVM800 卧式加工中心为主的汽车生产线等。大批量生产的汽车行业将由产品快速更新换代而形成的多品种生产线（FTL）代替组合机床生产线。高速加工中心将柔性生产的生产速度提升到组合机床生产线水平，如美国 Ingersoll 公司的 HVM800 高速卧式加工中心。图 1-15 所示为高速加工示例。

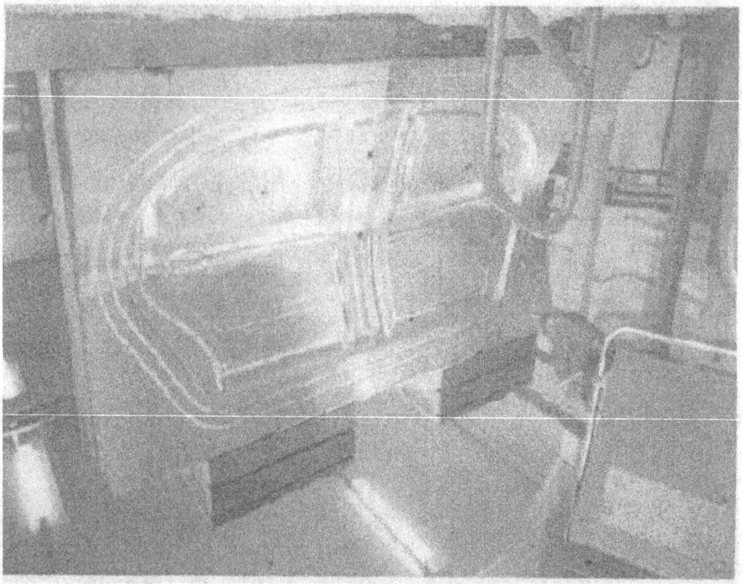

图 1-15　汽车车门外覆盖件模具的高速加工

3. 模具工业及其周边产业

在模具行业，模具材料为铁合金，甚至是硬化的材料。高速加工显示了其在此领域中巨大的优越性，不仅能缩短模具交付周期，同时还提高了模具表面质量。高速切削采用的是典型的高转速、高进给、低切削量，在淬硬钢模具加工方面有惊人的效果，可以获得很好的加工精度和表面质量，可以取代传统的磨削、电火花加工及光整加工，可减少加工准备时间，缩短工艺流程、切削时间，对提高生产率具有极大的优势。模具生产中的主要零件，如型腔、型芯、镶块及电极均可以使用高速加工。在模具行业，采用高速切削可以将模具制造周期缩短 30%～80%，加工成本降低 1/3。图 1-16、图 1-17 为高速加工在模具生产中的应用示例。

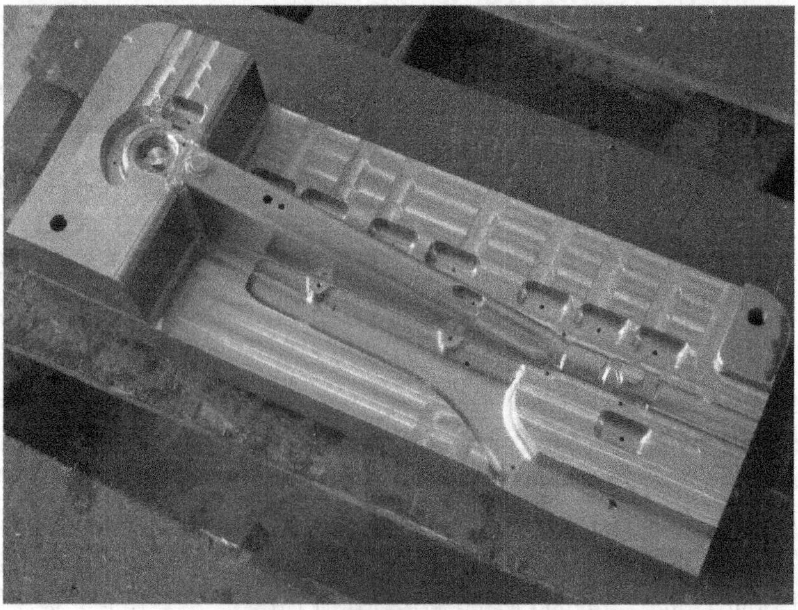

图 1-16　高速加工锻造模具

图 1-17　高速加工橡胶轮胎模具

4. 其他产业

制造机电产品和消费品的外壳和结构也可用高速加工。此外，军事电子工业也将成为高速切削加工的重点应用行业。据介绍，雷达产品微波薄壁零件的加工中，如采用小尺寸刀具（ϕ0.3～ϕ0.98mm），主轴转速为 7500～10000r/min，进给速度为 5～10m/min，不仅可以防止这类零件在数控设备上加工易产生的弯曲和膨胀，而且工效提高了 20 倍以上。另外，在医疗器械产业以及信息产业等涉及精密加工的行业中，应用高速加工可以完成极精细结构的加工。

相关知识链接

链接 1：超高速加工技术的特点

超高速加工技术是指采用超硬材料的刀具，通过极大地提高切削速度和进给速度来提高材料切除率、加工精度和加工质量的现代加工技术。

超高速加工的切削速度范围因不同的工件材料、不同的切削方式而异。目前，一般认为，超高速切削各种材料的切削速度为：铝合金，已超过 1600m/min；铸铁，1500m/min；超耐热镍合金，300m/min；钛合金，150～1000m/min；纤维增强塑料，2000～9000m/min。各种切削工艺下的切削速度为：车削时为 700～7000m/min；铣削时为 300～6000m/min；钻削时为 200～1100m/min；磨削时为 250m/s 以上等。

超高速加工技术主要包括：超高速切削与磨削机理的研究，超高速主轴单元制造技术，超高速进给单元制造技术，超高速加工用刀具与磨具制造技术，超高速加工在线自动检测与控制技术等。

在超高速加工技术中，超硬材料的刀具是实现超高速加工的前提和先决条件，超高速切削、磨削技术是现代超高速加工的工艺方法，而高速数控机床和加工中心则是实现超高速加工的关键设备。目前，刀具材料已从碳素钢和合金工具钢，经高速钢、硬质合金钢、陶瓷材料，发展到人造金刚石及聚晶金刚石（PCD）、立方氮化硼及聚晶立方氮化硼（CBN）。切削速度亦随着刀具材料的创新而从以前的 12m/min 提高到 1200m/min 以上。砂轮材料过去主要是采用刚玉系、碳化硅系等，直到 20 世纪 50 年代美国 GE 公司首先在金刚石人工合成方面取得成功，60 年代又研制成功 CBN。到 90 年代，陶瓷或树脂粘结剂 CBN 砂轮、金刚石砂轮线速度可达 125m/s，有的可达 150m/s，而单层电镀的 CBN 砂轮可达 250m/s。因此有人认为，随着新刀具（磨具）材料的不断发展，每隔十年，切削速度要提高一倍，亚音速乃至超声速加工的出现不会太遥远了。

链接 2：国内外超高速加工技术的发展现状

在超高速切削技术方面，1976 年美国的 Vought 公司研制了一台超高速铣床，主轴最高转速达到了 20000r/min。特别引人注目的是，德国 Darmstadt 工业大学生产工程与机床研究所(PTW) 从 1978 年开始系统地进行超高速切削机理的研究，对各种金属和非金属材料进行高速切削试验，为此，德国组织了几十家企业并提供了 2000 多万马克支持该项研究工作。自 20 世纪 80 年代中后期以来，商品化的超高速切削机床不断出现，超高速机床从单一的超高速铣床发展成为超高速车铣床、钻铣床乃至各种超高速加工中心等。瑞士、英国、日本也相继推出自己的超高速机床。日本日立精机的 HG400III 型加工中心主轴最高转速达 36000～40000r/min，工作台快速移动速度为 36～40m/min。采用直线电动机的美国 Ingersoll 公司的 HVM800 型高速加工中心进给速度为 60m/min。

在高速和超高速磨削技术方面，人们开发了高速、超高速磨削、深切缓进给磨削、深切快进给磨削（即 HEDG)、多片砂轮和多砂轮架磨削等许多高速高效率磨削技术。这些高速高效率磨削技术在近 20 年来得到长足的发展及应用。德国 Guehring Automation 公司于 1983 年制造出了当时世界第一台最具威力的 60kW 强力 CBN 砂轮磨床，v_c 达到 140～160m/s。德国阿享工业大学、Bremen 大学在高效深磨的研究方面取得了世界公认的高水平成果，并积极在铝合金、钛合金、因康镍合金等难加工材料方面进行高效深磨的研究。德国 Bosch 公司应用 CBN 砂轮高速磨削加工齿轮齿形，采用电镀 CBN 砂轮超高速磨削代替需经滚齿及剃齿加工的工艺，加工 16MnCr5（相当于我国的 15CrMn）材料的齿轮齿形，v_c 达到 155m/s，其金属切除率 Q 达到 811mm^3/s。德国 Kapp 公司应用高速深磨加工泵类零件深槽，工件材料为 100Cr6 轴承钢，采用电镀 CBN 砂轮，$v_c=300$m/s，其 Q 为 140mm^3/s，磨削加工中，可将淬火后的 10 个叶片泵转子一次装夹，一次磨出转子槽，磨削时工件进给速度为 1.2m/min，平均每个转子的加工工时仅为 10s，槽宽精度可保证在 2μm，一个砂轮可加工 1300 个工件。目前，日本工业实用磨削速度已达 200m/s。1996 年，美国 Conneticut 大学磨削研究中心的无心外圆高速磨床，其最高砂轮磨削速度达 250m/s。

近年来，我国在高速、超高速加工的各关键领域如大功率高速主轴单元、高加减速直线进给电动机、陶瓷滚动轴承等方面也进行了较多的研究，但总体水平同国外尚有较大差距。

综 合 训 练

思考与练习

1. 判断题（将判断结果填入括号中。正确的填“√”，错误的填“×”。）

（　　）(1) 高速切削技术是新材料技术、计算机技术、控制技术和精密制造技术等多项新技术综合应用发展的结果。

（　　）(2) 对高速切削加工中切屑形成机理、切削过程的动态模型、基本切削参数等反映切削过程原理的研究，采用科学实验和计算机模拟仿真两种方法。

(　　)(3) 高速旋转时产生的巨大的离心力和应力使传统的自定心卡盘还能再被使用。

(　　)(4) 高速机床与普通数控机床的最大区别是要求机床能够提供高切削速度和满足高速加工要求的一系列功能。

答案：(1) √　(2) √　(3) ×　(4) √

2. 选择题（选择一个正确的答案，将相应的字母填入题内的括号中。）

(　　)(1) 高速加工中心类机床具有一些共同的结构特点，即装备有______和______。

(A) 高速进给系统　高速刀具系统

(B) 高速主轴系统　高机床刚度

(C) 高速主轴系统　高速进给系统

(D) 高速进给系统　高机床刚度

(　　)(2) 为了适应高速加工的要求，床身和工作台要求满足______、好的精度保持性、更好的抗热变形能力。

(A) 高的传动效率

(B) 高的动、静刚度和抗振性

(C) 高性能材料

(D) 高吸振性

(　　)(3) 主轴电动机与机床主轴“合二为一”的传动结构形式，使主轴部件从机床的传动系统的整体结构中相对独立出来，因此可做成“主轴单元”，俗称______。

(A) 电主轴

(B) 刚性主轴

(C) 动主轴

(D) 整体式主轴

答案：(1) C　(2) B　(3) A

3. 思考题

(1) 目前高速加工常用的冷却方法是什么？

答：由于高速加工时主轴转速很高，切削液难以进入加工区，通常采用油雾冷却或水雾冷却方法。

(2) 目前常用的高速进给系统驱动方式有哪三种？

答：常用的高速进给系统有三种主要的驱动方式：高速滚珠丝杠、直线电动机和虚拟轴机构。

(3) 高速加工的特点是什么？与常规加工工艺策略有何不同？

答：高速加工的特点主要有高主轴转速、高进给速度和高切削速度。高速切削这些特征导致 HSM 工艺策略已完全不同于常规切削加工。常规加工工艺策略是采用低转速、大切削深度、慢进给、单行程来提高生产率；而 HSM 则是采用高主轴转速、中小切削深度、快进给、多行程来提高生产率，同时提高了零件加工精度和质量，并延长了刀具使用寿命。

(4) 简述刀具材料发展历程。

答：刀具材料已从碳素钢和合金工具钢，经高速钢、硬质合金钢、陶瓷材料，发展到人造金刚石及聚晶金刚石 (PCD)、立方氮化硼及聚晶立方氮化硼 (CBN)。

（5）超高速加工技术定义及其包含哪些技术？

答：超高速加工技术是指采用超硬材料的刀具，通过极大地提高切削速度和进给速度来提高材料切除率、加工精度和加工质量的现代加工技术。超高速加工技术主要包括：超高速切削与磨削机理的研究，超高速主轴单元制造技术，超高速进给单元制造技术，超高速加工用刀具与磨具制造技术，超高速加工在线自动检测与控制技术等。

（6）德国切削物理学家萨洛蒙（Carl Salomon）于1931年提出的“萨洛蒙曲线”的含义是什么？

答：萨洛蒙曲线是指：在常规切削速度范围内，切削温度随着切削速度的提高而升高，一定的工件材料对应有一个临界切削速度，此处切削温度最高，但当切削速度超过临界值后，切削温度不但不升反而下降。对于每一种工件材料，都存在一个速度范围，在该范围内，由于切削温度太高，刀具材料无法承受，切削加工不能进行，这个范围称为“死谷”。如果切削速度能越过“死谷”，在高速区工作，则有可能用现有的刀具进行高速切削，切削温度与常规切削基本相同，从而大大减少切削工时，大幅度提高机床生产效率。

第二章　高速加工机床

从高速加工对机床的特殊要求出发，论述高速机床传动上和结构上的主要特点，提出“零传动”的设计理论，系统分析了高速机床的性能、结构和相关技术，并在此基础上，介绍了一些选购高速加工机床的方法。

本章学习要点

◎ 高速机床的特殊要求；
◎ 高速切削机床的基本结构；
◎ 高速主轴的系统结构特点；
◎ 高速进给系统的结构特点；
◎ 会选购高速切削机床。

第一节　高速加工机床的结构

目前高速加工中心是最典型的高速加工机床设备，可以满足不同结构的零件加工需求，并且相对于普通机床而言，速度更高，精度更高，加工适应性更好。通常，高速加工中心按结构类型分为卧式高速加工中心、立式高速加工中心、龙门高速加工中心与虚拟轴高速加工中心。

学习目标

◎ 掌握高速加工机床的基本结构；
◎ 了解常用高速加工机床的类型；
◎ 掌握高速主轴系统的结构特点；
◎ 掌握高速进给系统的结构特点。

一、高速加工机床的特殊要求

高速加工机床一般都是数控机床和精密机床，它与普通数控机床的最大区别是要求机床能够提供很高的切削速度并具备满足高速加工要求的一系列功能，包括：

1）主轴转速高、功率大。目前适用于高速加工的加工中心，其主轴最高转速一般都大于 10000r/min，远远大于常规机床的主轴转速；主电动机功率为 15～80kW，以满足高速铣削、高速车削等高效、重载荷切削工序的要求。

2）进给速度和快速行程速度高。高速数控机床的进给速度高达 50～120m/min 及以上，为常规值的 10 倍左右。这是为了在高速下保持刀具每齿进给量基本不变，以保证工件的加工精度和表面质量。在进给速度大幅度提高以后，进一步增大快速行程速度也是提高机床生产率的必然要求。

3）主轴和工作台（拖板）运动都要有极高的加速度。主轴从起动到达最高转速（或相反），只用1～2s的时间。工作台的加、减速时的加速度也由常规数控机床的0.1g～0.2g提高到1g～8g（g=9.81m/s^2）。必须特别指出，没有高的加速度，工作部件的高速度是没有意义的。这是由于零件加工的工作行程一般都不长，从几十毫米到几百毫米，而在进给速度变化过程中是不能进行零件加工的，不允许有太长的速度过渡过程。因此，在高速加工中心上，不论主轴还是工作台，速度的提升或降低往往要求在瞬间完成。这就是对高速运动部件有加速度要求的原因。可以说，由于高速加工机床的出现，目前机床设计已从“速度设计”进入了“加速度设计”的新阶段。

4）机床要有优良的静、动态特性和热态特性。高速切削时，机床各运动部件之间作速度很高的相对运动，运动副接合面之间会发生急剧的摩擦和发热，高的运动加速度也会对机床产生巨大的动载荷，因此设计高速加工机床时，必须在传动和结构上采取一些特殊的措施，使高速加工机床的结构除具有足够的静刚度以外，还必须有很高的动刚度和热刚度。

此外，还要有其他配合高速度的部件，如快速刀具交换装置、快速工件交换装置、快速排屑装置以及高速下的安全保护装置、监测装置等。

高速加工机床的基本特点是具有高速主轴单元、高速进给系统单元、高刚性的床体结构、优良的热态特性、高效快速的冷却系统、安全装置和实时监控系统。

二、高速主轴单元

高速主轴技术是实现高速切削最关键的技术之一。随着工业上对主轴转速要求的不断提高，高速主轴技术近年来得到了迅猛发展，在理论与实验研究的基础上研制开发出实用的高速主轴单元且已经商品化。高速机床主轴单元与普通机床主轴单元的不同之处主要表现在：高速主轴转速一般为普通机床主轴转速的5～10倍，高速加工机床的主轴最高转速一般都大于10000r/min，有的高达60000～100000r/min；主轴的加、减速时的加速度比普通机床高得多，一般比常规数控机床高出一个数量级，达到1g～8g（g=9.81m/s^2）的加速度，通常只需1～2s即可完成从起动到达到选定的最高转速（或从最高转速到停止）；主轴单元电动机功率一般高达20～80kW，以满足高速、高效和重载荷切削的要求。

高速主轴由于转速极高，主轴零件在离心力作用下产生振动和变形，高速运转摩擦和大功率内装电动机产生的热会引起高温和变形，所以对其必须严格控制。为此对高速主轴提出如下性能要求：

① 有高转速和高转速范围。

② 有足够的刚性和较高的回转精度。

③ 有良好的热稳定性。

④ 具备大功率。

⑤ 具备可靠的工具装夹性能。

⑥ 具备先进的润滑和冷却系统。

⑦ 具备可靠的主轴监测系统。

1. 电主轴

高速主轴在结构上大都采用交流伺服电动机直接驱动的集成化结构，取消了齿轮变速机构，采用电气无级调速，并配备有强力的冷却和润滑装置。集成电主轴的特点是振动小、噪声低、体积小。集成电主轴的构成有两种方式：一种是把电动机转子与主轴做成一体，即将无壳电动机的空心转子用过盈配合的形式直接套装在机床主轴上，带有冷却套的定子则安装在主轴单元的壳体中，形成内装式电动机主轴，简称电主轴。这样，电动机的转子就是机床的主轴，机床主轴单元的壳体就是电动机座，从而实现了变频电动机与机床主轴的一体化。这种电动机与机床主轴“合二为一”的传动结构形式把机床主传动链的长度缩短为零，实现了机床的“零传动”，具有结构紧凑、易平衡、传动效率高等特点。其主轴转速已可以达到每分钟数万转到数十万转，正在逐渐向高速大功率方向发展。另一种是通过联轴器把电动机轴与主轴直接联接。图 2-1 所示为 NSK 公司用于加工中心和数控铣床的电主轴。图 2-2 所示为高速电主轴的结构示意图。

图 2-1　NSK 公司用于加工中心和数控铣床的电主轴

（1）电主轴参数　电主轴的基本参数和主要规格包括：套筒直径、最高转速、输出功率、计算转速、计算转矩、润滑和刀具接口等。其中计算转速又称额定转速，是指恒转矩驱动和恒功率驱动的交汇点。计算转矩为转速小于或等于计算转速的转矩。一般电主轴型号中含有套筒直径、最高转速和输出功率这 3 个参数。表 2-1 为德国 GMN 公司用于加工中心和数控铣床的部分电主轴的型号和主要规格。

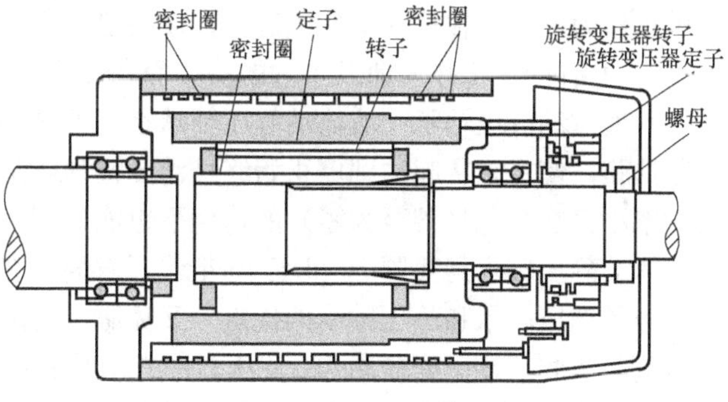

图 2-2　高速电主轴结构

表 2-1　德国 GMN 公司用于加工中心和数控铣床的部分电主轴的型号和主要规格

主轴型号	套筒直径/mm	最高转速/（r/min）	输出功率/kW	计算转速/（r/min）	计算转速转矩/（N·m）	润滑	刀具接口
HC120－42000/11	120	42000	11	30000	3.5	OL①	SK30
HC120－50000/11	120	50000	11	30000	3.5	OL	HSK－E25
HC120－60000/5.5	120	60000	5.5	60000	0.9	OL	HSK－E25
HCS150g－18000/11	150	18000	9	7500	11	G②	HSK－A50

① 油气润滑。
② 永久油脂润滑。

（2）电主轴的选用　选用电主轴最重要是选定其最高转速、额定功率、转矩及其与转速的关系。选择参数时，要根据切削规范计算所需的转速、转矩和功率，并注意以下几点。

1）从最终用户的实际需要出发，不要盲目地“贪高（高转速）求大（大功率）”，以免造成性能冗余、资金浪费、维护费事，以致后患无穷。

2）根据实际可行的切削规范，对多个典型工件的多个典型工序多做计算，少“拍脑袋”，或只是粗略地估算。

3）不要单纯依靠样本来选用，而应多与供应商的销售服务专家深入交谈，向他们交实际应用的“底”，多听取他们有根据的建议。经常有这样的情况：在详尽了解用户需求后，他们会对其标准产品略加修改，即可提供能满足用户一些特殊需求的最佳方案。

4）注意正确选择轴承类型与润滑方式。在满足需求的条件下，应尽量选用混合陶瓷球轴承与永久性油脂润滑的组合，这样可省去润滑部件并简化维护。

2. 高速精密轴承

主轴高速化的关键部件是高速精密轴承，其性能的好坏直接影响主轴单元的工作性能。随着主轴转速的提高，轴承的温度会升高，振动和噪声会增大。因此，开发性能优异的高速主轴轴承是提高主轴转速的前提。

目前，高速主轴用的高速轴承有接触式和非接触式两大类。其中，接触式轴承摩擦因数大，允许的最高转速低，采取预加载荷的自动补偿和良好润滑的技术措施以保证接触式轴承的长期高速运转。现在用于高速主轴的接触式轴承有精密角接触球轴承，对其实施预加载荷自动补偿的方法之一是采用液压补偿系统，通过检测高速主轴运动特性的变化可确定预加载荷的大小，并通过后轴承的轴向移动保持预加载荷的最佳值。对于非接触式的流体轴承，其摩擦仅与流体本身的摩擦因数有关。由于流体摩擦因数很小，因而非接触式轴承允许的转速高。目前用于高速主轴的非接触式轴承主要有空气轴承，液体动、静压轴承和磁悬浮轴承。

轴承作为高速主轴技术中的关键，直接决定了主轴的负荷容量、工作性能（高速、高刚度、高运动精度）、工作寿命及主轴的动、静态性能。

（1）液体动静压轴承　液体动静压轴承是一种靠外部供给恒定压力油、在轴承内建立静压承载油膜，使主轴从起动到停止始终悬浮于高压油膜之中，所以没有磨损，使用寿命长，起动功率小，在极低（甚至为零）的速度下也能应用。

液体动静压轴承是我国20世纪80年代开发的具有世界先进水平的高新技术产品，是一种既综合了动压轴承和静压轴承的优点，又克服二者缺点的新型滑动轴承。该产品利用孔式环面节流与浅腔节流串联的结构，使压力油进入油腔后产生足够大的静压承载力，将主轴悬浮在高压油膜中间，从而克服了液体动压轴承起动和停止时出现的干摩擦造成的轴与轴承磨损的缺点，提高了主轴的使用寿命及精度保持性。当主轴起动后，依靠浅腔阶梯效应形成较大的动压承载力，大大地提高了主轴刚度；高压油膜的均化作用的良好的抗振性保证了主轴具有很高的旋转精度和运转平稳性。

此外，这种轴承还有旋转精度高、油膜刚度大、能抑制油膜振荡等优点，但其需要专用的高压油箱。液体动静压轴承采用流体动、静力相结合的方法，使主轴在高压油膜支承中旋转，径向和轴向跳动小，刚性好，阻尼特性好，寿命长，转速可达20000r/min，功率达37.5kW，主要用在低速重载的场合。但其无通用性，维护保养较困难。目前，液体动静压轴承广泛应用于各类磨床、精密车床、金刚镗床和数控机床等多种高精度机床的主轴系统中，具有很好的工作性能，其回转精度保证在 0.0005mm 以下。图 2-3 所示为液体动静压轴承在电主轴中的应用。

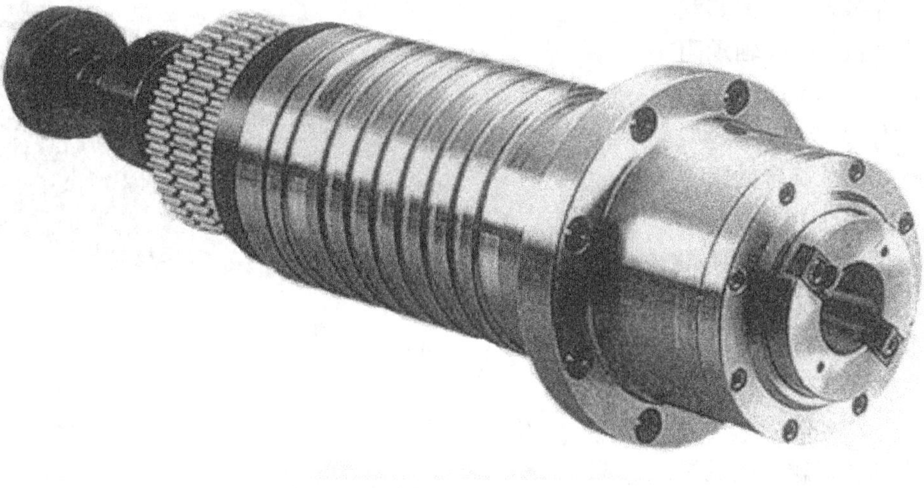

图 2-3　液体动静压轴承在电主轴中的应用

（2）磁力轴承　磁力轴承是一种非接触式轴承，它通过电磁力使转动部件悬浮于固定部件之间，如图 2-4 所示。这意味着没有摩擦，没有磨损，具有更高的稳定性，并且可以获得更高的速度。磁力轴承中，电磁力主要与电流及气体间隙的大小有关，传感器采集间隙大小的数据作为输入信号，控制系统根据输入信号调节电流的输出。

图 2-4　磁力轴承

磁力轴承近年来发展很快，特别在高速、低摩阻、高（低）温及真空环境下的应用越来越广泛。磁力轴承与其他支承形式相比有其独特的优越性，很有发展前景。

永磁型磁力轴承是其中一种常用的类型。它由永久磁铁制成，可做成各种形状，轴承的承载能力和刚度取决于永磁材料的种类，磁极的形状、面积、厚度和配置方式、轴承间隙以及软磁钢部分的尺寸。设计时，这种轴承的理论计算十分困难，常采用“实验相似法”进行结构设计。即用实验方法确定几种典型的轴承结构，测出其承载能力、刚度值，新设计轴承只要用相同的材料，其结构形式与尺寸按比例确定，那么其性能即可按比例求出，如承载能力与轴承特征尺寸的平方成比例等。

磁力轴承在机床中的应用：①用于精密机床主轴。法国 S2M 公司制造的用 5 自由度控制磁力轴承支承的精密主轴，其径向的轴承 Dn 值为 4×106mm・r/min，轴颈的线速度为 200m/s；推力轴承的 Dn 值为 8×106mm・r/min，止推轴颈的线速度为 400m/s。②用于超精透镜车床主轴。法国 S2M 公司制造的由主动磁力轴承支承的超精透镜车床主轴，转速为 2000r/min，功率为 1kW，加工精度 0．05μm。

（3）空气轴承（气浮轴承）　空气轴承指的是用气体（通常是空气，但也有可能是其他气体）作为润滑剂的滑动轴承。空气比油粘滞性小，耐高温，无污染，因而可用于高速机器、仪器及放射性装置中，但其载荷能力比油低。空气轴承阻力较低，允许较高的转速，并能同时保持较小的振动。摩擦对空气轴承旋转的阻碍非常小，因此动力损失和产生的热量也非常小，这使得转子能够以极高的转速运行。空气轴承如图 2-5 所示。

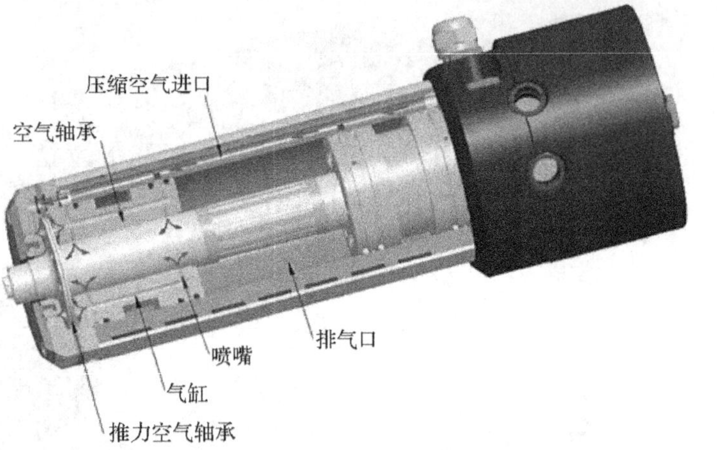

图 2-5　空气轴承剖视图

空气轴承具有如下优点：

1）精度较高。空气轴承属于非机械接触，提供极高的径向和轴向旋转精度。

由于制造结构的不同，空气主轴旋转时的精确性是其本身就具备的。特殊的制造技术提高了这一精确性。空气主轴的设计是，能够在轴向和径向同时获得小于 0.1μm 的旋转精确度。由于旋转的转子和静态支承部分之间没有机械接触，所以没有磨损产生，从而确保精度始终保持稳定——制造商使用统计学加工控制的一个重要特性。

2）转速较高。空气轴承内部的低剪切力，能够在提供极高转速的同时，将动力损失降到最低，并使产生的热量非常小，其转速可以超过 300000r/min。

空气轴承阻力较低，允许较高的转速，并能同时保持较低的振动水平。摩擦对空气轴承旋转的阻碍非常小，使得动力损失和热量产生也非常小。这使得转子能够以极高的表面速度运行。有些主轴中，较高的旋转速度会导致轴承硬度的增加，这是由空气动力学和回转加劲的特点导致的。

3）增加刀具寿命。使用空气轴承意味着能够大大延长刀具的寿命。

较低的振动和较高的旋转精度，意味着钻头、刀具、砂轮和钻探工具都会有更长的寿命，从而降低了保养和运行成本。特别地，在 PCB 钻孔行业中，目前使用的钻针直径小至 50μm，只有空气主轴才能以所需的速度运行，以确保刀具寿命达到要求。

4）提高表面质量。空气主轴的应用（如半导体加工）提供了流畅的、精确的、可重复的运动，使得零件表面质量更佳。与滚珠轴承主轴不同，空气轴承提供了稳定的轴承硬度，能够确保所加工的硬质材料的表面以下部分破损程度最小。由于硬度是由贯穿轴承的、始终如一的空气流提供的，转子所受的来自外负载的作用力，在其旋转时稳定地分布在所有点上。这一特性与研磨特性相似。

5）延长轴承寿命。由于没有机械接触、并且供给的是清洁的空气（没有油和水），因此轴承的寿命大大延长。轴承内部没有任何金属与金属之间的接触，如果供给的空气清洁且没有油和水，将确保实际上无限的寿命。此外，由于运行的性质，空气轴承会从轴承尾部不断地排出空气，这就形成了阻碍外部有害污染物（如原料碎片或者切割液）进入的天然屏障，增加了机器的利用率，减少了停机时间，从而提高了整体的效率。

6）温度上升缓慢。低摩擦，稳定的空气流和有效的动力传送，使轴承温度上升幅度降到最低。此外，空气轴承的特殊材料和结构方法的选择，以及内部的液体冷却管道，几乎完全消除了温度的上升因素，因此它不需要预热阶段。

7）减少保养次数。空气轴承只需要极少的保养。通常，只要对空气供给和冷却系统进行定期检查，就可确保其可靠性。一般保养通常包括：确保空气和水供给保持清洁，并达到正确的标准。值得注意的是，将夹头或者其他支承装置安装到空气轴承主轴上时，必须遵循特定的保养规定。

8）增大负载能力。空气轴承能够承受很大的负载，所以它们能够应用于很多行业的机械工具中，这是因为空气轴承具备较高的负载能力或较高的硬度能力，或者两者同时兼备。在很多空气轴承的应用中，主轴速度相对较低，因此要求安装径向和轴向半径较大的轴承。径向轴承、轴向轴承的负载可达 500kg 的力。

9）降低振动。空气主轴运行时，只产生最小幅度的振动和噪声。由于达到了高度的平衡标准，而且没有机械接触，所以空气主轴产生的振动幅度和噪声都是最小的。

10）清洁。空气轴承唯一使用的润滑剂是空气，因此，对于必须要求无污染的工件或者工作环境来说，空气轴承技术是理想的。从工作环境中去除脂、油和油雾后，空气轴承主轴的使用条件将更加良好。空气轴承对环境不产生反作用，因此是无尘环境（如磁盘驱动器制造）的理想应用产品。事实上，特殊设计的空气主轴还能在高度真空的条件下使用，如在半导体硅晶片制造方面的应用。空气主轴可以运行的、典型的无尘室标准是 100 级，即绝对无尘环境。

空气轴承应用：基于空气的固有属性（粘度小且随温度变化小、耐辐射等），空气轴承在高速、低摩擦、高温、低温及有辐射性的场合，显示了其独具的优越性。例如在高速磨头、高速离心分离器、陀螺仪表、原子反应堆冷却用压缩机、高速鼓风机、电子计算机记忆装置等技术上，由于采用了空气轴承，突破了使用滚动轴承或油膜轴承所不能克服的困难。

（4）混合陶瓷球轴承　混合陶瓷球轴承由陶瓷滚动元件和超精加工钢制套圈组成，如图 2-6 所示。其特点在于性能优越，且成本较低。陶瓷轴承的设计方法保证了在高转速条件下表现出较长的使用寿命和卓越的运行性能。

图 2-6　混合陶瓷球轴承

1）主要设计特性：

① 由陶瓷滚动体和超精加工钢制套圈组成，运行速度更快，工作温度更低，使用寿命更长。

② 采用先进的设计方法和材料，增强轴承刚度，降低噪声、振动和工作温度。

③ 要订购时可说明是否需要随附密封圈。

④ 用户可根据自身需要选择预载荷、15°或 25°接触角以及按照 ANSI/ABMA/ISO 02、10 或 19 的规格要求进行

设计。

2）采用混合陶瓷球轴承和普通轴承相比的优势：

① 耐温高。陶瓷球热膨胀系数小，在高温环境下不会因为温度的原因导致陶瓷球膨胀，这样大大提高了整个轴承的使用温度。普通轴承的温度在160℃左右，陶瓷球的可以达到220℃以上。

② 转速高。陶瓷球具有无油自润滑属性，摩擦因数小，所以陶瓷球轴承具有很高的转速。据统计，采用陶瓷球的轴承转速是一般轴承转速的1.5倍以上。

③ 寿命长。陶瓷球可以不加任何油脂，也就是说即使油脂干掉，轴承还是可以运行的，这样就避免了轴承因油脂干掉而过早损坏。据测试以及一些客户的反馈，使用陶瓷球后的轴承的使用寿命是普通轴承的2～3倍。

④ 绝缘。因为陶瓷球是绝缘体，在轴承的内外圈之间采用陶瓷球，就可以达到绝缘的效果。这样就使轴承能够在导电的环境下使用了。

三、高速进给机构

高速切削时，为了保持刀具每齿进给量基本不变，随着主轴转速的提高，进给速度也必须大幅度地提高。目前，高速切削进给速度已高达50～120m/min，要实现并准确控制这样高的进给速度，对机床导轨、滚珠丝杠、伺服系统、工作台结构等都提出了新的要求。而且，由于机床上直线运动行程一般较短，高速加工机床必须实现较快的进给加、减速才有意义。为了适应进给运动高速化的要求，在高速加工机床上主要采用如下措施：

采用新型直线滚动导轨。直线滚动导轨中球轴承与钢导轨之间的接触面积很小，其摩擦因数仅为槽式导轨的1/20左右；而且，使用直线滚动导轨后，“爬行”现象可大大减少。

高速进给机构采用小导程、大尺寸、高质量滚珠丝杠，或大导程多线滚珠丝杠，其目的是在不降低精度的前提下获得较高的进给速度和加速度。

高速进给伺服系统已发展为数字化、智能化和软件化、高速切削机床已开始采用全数字交流伺服电动机控制技术。

为了尽量减少工作台重量但又不损失刚度，高速进给机构通常采用碳纤维增强复合材料。

为大幅度减轻进给运动部件的重量，在结构上实现“零传动”，可直接采用直线电动机驱动，原理如图2-7所示。直线电动机消除了机械传动系统的间隙、弹性变形等问题，减少了传动摩擦力，几乎没有反向间隙。直线电动机具有快加、减速特性，加速度可达$2g$，为传统驱动装置加速度的10～20倍，其进给速度为传统驱动装置进给速度的4～5倍。此外，采用直线电动机驱动，具有单位面积推力大、易产生高速运动、机械结构不需维护等明显优点。

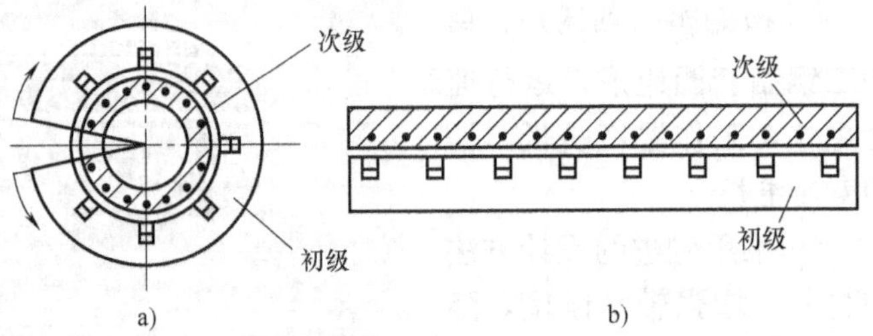

图2-7 旋转电动机展开为直线电动机的过程

a）旋转电动机 b）直线电动机

1. 直线电动机进给驱动系统

1993 年，德国 EX-CELL-O 公司首先将直线电动机用于机床上，把电动机动件直接与机床工作台相连，如图 2-8 所示，从而消除了一切中间传动环节，使机床进给传动链的长度缩短为零，实现了“零传动”，以往用滚珠丝杠进行直线驱动时最高只能把 0.19g 的加速度提高到 1.0g 以上。加速度的提高可以使不通孔加工、任意曲线曲面加工的生产率大大提高。

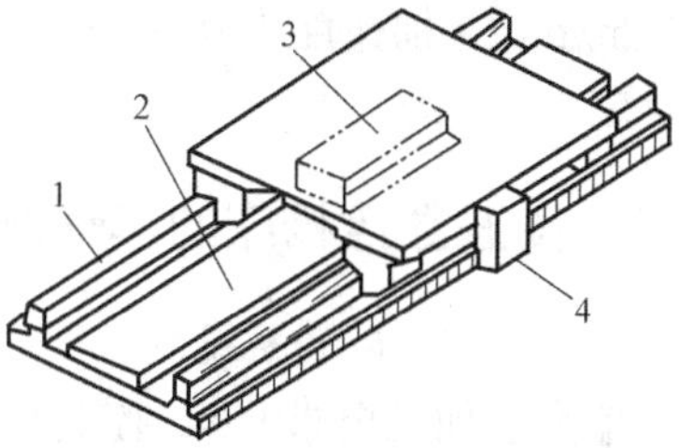

图 2-8　直线直接驱动系统

1—无间隙滚动导轨系　2—定子部分

3—动子部分　4—直线位置、运动测量系统

由于直线电动机驱动可以获得高速度和超高速（60～180m/min 或更高）、高加速度（1.0g～10g）、长行程和高精度，因此可用于高档高速加工中心以及其他类型的高速和超高速数控机床。

2. 新型滚珠丝杠副传动系统

为使滚珠丝杠螺母传动系统能够继续在高速数控机床中发挥作用，必须对其作进一步的创新改进，形成新一代具有优良高速性能的高精度传动系统。

（1）对滚珠丝杠螺母副的改造措施

1）提高系统的刚度。高的动、静刚度是实现高速进给传动的基础。为提高滚珠丝杠螺母传动系统的进给速度和加速度，必须首先提高丝杠的扭曲刚度和轴向刚度。主要措施有：丝杠采用中空结构进行预拉伸处理；通过选用推力角接触轴承，提高丝杠的支承刚度。此外，通过优化设计和采用先进制造工艺，使滚珠与滚道的适应度处于最佳状态，从而有效提高接触刚度。

2）提高滚珠丝杠螺母副的运动速度。在保证足够刚度的基础上，增大丝杠螺母的导程和螺纹线数是提高滚珠丝杠螺母副直线运动速度的有效途径。在某些情况下，还可以对滚珠丝杠副实施双电动机驱动，即用一个伺服电动机驱动滚珠丝杠，另一个伺服电动机以相反的方向驱动由轴承支承的滚珠螺母，使得在不增加丝杠转速的情况下，让工作台的进给速度提高一倍。

3）减小系统的发热量。丝杠的高速转动和滚珠在滚道内的高速循环运动，必将产生大量的热量。此外，为提高刚度对丝杠进行的预拉伸也会加剧发热。因此，高速滚珠丝杠副传动系统的发热将比常规滚珠丝杠副大得多。解决高速滚珠丝杠螺母副传动系统发热问题的有效办法之一就是将冷却液通入空心丝杠内部，进行强制循环冷却，这样可有效保证滚珠丝杠副传动系统的精度。

4）减小转动惯量、改善工作性能。适当减小滚珠直径，滚珠采用空心结构或将滚珠链中的滚珠按一大一小间隔排列等均可减小高速运动时的转动惯量及改善滚珠快速滚动时的流畅性。陶瓷材料（如 Si_3N_4 等）具有硬度高、密度小、弹性模量大、线膨胀系数小、耐磨损、寿命长等优点，因此，以陶瓷等新材料制造滚珠将显著降低温度，减小噪声，有效提高滚珠丝杠副传动系统的高速性能。

另外，提高滚珠丝杠两端的支承刚度和滚珠螺母的安装精度，对提高滚珠丝杠的临界转速，保证进给系统的精度，改善运动的平稳性都有着重要的作用。

（2）新型滚珠丝杠螺母副的适用场合　滚珠丝杠螺母副传动系统摩擦因数小，传动效率较高，制造成本较低，对环境的适应性较强，而且滚珠丝杠螺母副的技术成熟。因此，经改造后的新型滚珠丝杠螺母副在高速机床中仍有一定的应用。它主要适用于中小载荷、速度为10～40m/min、加速度为0.5g～1.0g、行程范围不大于6m的场合，即适用于中低档高速数控机床。

四、高速数控机床的其他结构

1. 高速CNC控制系统

数控高速加工要求CNC控制系统具有快速数据处理能力，以保证在高速切削时（特别是在4～5轴坐标联动加工复杂曲面时）仍具有良好的加工性能。衡量高速CNC数控系统的数据处理能力有两个重要指标：一是单个程序段处理时间，为了适应高速，要求单个程序段处理时间要短，为此，要求CPU的处理速度要快；二是插补精度，为了确保高速下的插补精度，要有前馈控制和超前程序段处理功能。此外，还可采用NURBS（非线形B样条）插补、回冲加速、平滑插补、钟形加/减速等轮廓控制技术。

高速切削加工CNC系统的功能特征包括：

(1) 加减预插补。

(2) 前馈控制。

(3) 精确矢量补偿。

(4) 最佳拐角减速度。

2. 高刚性的床体结构

高速数控机床的床体支承部件包括床身、立柱、横梁、底座、刀架、工作台、箱体和升降台等。它们是机床的基础部件，可分为移动支承部件和固定支承部件两大类。其中，对于固定支承部件，机床上变动的切削力、运动件的惯性、旋转件的不平衡等动态力会引发支承部件和整机的振动；支承部件的热变形会改变执行机构的正确位置或运动轨迹，影响加工精度和表面质量。而对于高速加工机床，由于同时需要高主轴转速、高进给速度、高加速度，又要求用于高精度的零件加工，因而集“三高”（高速度、高精度、高刚度）于一身就成为高速加工机床的最主要特征。

高速加工机床的切削速度大幅度提高，使得产生振动的可能性增加；同时，单位时间内金属去除率的提高也伴随着能量损失的增加，使得机床热变形增加，热特性对机床的影响变得更加严重。因此，普通机床和加工中心床身的工作台结构已不适合高速加工机床，对高速机床支承部件的设计提出了比普通机床更为严格的要求。高速加工时，虽然切削力一般比普通加工时低，但由于快加速和快减速产生的惯性力、不平衡力却很大，因此机床床身等固定支承部件必须具有足够的强度和刚度，高的结构刚性和高水平的阻尼特性，使机床受到的激振力很快衰减。一般说来，提高固定支承部件抵抗振动能力的具体措施有：

1) 对于床身基体等支承部件，采用非金属环氧树脂、人造花岗石、特种钢筋混凝土或热膨胀系数比灰铸铁低1/3的高镍铸铁等材料制作。例如德国阿亨工业大学的研究表明，在同等体积条件下，聚合物混凝土的质量只是铸铁的1 /3，这更适合高速度和快加（减）速度的要求。德国Hermle公司的高速加工中心立柱与底座采用聚合物混凝土整体铸造，其刚度很高。Ingersoll公司的HVM8 00卧式加工中心床身也采用钢板焊接件，其内腔充满阻尼材料。

2）合理设计其截面形状，合理布置肋板结构，以提高静刚度和抗振性。

3）大件截面采用特殊的轻质结构。

4）尽可能采用整体铸造结构。

对于诸如刀架、升降台、工作台等运动支承部件，设计时必须尽量大幅度减轻其重量，保证移动部件的高速度和高加速度。提高运动支承部件运动性能的具体措施有：采用铁铝合金和纤维增强塑料等新型轻质材料制造拖板和工作台；用常规有限元法（CFEM）优化机床移动部件的几何形状和尺寸参数等。总之，在不影响刚性的条件下，使移动部件的重量或惯性尽可能的低。采取上述措施后，高速加工机床移动支承部件的重量一般可比传统机床结构减少 30% ～45%。

3. 高效、快速的冷却系统

在高速加工条件下，单位时间内切削区域会产生大量的切削热，如果不能及时将这些热量迅速地从切削区域散出，不但妨碍切削工作的正常进行，而且会造成机床、刀具和工具系统的热变形，严重影响加工精度和机床的动刚性。也就是说，对于高速加工机床，机床结构设计时必须考虑设计必要的冷却和散热装置。高压大流量的切削液不但可以冷却机床的加工区，而且也是一种行之有效的清理切屑的方法，但它会对环境造成严重的污染。切削液的使用并不是对高速切削的任何场合都适用。例如，对抗热冲击性能差的刀具，在有些情况下，切削液反而会降低刀具的使用寿命，这时可采用干切削，并用吹气或吸气的方法进行清理切屑的工作。

近年来，日本的三井精机和 J. E. 公司共同开发了 HJH 系列高压喷射装置，把压力为 7MPa、流量为 60L/min 左右的高压切削液射向机床的切削部位进行冷却，以消除切削产生的热量。另外有的加工中心则采用大量切削液以瀑布方式由机床顶部淋洒到机床工作台，把大量的热切屑立即冲走，始终保持工作台的清洁，并形成一个恒温的小环境，保证高的加工精度。设计高速电主轴单元结构时，冷却系统的设计也是不可忽视的一个重要方面。为了防止主轴部件在高速运转过程中出现过热现象，支承轴承必须考虑采用有效的强制冷却方法。

高速电主轴的热稳定性也是需要解决的关键问题之一。为改善电主轴的热特性，应采取一定的措施和设置专门的冷却系统。图 2-9 所示为电主轴电动机用循环切削液冷却和散热的方法，在电动机定子与壳体联接处设计循环冷却水套，水套用热阻较小的材料制造，水套外环加工有螺旋水槽。如图 2-9 所示，电动机工作时，水槽里通入冷却水，为加强冷却效果，冷却水的入口温度应严格控制，并有一定的压力和流量。另外，为防止电动机发热影响主轴轴承，主轴应尽量采用热阻较大的材料，使电动机转子的发热主要通过气隙传给定子，由冷却水吸收带走。

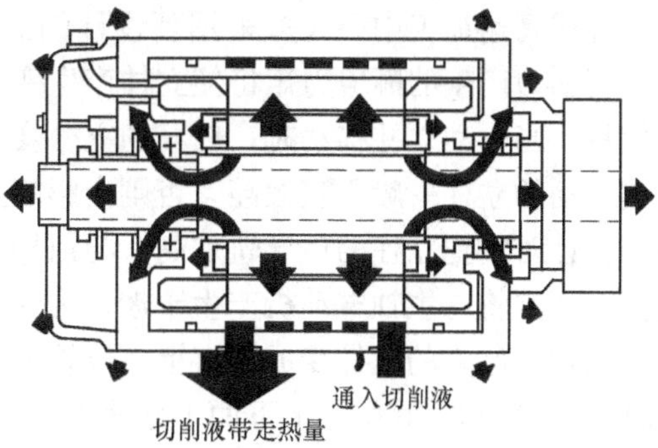

图 2-9　电主轴电动机的冷却与散热

4. 高速加工机床的安全防护与实时监控系统

高速切削的速度相当高，当主轴转速达 40000r/min 时，若有刀片崩裂，掉下来的刀具碎片就像出膛的子弹。因此，对高速切削引起的安全问题必须充分重视。

从总体上讲，高速切削的安全保障包括以下诸方面：机床操作者及机床周围现场人员的安全保障；避免机床、刀具、工件及有关设施的损伤；识别和避免可能引起重大事故的工况。在机床结构方面，机床设有安全保护墙和门窗。刀片，特别是抗弯强度低的材料制成的机夹刀片，除结构上防止由于离心力作用产生飞离外，还要进行极限转速的测定。刀具夹紧、工件夹紧必须绝对安全可靠，故工况监测系统的可靠性就变得非常重要。机床及切削过程的监测包括：切削力监测、机床主轴功率监测、主轴转速监测、刀具破损监测、主轴轴承状况监测、电器控制系统过程稳定性监测等。

第二节　高速加工机床的类型及选购

高速加工中心按结构类型，分为卧式高速加工中心、立式高速加工中心、龙门高速加工中心以及其他高速加工机床。高速加工机床是实现高速加工的前提和关键。但是，如何有选择地购买高速加工机床，怎样将高速加工机床融入现有的加工机制中，还有诸多的不确定性。因此，应用合理、可靠的结构化程序，可以比较安全、稳妥地选择高速加工机床。

学习目标

◎ 了解高速加工机床的类型；

◎ 会选购高速加工机床。

一、高速加工机床的类型

1. 卧式高速加工中心

卧式高速加工中心与普通卧式加工中心相同，其刀具主轴水平设置，通常带有回转工作台，具有 3～5 个运动坐标，适宜加工箱体类零件，一次装夹可对工件的多个面进行加工。卧式高速加工中心除了主轴采用电主轴外，在结构上也有很多改变，以适应高速进给和大的加/减速度的要求。

卧式高速加工中心大多采用新设计的立柱移动式结构。由于立柱本身是一种悬臂梁结构，切削力产生的颠覆力矩将使立柱产生变形和位移，影响机床的精度，所以立柱一般设计得较重；当驱动立柱移动时，较高的立柱会因头重脚轻而不适合较高的速度和加速度，因此高速移动的立柱一般不宜太高，否则会影响上下移动的行程。为了减小切削力产生的颠覆力矩，设计时常把立柱的后导轨加高，与前导轨不在一个平面上；但是后导轨因空间限制不能太高，否则将与主轴电动机产生干涉。为使后导轨提到立柱上端的问题得到解决，出现了框架式结构，原来的立柱变成了有上下导轨的滑架，再加上前面支承主轴滑枕的框架，形成了“箱中箱”结构。其中，上下两个导轨支承的滑架就相当于动柱式机床的立柱，这个立柱就由悬臂梁结构变成具有两端支承的简支梁结构。而简支梁的最大变形点在中间，同等条件下它的最大变形仅有悬臂梁的 1/16。因此，滑架可以在不影响刚性的情况下做得比较轻，为高速度和高加速度提供了条件，这就是“箱中箱”结构得以流行的主要原因。图 2-10 所示为 HMC500 型高速卧式加工中心，该机床适用于汽车、摩托车、仪表、液压件等行业，是加工箱体、壳体、阀体等零部件的理想设备，尤其适用于汽车发动机缸体、缸盖、变速箱壳体等零件的成套加工生产线。

图 2-10 HMC500 型高速卧式加工中心

2. 立式高速加工中心

立式高速加工中心是指主轴与工作台垂直设置的加工中心。立式加工中心是传统的数控加工中心最主要的结构形式。立式高速加工中心的结构特点是刀具主轴垂直设置，能完成铣削、镗削、钻削等多工序加工，其加工适应性较好。传统的立式加工中心布局是工作台沿 X、Y 方向移动，主轴箱在立柱上沿 Z 方向移动，刀库在立柱一侧。立式高速加工中心由于工作台的质量较大，不易实现快速移动，特别是影响提高加速度，因而通常采用的方式是工作台固定不动，所有轴的进给运动均由主轴（立柱）移动来实现，这样就大大减轻了运动部件的质量。也有的立式高速加工中心将其中一个轴的进给保留由工作台移动来实现，而其他两个轴的进给都通过立柱来实现。另外，立式高速加工中心的刀库和换刀装置因安装在工作台的一侧，由立柱快速移动到换刀位置进行换刀，这样可以减轻移动立柱的总体质量。图 2-11 所示为瑞士米克朗 HSM400U 高速立式加工中心，主要适用于加工板类、盘类、模具及小型壳体类复杂零件，该加工中心能完成铣削、镗削、钻削、攻螺纹和切削螺纹等工序。

图 2-11 米克朗 HSM400U 高速立式加工中心

3. 龙门高速加工中心

龙门高速加工中心的形状与龙门铣床相似。龙门高速加工中心的刀具主轴垂直设置，并且安装在可移动的桥式横梁上，由工作台的移动或者横梁的移动实现 X 轴方向的移动，而主轴箱在横梁上移动实现 Y 轴方向的移动，主轴在立柱箱内移动实现 Z 轴方向的移动。龙门高速加工中心可以做成大型或者特大型的机床，可以加工重型零件。

龙门式结构相比于立柱式结构更容易实现高速运动，并且结构简单，已经成为高速数控加工中心的主流发展方向，不少小型的高速加工中心也采用龙门式结构。

当主轴及横梁的结构较大时，其重量也相当大，支承柱需要有很高的强度，此时需要整体移动的结构部件重量很大，将很难实现高速度与高的加速度。作为改进，可采用双墙式结构支承横梁，如日本OKUMA公司的MCR-AF系列高速龙门式加工中心，如图2-12所示。

图2-12 MCR-AF系列高速龙门式加工中心

4. 高速车床

普通的车床用于加工时一般都是小功率切削；高速车床则需要有相当大功率覆盖粗加工范围。所以，必须采用新理念设计机床，以满足高速加工时机床的刚性要求，特别重要的是直接驱动和较松的支承顶尖，以尽量减小轴向力。在设计或选择车床主轴时，要采用结构紧凑的主轴，在主轴转速允许的条件下尽量选大直径。此外，高速车削加工中的一个技术难点是工件的夹紧方法，因此要开发用于高速车床的专用卡盘。

高速车床的另一个重要问题是卡盘/工件系统在高速旋转中出现夹紧问题时的安全保护。这种情况下，卡盘/工件区应该完全被罩起来，保护罩应该使用弹性的和能够吸收能量的夹层结构。

在高速车床上，回转工作台的摆动以及叉形主轴头的摆动和回转等运动，已广泛采用转矩电动机来实现。转矩电动机是一种同步电动机，其转子直接固定在所要驱动的部件上，所以没有机械传动元件，它像直线电动机一样是直接驱动装置。转矩电动机所能达到的角加速度要比传统的蜗轮蜗杆传动高6倍，叉形主轴头摆动时的加速度可达到$3g$。由于转矩电动机可达到极高的静态和动态负载刚性，从而提高了回转轴和摆动轴的定位精度和重复精度。

5. 高速钻床

和高速车削及高速铣削加工相比，高速钻削属于粗加工。具有立式和卧式主轴的工作台式和龙门式钻床都可以用做高速钻床。

摇臂式和升降台式钻床也可以用来高速切削，但刚性较差。高速钻削要求主轴有足够高的转速，切削速度大于 100m/min；稳定性好，特别是动刚度高；进给速度要达到 10m/min，快速空行程达到 30m/min，加速度达到 1.5g。快速攻螺纹还要求快速反转、定位和速度控制。加工中心也要求具有快速钻、铰和攻螺纹功能，所以也要解决同样的问题。提高生产率的方法是提高切线速度和进给速度以及解决排屑问题，特别是钻不通孔时。

在高速钻削加工中，内冷钻头需要高压、大流量切削液以及很细的过滤器。为了提高钻削加工效率，高速钻床可以配置自动换刀系统和工件交换系统。在汽车生产线上，高速钻、铰和攻螺纹是常用的工序，因此，高速钻床也是非常有用的加工设备。

6. 高速车铣复合加工中心

复合加工作为机械加工的发展方向之一，也是数控设备功能发展的一个主要方向。在多种复合加工的领域中，车铣复合高速加工是目前发展最完善的一个领域。在国内外的各种展会上，可以看到很多机床厂家纷纷推出此类设备，作为高端设备来展示。

车铣复合高速加工设备的价格往往比较昂贵。很多企业在做设备选型时，经常将此类设备当成专用机床来看待，并没有赋予设备更多的使用范畴，往往是按照某个零件的工艺需求来制订设备采购计划。在选择设备类型前，首先考虑因设备折旧而造成的单件成本增加是否在允许的范围之内，从而决定是否采购此类设备，很多的车铣复合加工设备都是在这种形势下被引进的。之所以出现这种现象，是人们对于此类设备的应用不够了解，除了担心日常维护的成本之外，对加工程序的编制也不清楚，从而更愿意选择购买一台 5 轴联动加工中心和一台数控车床。此外，从理论上讲，车铣复合加工可以有效地提高产品质量和生产效率，但是在实际应用中不能尽如人意，其中的主要原因在于加工程序的编制。

如何提高车铣复合加工中心的使用效率？

首先来看如何提高双刀架车铣复合加工中心的使用效率。在加工过程中，可以通过双刀架的同步操作来完成零件的多工序加工。同一个工件由于有多种加工工序，利用计算机辅助加工软件完成零件编程的同时，可以通过工序的优化，在加工条件允许的前提下，尽量使两个刀架同时处于工作状态，无疑可以有效地缩短加工时间。通过下面三个例子可以看到车铣复合高速加工的效果。

【案例 1】 可以通过上下刀架的同步设置来更快地去除余量，粗车外形的同时，也完成了内孔的粗镗加工，如图 2-13 所示。

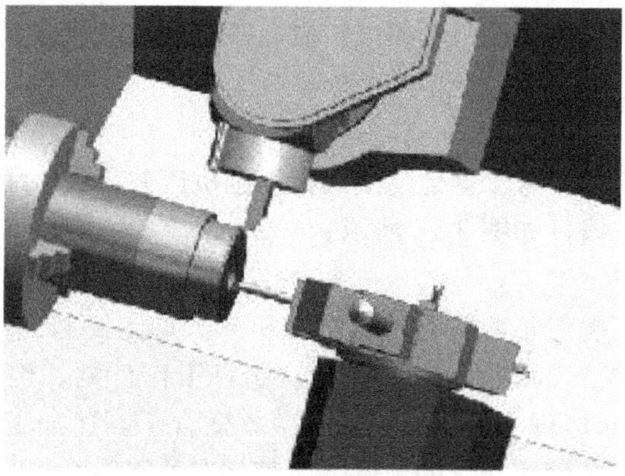

图 2-13　粗车外形及粗镗内孔

【案例 2】 通过上下刀架的同步设置，完成一系列孔的加工，不仅提高了加工的效率，同时还可以通过钻孔轴向力的相互抵消来减少工件变形的影响，如图 2-14 所示。

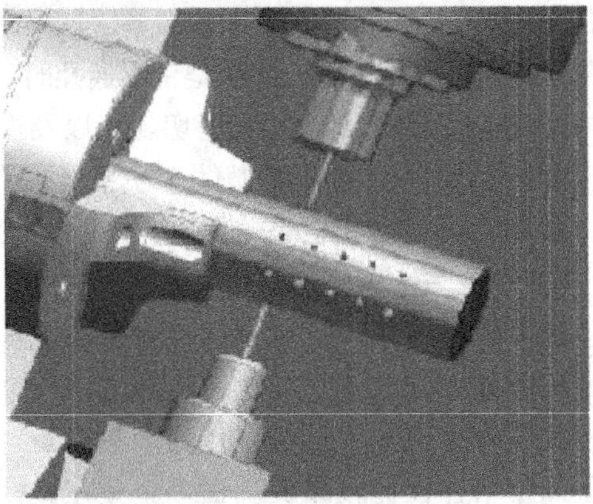

图 2-14 孔的同步加工

【案例 3】 可以通过上下刀架的同步设置，一次完成两段外形的加工，如图 2-15 所示。

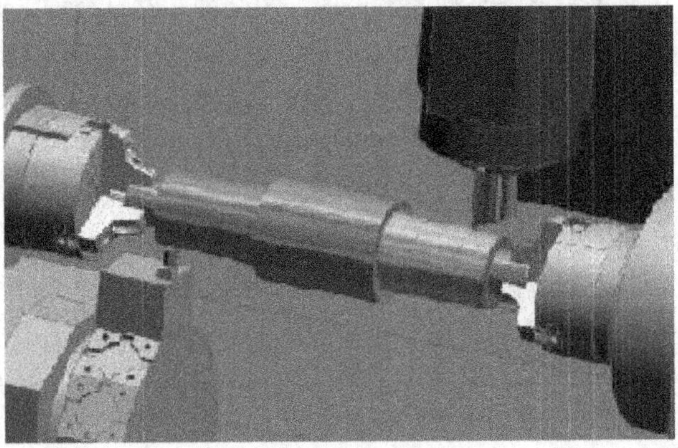

图 2-15 同步车削零件外形

车铣复合加工设备应用的领域：除了可以应用于某些产品的大批量加工外，对于一些小批量或单件的生产中，车铣复合加工设备也大有用武之地。因为车铣复合加工设备具有至少一个旋转轴的控制能力，它的应用范围得以扩展，甚至可以替代多坐标联动加工中心工作。

二、高速加工机床的选购

下面将介绍一种有组织、有步骤地购买高速切削机床并将其应用到现有的生产环境中的方法，该方法包括 5 个阶段，如图 2-16 所示。

1. 基本调研

购买高速切削机床，类似于购买其他的数控机床。如图 2-17 所示，从公司中抽调出部分员工组成“建设项目组”，其职能应该包括：制订工作计划、生产、购买、控制等，该“建设项目组”由一位项目经理领导。首先选择基本适合于高速加工机床上加工的工件，并选择一两个将来用于新机床验收测试的工件，尤其是有关精确性和时间方面的测试，除此之外，初步计划将新的高速机床应用于生产，并分析评估现有的编程能否用于新的工件，是否需要采用新的工艺措施。这些信息对于全部投资数目的确定非常重要。

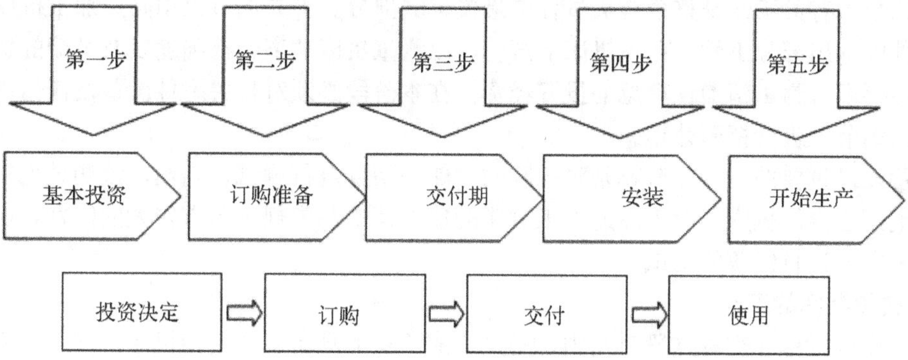

图 2-16　选购高速机床的步骤

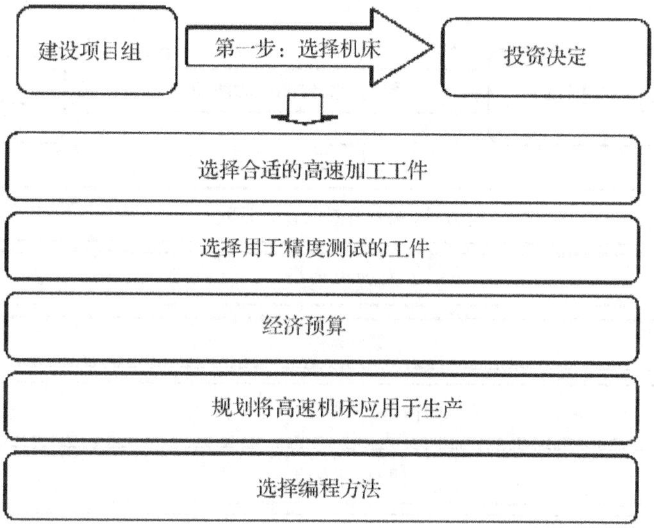

图 2-17　基本调研阶段

2. 订购准备工作

对购买高速切削机床的基本决定做出积极的评估之后，第二步工作就是决定购买哪一种机床，如图 2-18 所示。

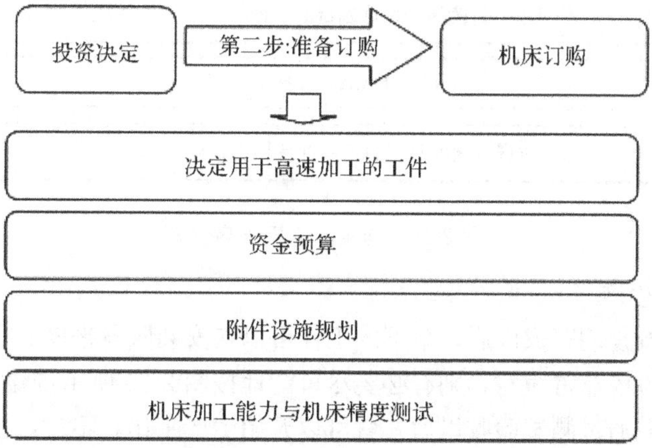

图 2-18　订购准备工作阶段

第二步中有关工作是整个购买过程中最关键的部分。首先从可以用高速加工机床加工的系列工件中选出部分工件，在该机床上试切，以测试机床功率、精确度以及可能的加工极限能否满足要求。为了精确预算总的投资经费，在本阶段必须对相关附件设备及任何可能需要的资金从细节上进行精密计划。

本阶段最重要的一个环节就是对机床的性能和精度进行测试。当然，该测试也针对那些在考虑范围之内的机床。由于高速加工机床的速度范围与常规机床有较大的区别，所以有必要对这一方面进行细致的测试。

3. 交货期间的工作

在递交订货单和交货这段时间内，必须完成所有的准备工作，使机床交接工作完成之后可立刻按照预定计划开始生产实验工作，而没有任何的拖延。第三步的具体细节可参考图2-19所示。

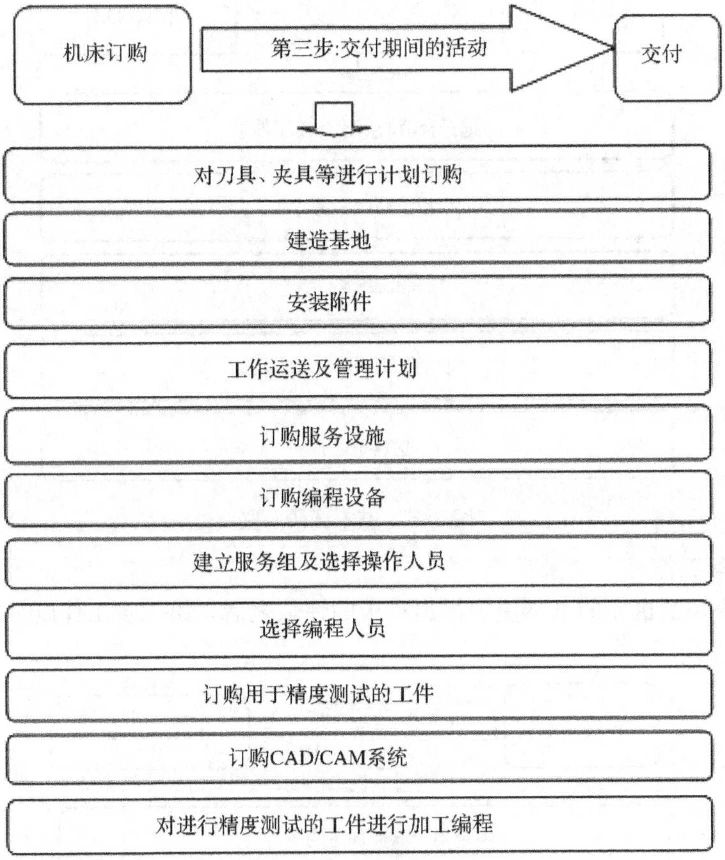

图 2-19　购买高速机床第三步

4. 安装和开始生产

当上述的工作按预期完成以后，余下的工作可以在安装阶段来做。然而，对于比较小的机床来说，如果该阶段非常短暂，则有必要尽可能地按图2-20所示步骤实施。

机床完成安装并通过测试验收以后，就可以开始生产工作。不过，在大多数情况下，验收阶段还应包括许多反复的测试工作，以作为选择机床的依据。同时，机床的维护和故障记

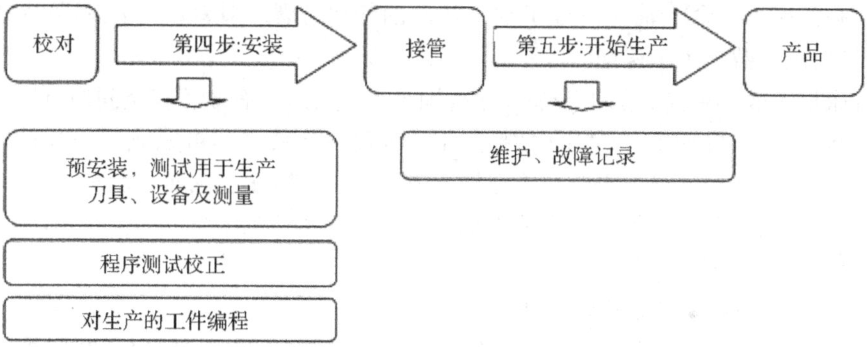

图 2-20　安装和开始生产

录从一开始就应该被保留，从而为新机床技术可行性方面的确切定论建立一种依据。然而，根据高速加工机床方面的大量实际经验，最好是等待三到六个月的操作测试之后，再考虑评估机床的真正可行性的工作。因此，购买机床时最好能把该阶段作为一种故障担保期，尽可能地写进订购契约。

在以上所提及的理论指导下，选购高速切削机床方面应当不会再有问题。前面所提及的各种不同的验收测试将会确保所购买新机床的实际性能，提供不同货源之间的技术对比。当然，在高速加工机床上节约的时间也可以获得显著的利润。总之，全面地了解、认识高速加工所具有的特殊切削条件将非常重要。

相关知识链接

链接 1：并联机床的特点

并联机床是指用并联机构作为进给传动机构的数字控制机床。与传统机床相比，并联机床具有刚度重量比大、响应速度快、对环境适应性高、技术附加值高等优点。图 2-21 所示为传统机床与并联机床的比较。

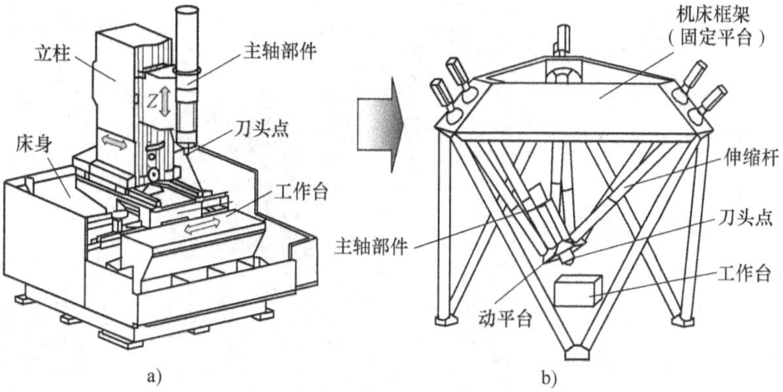

图 2-21　传统机床与并联机床比较
a）传统机床　b）并联机床

该并联机床具有以下特点。

1）并联机构仅有 6 个关节，10 个自由度，刚性、动态性能及高速性能大幅提高。

2）能够校准并联机床的所有参数，是世界第一个在误差补偿方面与数控机床相同的并联机床。

3）并联机床下平台主轴无论处于加工范围的任何位置，其动态特性都保持高度一致，为选择最佳切削参数提供了保证。

4）机床加工效率更高，加工产品尺寸范围更大。机床在有效工作空间内可实现5～6面及全部复合角度的位置加工，适用于敏捷加工；只需一次装夹即可完成5～6面的复杂异形件及复合角度孔和曲面的加工等，可广泛用于航天航空、船舶、国防、汽车、大型模具、发电设备等行业的大型复杂零件的自由曲面加工。此外，用该机床组成的生产线，可大幅度地减少机床台数，减少辅助时间。

链接2：国内外并联机床的研究现状

20世纪80年代后，一大批学者开始致力于并联机构的研究，提出了并联机床的概念。并联机床的典型代表是Stewart平台结构，即由6根可伸缩杆和动平台构成，可实现较高的动态特性，但工作范围小。为解决这一问题，研究者把并联机构与串联机构结合起来，取得高动态性能和大的工作空间，其典型代表是瑞典Neos Robotis公司的Tricepts机床。

1994年芝加哥国际机床展览会后，许多大学和企业加入到并联机床的应用研究开发之中，如美国Giddings&Lewis公司、Ingersold公司、HEXEL公司，德国的Siemens公司、Mikromant公司，日本的东芝公司、丰田公司、日立公司、三菱公司，俄罗斯的Lapic公司等。当时在国际上并联机床做得最好的是瑞典的NOUSE公司，到2003年，该公司已经销售出300余台。

1994年后，我国的高校、科研院所和企业也开展了并联机床的研究工作。其中，主要有哈尔滨工业大学与哈尔滨量具刃具集团有限责任公司（以下简称哈量集团）共同研制的加工叶片的并联加工中心，并且该项目获得2005年度中国机械行业科技进步二等奖；清华大学和齐齐哈尔第二机床集团联合研制的加工水轮机叶片的龙门式混联机床。另外天津大学、燕山大学、中国科学院沈阳自动化研究所、北京航空航天大学、东北大学、北京理工大学等，也都开展了并联机床的研制工作，并取得了一定的成绩。

2004年，原NOUSE公司总裁卡勒纽曼先生与他的原总设计师成立了新的EXECON公司，推出了新型的并联机床，并致力于该技术在全世界以发放生产许可证方式的推广工作。

在第十届中国国际机床展览会（CIMT2007）上，哈量集团展出的新一代并联机床LINKS-EXE700令人耳目一新。之前由于球形关节和自由度等技术瓶颈一直难以突破，并联机床市场已经沉寂了很长一段时间，而此次展会上LINKS-EXE700并联机床（图2-22）的隆重亮相使这种局面得以打破。

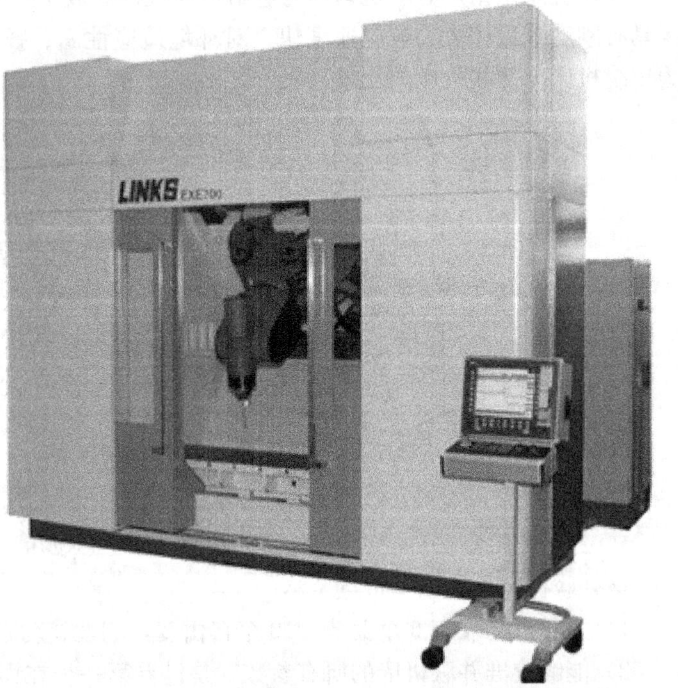

图2-22　LINKS-EXE700并联机床

综合训练

思考与练习

1. 判断题（将判断结果填入括号中。正确的填“√”，错误的填“×”。）

（　　）(1) 如果只有高速机床和刀具而没有良好的工艺技术作指导，昂贵的高速加工设备也不能充分发挥作用。

（　　）(2) 为了适应高速加工的要求，床身和工作台要求满足高的动、静刚度和抗振性，好的精度保持性，更好的抗热变形能力。

（　　）(3) 与高速车削及高速铣削加工相比，高速钻削属于精加工。

（　　）(4) 高速机床的立柱与底座的使用材料有很多，聚合物混凝土整体铸造材料刚度更高，吸振性更好。

（　　）(5) 为防止刀片甩飞或刀体爆裂，应选用安全玻璃和聚合物玻璃两种材料制作的防护罩。

（　　）(6) 高速切削产生的切屑，可以用手来清除。

（　　）(7) 电主轴是实现高速机床主运动系统“零传动”的典型结构，而直线电动机高速进给单元则是高速机床进给运动系统实现“零传动”的典型代表。

（　　）(8) 五轴加工中心的一种典型结构是两个旋转轴的转动、进给都是由主轴系统实现的，即主轴具有 X 轴和 Y 轴（或 C 轴）。

（　　）(9) 快速自动换刀技术是以减少加工时间为主要目的，综合考虑机床的各方面因素，在尽可能短的时间内完成刀具交换的装置和技术方法。

（　　）(10) 为了实现高速切削加工，一般采用高柔性的高速数控机床、加工中心等，这些设备的共同特点是具有高速主轴系统和高速进给系统。

答案：(1) √　(2) √　(3) ×　(4) √　(5) √

(6) ×　(7) √　(8) ×　(9) ×　(10) √

2. 选择题（选择一个正确的答案，将相应的字母填入题内的括号中。）

（　　）(1) 为了适应高速加工的要求，床身和工作台要求满足______、好的精度保持性、更好的抗热变形能力。

(A) 高的传动效率

(B) 高的动、静刚度和抗振性

(C) 高性能材料

(D) 高吸振性

（　　）(2) 高速加工时，关于加工安全下列说法不正确的是______。

(A) 刀片崩裂，掉下来的刀具像子弹，因此一定要关好防护门。

(B) 机床及切削过程中，工况的监测系统很重要。

(C) 机床操作者及机床周围现场人员的安全要有保障。

(D) 抗弯强度低的材料制成的机夹刀片，一般不需要进行极限转速测定。

（　　）(3) 高速机床的加工精度和使用寿命很大程度上取决于机床导轨的质量，在实际应用中，往往采用______。

(A) 高速滚珠丝杠副

(B) 直线滚动导轨副

(C) 直线电动机

(D) 都不对

(　　)(4) 下列高速机床数控系统的选用原则中不正确的是______。

(A) 是否具有高速加工功能

(B) 系统的加工进给速度和快加速，主轴电动机和伺服电动机的转速是否满足要求

(C) 根据机床的规格选择，如五轴联动等

(D) 具有插补功能

(　　)(5) 高速数控机床的闭环控制系统的位置检测装置在______。

(A) 传动丝杠上

(B) 伺服电动机输出轴上

(C) 机床移动部件上

(D) 数控装置中

(　　)(6) 高速机床反馈装置的作用是为了______。

(A) 提高机床的安全性

(B) 提高机床的使用寿命

(C) 提高机床的定位精度

(D) 提高机床的灵活性

(　　)(7) 1993 年德国 EX-CELL-O 公司在汉诺威国际机床博览会上展出了世界上第一台______驱动工作台的 HS (C) —240 型高速加工中心。

(A) 直流电动机

(B) 交流电动机

(C) 直线电动机

(D) 伺服电动机

答案：(1) B　　(2) D　　(3) B　　(4) D　　(5) C　　(6) C　　(7) C

3. 思考题

(1) 何为电主轴？目前电主轴的润滑方式主要有哪些？

答：机床主轴由内装式电动机直接驱动，从而把机床主传动链的长度缩短为零，实现了机床的"零传动"。这种主轴电动机与机床主轴"合二为一"的传动结构形式，使主轴部件从机床的传动系统和整体结构中相对独立出来，因此可做成"主轴单元"，俗称"电主轴"(Electric Spindle，Motor Spindle)。当前电主轴主要采用的是交流高频电动机，故也称为"高频主轴"(High Frequency Spindle)。由于没有中间传动环节，有时又称它为"直接驱动主轴"(Direct Drive Spindle)。

电主轴的润滑方式主要有：油脂润滑。为一次性永久润滑，不需任何附加装置和特别维护，但其温升较高，允许轴承工作的最高转速较低；油-气润滑，是一种新型的、较为理想的方式。它利用分配阀对所需润滑的不同部位，按照其实际需要，定时（间歇）、定量（最佳微量）地供给油一气混合物，能保证轴承的各个不同部位得到充分润滑；油雾润滑，尽管

其价格比较便宜，但它污染环境，有损工人健康，应用较少。

(2) 目前高速主轴的非接触式轴承主要有哪些？接触式高速轴承主要采用哪种轴承？

答：目前高速主轴非接触式主要采用 3 种特殊轴承：1) 液体动、静压轴承；2) 磁力轴承；3) 空气轴承。接触式主轴轴承为混合陶瓷球轴承。

(3) 采用高速滚珠丝杠螺母传动系统的优点是什么？

采用高速滚珠丝杠螺母传动系统的最大优点是，可以采用技术上比较成熟的旋转伺服电动机驱动，进给系统和机床整机的设计和安装调试均比较方便，而且成本相对较低。此外，可以通过旋转编码器等实现半闭环控制，系统的稳定性容易得到保证。

(4) 直线电动机的原理是什么？

直线电动机可以认为是旋转电动机结构上的一种演变，它实质上是把旋转电动机在径向剖开，然后将电动机沿着圆周展开成直线，这就形成了扁平型直线电动机。对应于旋转电动机的定子部分，称为直线电动机的初级；对应于旋转电动机的转子部分，称为直线电动机的次级。当多相交变电流通入多相对称绕组时，就会在直线电动机的初级和次级之间的气隙中产生一个行波磁场，从而使初级和次级之间产生相对移动。

(5) 在滚珠丝杠螺母传动系统实现高速化方面的主要技术措施有哪些？

答：1) 提高系统的刚度。高的动、静态刚度是实现高速进给传动的基础。为提高滚珠丝杠螺母传动系统的进给速度和加速度，必须首先提高丝杠的扭曲刚度和轴向刚度。主要措施有：丝杠采用中空结构进行预拉伸处理，通过选用推力角接触轴承，提高丝杠的支承刚度。此外，通过优化设计和采用先进制造工艺，使滚珠与滚道的适应度处于最佳状态，从而有效提高接触刚度。

2) 提高滚珠丝杠螺母副的运动速度。在保证足够刚度的基础上，增大丝杠螺母的导程和螺纹线数是提高滚珠丝杠螺母副直线运动速度的有效途径。在某些情况下，还可以对滚珠丝杠副实施双电动机驱动，即用一个伺服电动机驱动滚珠丝杠副，另一个伺服电动机以相反方向驱动由轴承支承的滚珠螺母，使得在不增加丝杠转速的情况下，让工作台的进给速度提高一倍。

3) 减小系统的发热量。丝杠的高速转动，滚珠在滚道内的高速循环运动，必将产生大量的热量。此外，为提高刚度对丝杠进行的预拉伸也会加剧发热。因此，高速滚珠丝杠副传动系统的发热将比常规滚珠丝杠副大得多。解决高速滚珠丝杠螺母副传动系统发热问题的有效办法之一就是将冷却液通入空心丝杠内部进行强制循环冷却，这样可有效保证滚珠丝杠副系统的精度。

4) 减小转动惯量，改善工作性能。适当减小滚珠直径，滚珠采用空心结构或将滚珠链中的滚珠按一大一小间隔排列等均可减小高速运动时的转动惯量及改善滚珠快速滚动时的流畅性。陶瓷材料（如 Si_3N_4 等）具有硬度高、密度小、弹性模量大、线膨胀系数小、耐磨损、寿命长等优点，以陶瓷等新材料制造滚珠将显著降低温升，减小噪声，有效提高滚珠丝杠副传动系统的高速性能。

第三章　高速加工刀具

从高速加工对机床刀具的特殊要求出发，本章论述了高速加工刀具材料的相关特性，同时介绍了高速加工技术所使用的高速钢刀具、陶瓷刀具、涂层刀具、超硬刀具的性能特点及应用，探讨了选择刀具所考虑的因素以及动平衡实验。在此基础上，提出一些高速加工刀具选用的案例。

本章学习要点

◎ 高速加工对刀具的特殊要求；
◎ 高速加工刀具材料的分类；
◎ 高速加工刀具的结构；
◎ 高速加工刀柄系统的结构；
◎ 高速切削刀具材料的合理选择。

第一节　高速加工刀具的材料和结构

高速加工技术的发展应用受机床和刀具技术进步的影响，其中刀具材料的进步起决定性作用。研究表明，高速切削时，随着切削速度的提高，切削力的减小，切削温度上升很高，并且达到一定值后上升逐渐趋缓。因此，要求高速加工刀具材料高温时具有较好的力学性能、热物理性能、抗粘结性能、化学稳定性（氧化性、扩散性、溶解度等）、抗热振性能以及抗涂层破裂性能等。

学习目标

◎ 掌握高速加工刀具的材料性能及分类；
◎ 了解高速加工的刀具结构；
◎ 会选用高速加工刀具材料
◎ 了解常用高速切削刀片的结构。

一、高速加工对刀具的特殊要求

高速加工技术的发展过程中，刀具技术起到了非常关键的作用。高速加工技术发展的一个重要问题就是刀具材料的耐高温和耐磨损。在近几十年的发展历程中，高速加工机床、高速加工刀具系统和高速加工工艺是高速加工的三项主要技术，其中高速加工刀具材料和刀具制造技术都发生了巨大的变化，新材料、新工艺不断出现，刀具材料也由早期的高速钢、硬质合金发展到陶瓷、CBN 和金刚石。

首先来了解刀具在高速切削条件下的磨损情况，图 3-1 所示为刀具的磨损量与切削速度的关系曲线。

在高速加工时，刀具切削刃的温度比常规情况要高得多。随着切削速度的增加，切削温度随之增加。在高温下，刀具的磨损类型也起了本质的变化。

从图 3-1 可见，低速（常规速度）情况下，刀具的磨损主要是黏着磨损和研磨磨损，而在高速情况下，刀具的黏着磨损和研磨磨损有所下降，同时出现了氧化磨损和扩散磨损，但总的磨损量还是降低了。当切削速度达到某一个数值后，刀具的磨损总量将超过常规速度情况下的刀具磨损量，并越来越大。

（1）高速切削对刀具材料的要求主要有：

1）具备高硬度、高强度和耐磨性。

2）韧度高，抗冲击能力强。

3）具备高的热硬性和化学稳定性。

4）抗热冲击能力强等。

（2）高速切削对刀具结构和几何参数的要求

1）要选择合适的刀具几何角度。

2）切削载荷与刀具每齿进给量有关。

（3）高速切削对刀体的要求

1）要求是高联接强度的镶嵌式刀具。

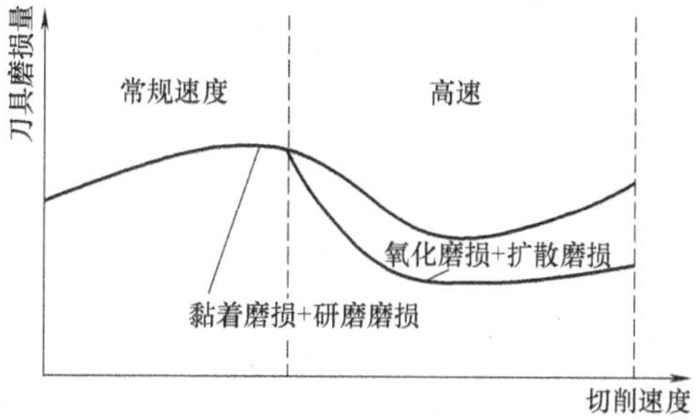

图 3-1　刀具的磨损量与切削速度的关系

2）刀具和刀柄的联接要求夹紧精度高，传递的转矩大，结构对称性好，有利于刀具的动平衡，外形尺寸小。

（4）高速切削对刀具系统的其他要求

1）要能够提高切削刚度。

2）克服离心力的影响并同时保证较高的定位精度。

二、常用的高速加工刀具

1. 金刚石刀具

金刚石是碳的同素异构体，它是自然界中已经发现的最硬的一种材料。天然金刚石作为切削刀具已有上百年的历史了。20 世纪 50 年代，出现了人工合成金刚石；70 年代，人们采用高温高压合成技术制备了聚晶金刚石（简称 PCD）。20 世纪 70 年代末至 80 年代初，有人用化学气相沉积法（CVD）在异质基体（如硬质合金）上合成金刚石膜制作刀具。金刚石刀具的种类如图 3-2 所示。单晶金刚石、PCD 和 CVD 金刚石的物理力学性能和使用特

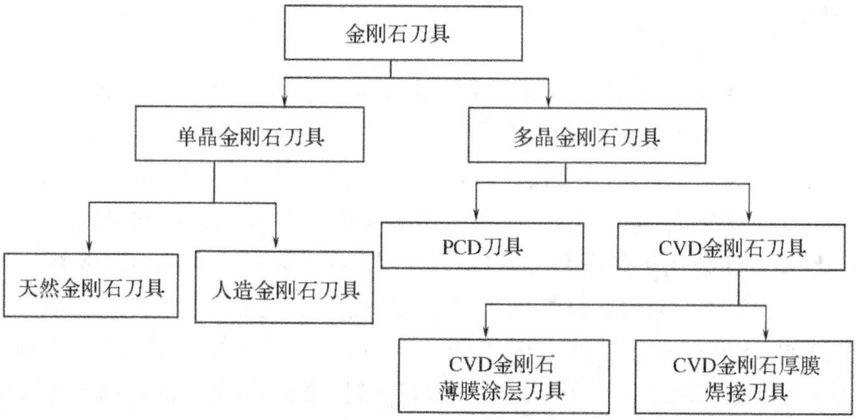

图 3-2　金刚石刀具的种类

性比较见表 3-1。

表 3-1　单晶金刚石、PCD 和 CVD 金刚石的物理力学性能和使用特性比较

性能	单晶金刚石	PCD	CVD 金刚石
密度/(g/cm^3)	3.52	4.1	3.51
弹性模量/GPa	1050	800	1180
抗压强度/GPa	9.0	7.4	16.0
断裂韧度/($MPa \cdot m^{1/2}$)	3.4	9.0	5.5
硬度/GPa	80～100	50～75	85～100
热导率/[W/(m·K)]	1000～2000	500	750～1500
热膨胀系数/(10^{-6}/K)	2.5～5.0	4.0	3.7
材质结构	纯金刚石	含 Co 粘结剂	纯金刚石
耐磨性	高于 PCD 和 CVD 金刚石	随着金刚石颗粒大小而定	比 PCD 提高 2～10 倍
韧性	差	优	良
化学稳定性	高	较低	高
加工性	差	优	差
焊接性	差	优	差
刃口质量	优	良	优
适用性	超精密加工	粗加工、精加工，不适于加工有机复合材料	精加工、半精加工、连续切削、湿切、干切，适于加工有机复合材料

PCD 是通过金属结合剂（如 Co、Ni 等）将金刚石微粉聚合而成的多晶体材料。虽然 PCD 的硬度低于单晶金刚石，但 PCD 属各向同性材料，使得刀具制造中不需择优定向；由于 PCD 的结合剂具有导电性，使得 PCD 便于切割成形，且成本远低于天然金刚石。因此，PCD 刀具的应用远比天然金刚石刀具广泛。CVD 金刚石不含任何金属或非金属添加剂，其性能与天然金刚石相比十分接近，兼具单晶金刚石和 PCD 的优点，但其成本远远低于天然金刚石。CVD 金刚石刀具可制成两种形式：一种是在基体上沉积厚度小于 50μm 的薄层膜，即 CVD 金刚石薄膜涂层刀具；另一种是沉积厚度达到 1mm 的无衬底金刚石厚膜，即 CVD 金刚石厚膜焊接刀具。

2. 立方氮化硼刀具

立方结构的氮化硼分子式为 BN，其晶体结构类似金刚石，硬度略低于金刚石，为 HV7200～98000，常用作磨料和刀具材料。1957 年，美国的 R·H·温托夫首先研制成立方氮化硼（CBN）。CBN 有单晶体和多晶体之分，即 CBN 单晶和聚晶立方氮化硼（简称 PCBN）。CBN 与金刚石的硬度相近，又具有高于金刚石的热稳定性和对铁族元素的高化学稳定性。CBN 单晶主要用于制作磨料和磨具。CBN 材料应用于高速切削或磨削，都可收到提高产品质量、提高加工效率、缩短加工周期和降低加工成本等显著效果。PCBN 是在高温高压下将微细的 CBN 材料通过结合相（TiC、TiN、A1、Ti 等）烧结在一起的多晶材料，是目前利用人工合成的硬度仅次于金刚石的刀具材料。按结构的不同，PCBN 刀具也可分为 PCBN 焊接刀具和 PCBN 可转位刀具两大类。PCBN 的性能与 CBN 的含量、结合剂和粒度的种类等因素有关。

3. 陶瓷刀具

20 世纪 80 年代以来，陶瓷刀具已广泛应用于高速切削、干切削、硬切削及难加工材料的切削加工。陶瓷刀具的特点包括：耐磨性好，可加工传统刀具难以加工或根本不能加工的高硬材料，因而可免除退火加工所消耗的电力，并因此也可提高工件的硬度，延长机器设备的使用寿命；能对高硬度材料进行粗、精加工，也可进行铣削、刨削、断续切削和毛坯粗车等冲击力很大的加工；陶瓷刀片切削时与金属摩擦力小，切屑不易粘接在刀片上，不易产生积屑瘤，可以进行高速切削；在条件相同时，工件的表面粗糙度比较低。刀具寿命比传统刀具高几倍甚至几十倍，减少了加工中的换刀次数，保证被加工工件的小锥度和高精度；陶瓷刀具耐高温，热硬性好，可在 1200℃ 下连续切削，所以陶瓷刀具的切削速度可以比硬质合金高很多；可进行高速切削或实现以车、铣代磨，切削效率比传统刀具高 3～10 倍，达到节约工时、电力、机床数 30%～70%或更高的效果。

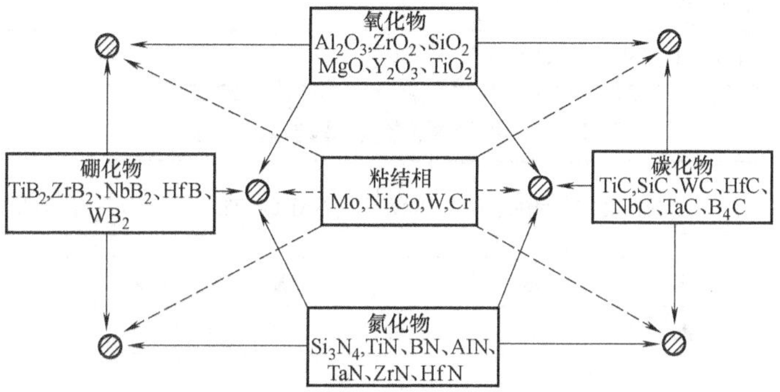

图 3-3　陶瓷刀具材料的种类及可能的组合

4. TiC（N）基硬质合金刀具

碳（氮）化铁 TiC(N) 基硬质合金是以 TiC 代替 WC 为硬质相，以 Ni、Mo 等作粘结相制成的硬质合金，其中 WC 含量较少，其耐磨性优于 WC 基硬质合金，介于陶瓷和硬质合金之间，也称为金属陶瓷。金属陶瓷兼有金属和陶瓷的优点，它密度小，硬度高，耐磨，导热性好，不会因为骤冷或骤热而脆裂。另外，在金属表面涂一层气密性好、熔点高、传热性能很差的陶瓷涂层，也能防止金属或合金在高温下氧化或腐蚀。金属陶瓷既具有金属的韧性、高导热性和良好的热稳定性，又具有陶瓷的耐高温、耐腐蚀和耐磨损等特性，故而金属陶瓷刀具有接近陶瓷的硬度和耐热性，加工时与钢的摩擦因数小，且抗弯强度和断裂韧度比陶瓷高，因此，TiC(N) 基硬质合金可作为高速切削的刀具材料。TiC(N) 基硬质合金刀具不仅用于精加工，也可用于半精加工、粗加工和断续切削。

5. 涂层刀具

涂层刀具是在强度和韧性较好的硬质合金或高速钢（HSS）基体表面上，利用气相沉积方法涂覆一薄层耐磨性好的难熔金属或非金属化合物（也可涂覆在陶瓷、金刚石和立方氮化硼等超硬材料刀片上）而获得的。涂层作为一个化学屏障和热屏障。涂层刀具的构成减少了刀具与工件间的扩散和化学反应，从而减少了月牙槽磨损。涂层刀具具有表面硬度高、耐磨性好、化学性能稳定、耐热耐氧化、摩擦因数小和热导率低等特性，切削时可比未涂层刀具提高刀具寿命 3～5 倍以上，提高切削速度 20%～70%，提高加工精度 0.5～1 级，降低刀具消耗费用 20%～50%。

根据涂层刀具基体材料的不同，涂层刀具可分为硬质合金涂层刀具、高速钢涂层刀具以及在陶瓷和超硬材料（金刚石和立方氮化硼）上涂层的刀具等。根据涂层材料的性质，涂层刀具又可分为“硬”涂层刀具和“软”涂层刀具。表 3-2 列出了常用耐磨涂层材料。表 3-3 列出了常用的硬质合金基体与涂层材料的组合。典型的涂层结构有：单涂层、多涂层、梯度涂层、软/硬复合涂层、纳米涂层、超硬薄膜涂层等，如图 3-4 所示。

表 3-2　常用的耐磨涂层材料

碳化物	TiC、HfC、SiC、ZrC、WC、VC 、B_4C 等
氮化物	TiN、VN、TaN、CrN、ZrN 、BN、Si_3N_4、AlN、CrNAl 等
氧化物	Al_2O_3、SiO_2、Cr_2O_3、TiO_2、HfO_2 等
硼化物	TiB_2、ZrB_2、NbB_2、TaB_2、WB_2 等
硫化物	MoS_2、WS_2、TaS_2 等
其他	TiCN、TiAlN、TiAlCN 等

表 3-3　常用硬质合金基体与涂层的组合

基体＼涂层	TiC	TiN	TiC-Ti（C，N）-TiN	HfN	TiC-Al_2O_3	TiC-Al_2O_3-TiN	Al_2O_3	Ti（C，N）-TiN-Al（O，N）
M16	▲		▲	▲	▲	▲	▲	▲
P25		▲	▲	▲				
P40	▲	▲						
K10	▲	▲	▲				▲	▲

注：▲表示基体含有涂层材料。

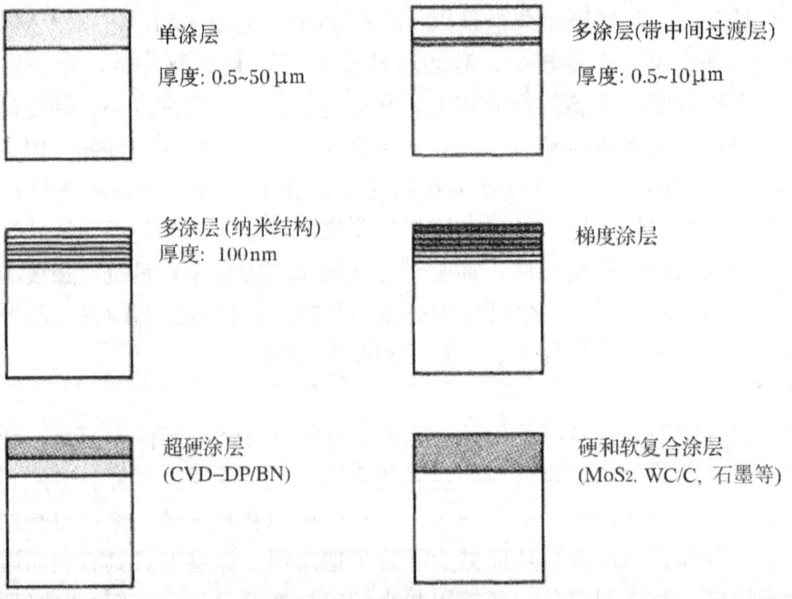

图 3-4　典型的涂层结构

6. 超细晶粒硬质合金刀具

普通硬质合金晶粒度为3～5μm，一般细晶粒硬质合金的晶粒度为1.5μm左右，亚微细粒合金为0.5～1μm，而超细晶粒硬质合金WC的晶粒度在0.5μm以下。超细晶粒硬质合金比同样成分的普通硬质合金的硬度可提高2HRA以上，抗弯强度可提高600～800MPa。超细晶粒硬质合金的Co质量分数为9%～15%，硬度达到90～93HRA，抗弯强度达2000～3500MPa。

三、刀具材料的合理选择

目前广泛应用的高速切削刀具主要有：金刚石刀具、立方氮化硼刀具、陶瓷刀具、涂层刀具、TiC（N）基硬质合金、超细晶粒硬质合金刀具等。每一种刀具都有其特定的加工范围，只能适应一定的工件材料和一定的切削速度范围，所谓"万能刀具"是不存在的。因此，合理选用刀具材料是成功进行高速切削的关键。

一般而言，PCBN刀具、陶瓷刀具、涂层硬质合金刀具及TiC（N）基硬质合金刀具适合于钢铁等黑色金属的高速加工；而PCD刀具适合于铝、铜等有色金属材料及其合金和非金属材料的高速加工。表3-4列出了上述刀具材料所适合加工的一些工件材料。

表3-4 各种刀具所适合加工的工件材料

刀具	高硬钢	耐热合金	钛合金	镍基高温合金	铸铁	纯钢	高硅铝合金	FRP复合材料
PCD	×	×	○	×	×	×	●	●
PCBN	●	●	○	●	●	●	▲	▲
陶瓷刀具	●	●	×	●	●	▲	×	×
涂层硬质合金	○	●	●	▲	●	●	▲	▲
TiC（N）基硬质合金	▲	×	×	×	●	▲	×	×

注：●—优，○—良，▲—尚可，×—不合适。

1. 金刚石刀具的选用

金刚石刀具在有色金属和非金属材料加工中得到广泛的应用，已成为有色金属和非金属材料高速加工中不可缺少的重要工具。金刚石涂层刀具也可以应用于高速加工，原因是除了金刚石涂层刀具具有优良的机械性能外，金刚石涂层工艺能够制备任意复杂形状铣刀，用于高速加工，如铝钛合金航空材料，以及难加工非金属材料，如石黑电极等。在切削有色金属时，PCD刀具的寿命是硬质合金刀具的几十甚至几百倍。金刚石刀具在汽车和摩托车行业中主要用于发动机铝合金活塞裙部、活塞销孔、气缸体、变速器和化油器等零件的加工。由于这些零部件材料含硅量较高（质量分数12%以上），并且大多数采用流水线方式大批量生产，对刀具的寿命要求较高，硬质合金刀具难以胜任，而金刚石刀具的寿命远高于硬质合金刀具，且粒度大的PCD刀具有更优良的耐磨性，可保证零件的尺寸稳定性，并可大大提高切削速度、加工效率和工件的加工质量。纤维增强塑料是机械工业中常用的一种新型材料，分碳素纤维和玻璃纤维两大类，切削这种材料时，材料对刀具的刻划十分严重，刀具磨损快。当用金刚石刀具对这种材料进行高速切削加工时（$v_c=2000\sim5000$ m/min 、$v_f=10\sim40$m/min），上述问题可以避免，加工精度和效率明显提高。

PCD颗粒的大小对刀具的加工性能影响较大。PCD粒径为10～25μm的PCD刀具适合于加工 Si 质量分数大于 12%的铝合金（v_c＝300～1500m/min）及硬质合金；PCD 粒径为 8～9μm的 PCD 刀具适合于加工 Si 质量分数小于 12%的铝合金（v_c＝500～3500m/min）及非金属材料；PCD 粒径为 4～5μm 的 PCD 刀具适合于切削加工 FRP、木材或纯铝等材料。汽车和航空工业中越来越多地应用非金属零部件，加工这些材料的零件时选用 PCD 刀具，在大进给量、大切削量的条件下可获得很高的表面质量。

但是，金刚石的热稳定性比较差，切削温度达到 800℃时，就会失去其硬度；金刚石刀具不适合加工钢铁类材料，因为，金刚石由碳原子构成，而某些材料受热时会从金刚石中析出碳原子并在工件中形成碳化物。用金刚石刀具加工钢铁材料时，摩擦产生的热量会使金刚石中的碳原子扩散到钢铁材料中，从而造成金刚石涂层因化学磨损而提前失效。

2. 立方氮化硼刀具的选用

立方氮化硼刀具既适用于淬硬钢（45～65HRC）、轴承钢（60～62HRC）、高速钢（>62HRC）、工具钢（57～60HRC）、冷硬铸铁的高速半精车和精车，又能用于高温合金、热喷涂材料、硬质合金及其他难加工材料的高速切削加工，可实现以车代磨，大幅度提高加工效率。目前已有多个品种、不同 CBN 含量的 PCBN 刀具用于车削、镗削、铣削等，主要用于高速加工淬硬钢、灰铸铁和高硬铸铁以及某些难加工材料。PCBN 的性能受其中的 CBN 含量、CBN 粒径和结合剂的影响。CBN 含量越高，PCBN 的硬度和耐磨性就越高。CBN 颗粒尺寸的大小影响 PCBN 的耐磨性和抗破损性能，颗粒尺寸越大，其抗机械磨损能力越强，而抗破损能力减弱。表 3-5 为对应不同加工用途的刀片中 CBN 的含量。

表 3-5　对应不同加工用途刀片中 CBN 的含量

CBN 质量分数（%）	刀片用途
50	连续切削淬硬钢（45～65HRC）
65	半断续切削淬硬钢（45～65HRC）
80	加工镍铬铸铁
90	连续重载切削淬硬钢（45～65HRC）
80～90	高速切削铸铁（v_c＝500～1300mm/min）精加工和半精加工淬硬钢

PCBN 刀具应用广泛，如高速铣削灰铸铁时，一般粗加工当然可以使用 K 类硬质合金，精加工可用氮化硅陶瓷刀片。例如在一个装有 8 块刀片的面铣刀上改用只装对称式的两片 PCBN 刀片，并将切削速度提高 4 倍，其结果是金属切除率相同，而切削力却下降 3/4，刀具寿命与加要质量超过前者。对珠光体铸铁与冷硬铸铁，也宜采用 PCBN 刀具进行高速加工，与其他刀具材料比较，可提高切削速度、延长刀具寿命、降低表面粗糙度。在高速镗杆上采用成对镶片 PCBN 镗刀，与单片镗刀相比其平衡性好，从而增加了镗杆的刚性，在给定的进给量下，采用 PCBN 双刀片镗孔可获得高的金属切除率与表面质量。

3. 陶瓷刀具的选用

陶瓷刀使用精密陶瓷经高压研制而成，第 2 代陶瓷刀具——复合氧化铝刀具，在强度和韧度上比氧化铝刀具有了明显提高，可以在较高的速度和较大的进给量下切削各种工件。第 3 代陶瓷刀具——氮化硅陶瓷刀具，有比复合氧化铝刀具更高的韧性、抗冲击性、高温强度和抗热振性。Al_2O_3 基陶瓷刀具可用于钢、铸铁及其合金的高速切削加工。Al_2O_3 基陶瓷刀具中的添加物对其性能有重要的影响。例如，TiC、TiN 和 SiC 等的加入都有使 Al_2O_3 基陶瓷刀具材料高温化学稳定性变差的趋势，实际应用中应根据刀具材料组分中是否含有高温下易与 Fe 发生扩散及化学作用的组分来确定可使用的最高切削速度和进给量。Al_2O_3/TiC 陶瓷刀具在加工铝和铁及其合金时存在较大的亲和力，因此，这类陶瓷刀具不适合于加工铝和铁及其合金。

Al_2O_3/SiC 基陶瓷刀具在加工镍基合金时表现出优良的切削性能，但加工钢时刀具材料急剧磨损。因为用含有 SiC 的陶瓷刀具加工淬硬钢时，SiC 很容易在切削高温作用下与工件中的 Fe 产生化学反应。切削速度越高，切削温度也进一步升高，这将进一步加剧 Fe 与 SiC 的反应速度。

Al_2O_3/ZrO_2 基陶瓷刀具的室温性能优良，且其中的组分 Al_2O_3 和 ZrO_2 在高温下的化学稳定性好，与 Fe 的溶解度均很小，不易向工件材料中扩散及溶解。但 Al_2O_3/ZrO_2 陶瓷刀具只适合在切削速度较低的范围内进行切削加工，因为高温下（当温度超过 1170℃ 时）ZrO_2 的增韧效果会显著减小。

Si_3N_4 基陶瓷刀具适于断续加工铸铁及铸铁合金。Si_3N_4 基陶瓷刀具高速切削铸铁时主要发生磨料磨损，而高速切削碳钢时主要发生化学磨损。用 Si_3N_4 基陶瓷刀具切削 AlSi1045（45 钢）钢时刀具的磨损比切削灰铸铁时高得多。切削铸铁时工件和刀具材料之间的 Fe 和 Si 等元素的相互扩散作用要比切削钢时小得多。由于 Si_3N_4 和 Fe 之间存在较大的亲和力以及 Si 和 Fe 之间相互扩散，Si_3N_4 刀具不适合对纯铁和碳钢等材料进行高速切削，这是因为高速切削时产生的高温会大加剧 Si_3N_4 和这类工件间的化学作用及元素的扩散，导致 Si_3N_4 基陶瓷刀具磨损的加剧。在加工钢时，Si_3N_4 基陶瓷刀具的磨损主要与刀具材料和工件间的化学反应有关。

Inconel718（GH169）镍基合金是典型的难加工材料，切削时易产生加工硬化。高速切削该合金时，主要使用陶瓷刀具和 PCBN 刀具。SiC 晶须增韧氧化铝陶瓷刀具适合加工硬度低的镍基合金，在切削速度为 100～300m/min 时可获得较长的刀具寿命。切削速度高于 500m/min 时，添加 TiC 的氧化铝陶瓷刀具磨损较小，而在切削速度为 100～300m/min 时其边界磨损较大。氮化硅陶瓷也可用于 Inconel 718 合金的加工。SiAlon 陶瓷刀具韧性高，适合切削已固溶处理的 Inconel 718（45HRC）合金。

4. 金属陶瓷刀具的选用

金属陶瓷刀具不仅可用于精加工，也可用于半精加工、粗加工和断续切削。目前，金属陶瓷刀具主要是以 TiC（N）基硬质合金为主，可作为高速切削材料。用 PVD 涂层方法生产的 TiN 涂层刀具的耐磨性能比用 CVD 涂层法生产涂层刀具的要好，因为前者可很好地保持刃口形状，使加工零件获得较高的精度和表面质量。TiC（N）基硬质合金化学稳定性好，并具有优异的耐氧化性、抗粘结性和耐磨性，且与钢的亲和力小，因此金属陶瓷刀具适合在中高速（200m/min 左右）下切削模具钢，尤其适合于切槽加工。对铸铁件的加工，当切削速度低于 750m/min 时，可选用涂层硬质合金刀具和 TiC（N）基硬质合金刀具。

5. 涂层刀具的选用

硬质涂层材料已由最初只能涂单一的 TiC、TiN、Al_2O_3 阶段，进入到开发厚膜、复合和多元涂层的新阶段。新开发的 TiCN、TiAlN、TiAlN 多元、超薄、超多层涂层与 TiC、TiN、Al_2O_3 等涂层的复合，加上新型的抗塑性变形基体，在改善涂层的韧性、涂层与基体的结合强度、提高涂层耐磨性方面有了重大进展。目前，又突破了在硬质合金基体上涂覆金刚石薄膜技术，全面提高了刀具的性能。TiC 是一种高硬度的耐磨化合物，有良好的抗后刀面磨损和抗月牙洼磨损能力。TiC 的硬度比 TiN 高，抗磨损性能好，加工容易产生剧烈磨损的材料时用 TiC 涂层较好。TiN 涂层是继 TiC 涂层以后应用非常广泛的一种涂层。TiN 的硬度稍低，但它与金属的亲和力小，润湿性能好，在空气中抗氧化能力好，因此在容易产生粘结时用 TiN 涂层较好。目前，TiN 涂层高速钢刀具的使用率已占高速钢刀具的 50%～70%。Al_2O_3 涂层具有良好的热化学稳定性和高的抗氧化性，因此，在高温的场合下，用 Al_2O_3 涂层刀具为好。但是，由于氧化铝与基体材料的物理化学性能相差太大，单一氧化铝涂层无法制成理想的涂层刀具。TiCN 具有 TiC 和 TiN 的综合性能，其硬度高于 TiC 和 TiN，因此将 TiCN 设置为涂层刀具的主耐磨层，可显著提高刀具的寿命。TiAlN 是含有铝的 PVD 涂层，化学稳定性好，抗氧化磨损，加工高合金钢、不锈钢、镍合金时，比 TiN 涂层刀具寿命高 3～4 倍。这是因为，切削过程中，TiAlN 涂层表面会生成一层很薄的非晶态 Al_2O_3，形成硬质惰性保护膜，从而起到抗氧化和抗扩散磨损的作用。该涂层刀具可更有效地用于高速切削加工。在高速切削时，TiAlN 涂层刀具的切削效果优于 TiN 和 TiCN 涂层刀具，特别适合加工耐磨材料，如灰铸铁等。表 3-6 列出了国产涂层刀具的牌号和应用范围，表 3-7 为 Sandvik 公司涂层刀片的牌号及适用范围。

表 3-6　国产涂层刀具的牌号和应用范围

生产厂家	牌号	涂层材料	相当的 ISO 牌号	应用范围
株洲硬质合金集团有限公司	YBM252	TiAlN/TiN PVD 涂层		具有良好的韧性和耐磨性，适合于精车、镗加工和轻型铣削不锈钢及钻削加工铸铁、不锈钢和合金铸铁，也可用于低碳钢的中、低速切断与切槽
	YB235	TiCN/TiN		在中、低速情况下粗加工，适合于钢、奥氏体不锈钢、铸铁的车、铣、镗、钻
	YBC151	MT-TiCN/Al_2O_3/TiN		是钢、铸铁和不锈钢材料在高速精加工条件下的理想牌号
	YBD151	MT-Ti(CN)/Al_2O_3/TiN		是球墨铸铁与灰铸铁加工的理想牌号，允许的切削速度高
自贡硬质合金有限责任公司	ZC01	TiC/Al_2O_3	P10～P20 K05～K20	耐磨性好，适合于钢、铸钢、合金钢的精加工和半精加工，也可加工铸铁等短切屑材料，宜用高切削速度、小进给量
	ZC02	TiC/TiN/Al_2O_3	P05～P20 M10～M20 K04～K20	耐磨性好、强度高、通用性强，适合于各种工程材料的精加工和半精加工，宜用高切削速度、小进给量
	ZC03	TiC/Al_2O_3	P10～P30 K10～K25	韧性好、强度高，适合于钢、铸钢、合金钢和铸铁的半精加工和浅粗加工，可用于铣削和车削，宜用中等切削速度
	ZC05	TiC/TiN	P05～P25 M05～M20	耐磨性很好，适合于钢、铸钢的精加工和半精加工，以及奥氏体不锈钢的精加工，宜用中、高切削速度和小进给量
	ZC06	TiC/Al_2O_3	P10～P25 K10～K20	耐磨性很好，适合于钢、铸钢、合金钢和铸铁的精工和半精加工，宜用高切削速度、小进给量
	ZC07	TiC/TiN	P20～P35 M10～M25	韧性好、强度高，适合于钢、铸钢和奥氏体不锈钢的钻削，宜用中等切削用量
	ZC08	TiC/Al_2O_3	P20～P35 K15～K30	综合性能好，适合于钢、铸钢、合金钢及铸铁的半精加工和浅粗加工，宜用中等切削用量

（续）

生产厂家	牌号	涂层材料	相当的 ISO 牌号	应用范围
成都工具研究所有限公司	CTR61	TiC/TiN	P10～P25 M20	适合于钢、铸钢、铸铁等材料的轻载和中等载荷的连续车削，宜用较高的切削速度
	CTR62	TiC/TiN	P10～P35 M10～M20	适合于钢、铸钢、铸铁和合金钢等材料的轻载和中等载荷的车削
	CTR63	TiC/TiN	P20～P30	适合于钢、铸钢的轻载和中等载荷的连续或断续铣削和钻削加工，适合的切削速度范围较宽
	CTR71	TiC/Al_2O_3	P01～P20 K10	适合于钢、铸钢和铸铁的轻载和中等载荷的连续车削，宜用较高的切削速度
	CTR72	TiC/Al_2O_3	P01～P20 K01～K20	适合于钢、铸钢和合金钢的中载荷高速的连续车削
	CTR82	TiC/Ti（BN）/TiN	P10～P30 M10～M20	适合于钢、铸钢、铸铁的轻载和中等载荷的车削加工，允许在较宽的切削速度范围内连续切削
	CTR83	TiC/Ti（BN）/TiN	P01～P20 M01～M20 K01～K20	适合于合金钢、高强度钢、铸铁、铸钢等材料的中等载荷的车削加工，适合的切削速度范围较宽

表 3-7 Sandvik 公司涂层刀片的牌号及适用范围

牌号	ISO 分类	涂层材料	应用范围
GCA	P10～P35	TiCN/TiN	韧性好，适合加工钢件、不锈钢和铸钢材料
GC015	P05～P35 M10～M25	TiC/Al_2O_3	具有良好的耐磨性和通用性，适合于各种工程材料的精加工和半精加工
GC1025	P10～P40 K05～K20	TiC	具有很好的耐磨性和抗塑性变形能力，适合在高速条件下对钢、铸钢、轧制钢、锻造不锈钢和铸铁的精加工和半精加工
GC235	P30～P45 M25～M40	TiN/TiC/TiN	韧性特别好，最适合在不稳定条件下加工各类钢件和长切屑可锻铸铁，也可低速和高速加工奥氏体不锈钢
GC135	P25～P45 M15～M30	TiC	适合于干铣或湿铣加工，适合于粗铣和精铣各类铸铁
GC320	K10～K25	TiC/Al_2O_3	具有很高的耐磨性和通用性，适合于铸铁、钢、铸钢、轧制钢和锻造不锈钢的精加工和半精加工，宜用高的切削速度
GC415	P05～P30 M05～M25 K05～K20	$TiC/Al_2O_3/TiN$	适合于钢、铸钢等的精加工和半精加工，在不良切削条件下，宜采用中等切削速度和进给量
GC435	P15～P45 M10～M30 K05～K25	$TiC/Al_2O_3/TiN$	切削刃锋利，适用于铸铁的精加工、半精加工，也是铣削铝材的理想牌号

6. 聚晶金刚石刀片型号和尺寸

聚晶金刚石（PCD）车刀片的形状主要有正三角形、正方形、80°菱形、55°菱形以及35°菱形，常用型号和尺寸见表 3-8、表 3-9 所示。PCD 车刀片的夹紧方式有压孔式和压板式两种。

表 3-8　常用 PCD 车刀片的主要型号和尺寸　　　　（单位：mm）

型号	图形	L	S	$r_ε$	d	d_1	a	m
CCMW060204	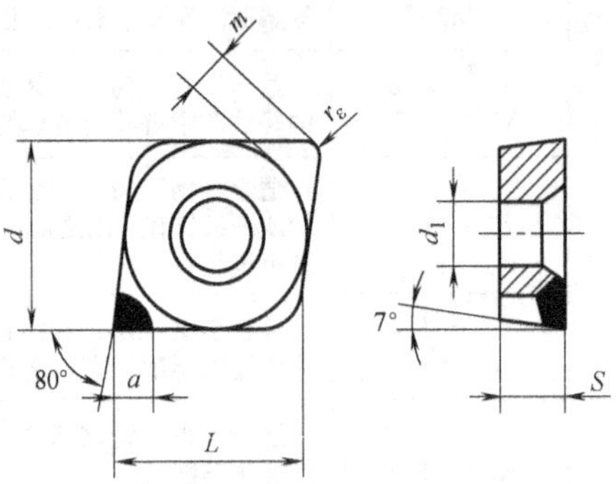	6.45	2.38	0.4	6.35	2.8	2.3	1.544
CCMW09T304		9.67	3.97	0.4	9.525	4.4	3.5	2.425
CCMW120404		12.9	4.76	0.4	12.70	5.5	4.2	3.308
CCMW120408		12.9	4.76	0.8	12.70	5.5	4.2	3.308
DCMW11T304	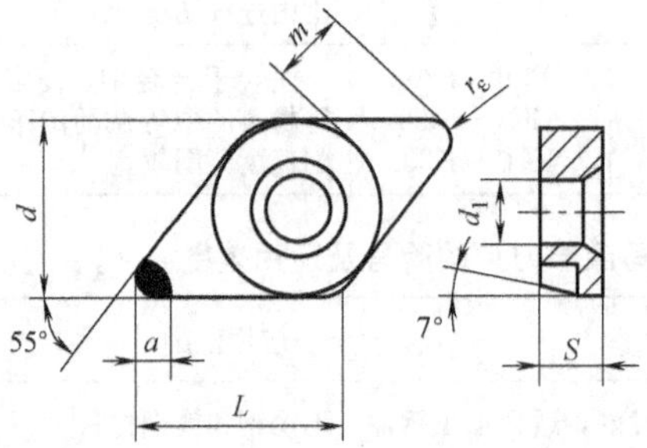	11.6	3.97	0.4	9.525	4.4	3.5	5.089
DCMW150404		15.5	4.76	0.4	12.70	5.16	4.2	6.939
SCMW120404	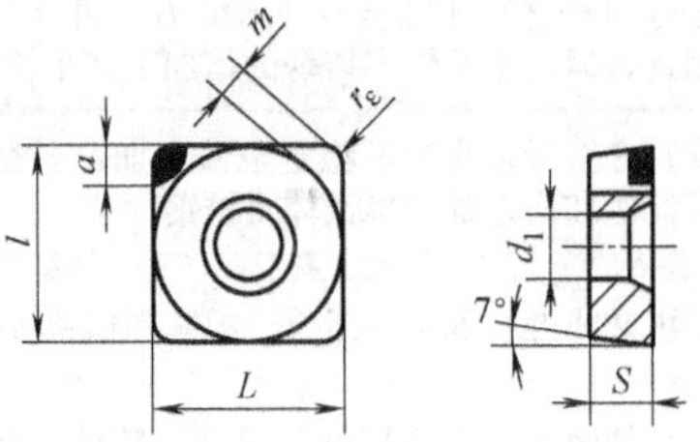	12.7	4.76	0.4	-	5.5	4.2	2.466
SCMW120408		12.7	4.76	0.8	-	5.5	4.2	2.301
TCMW090204	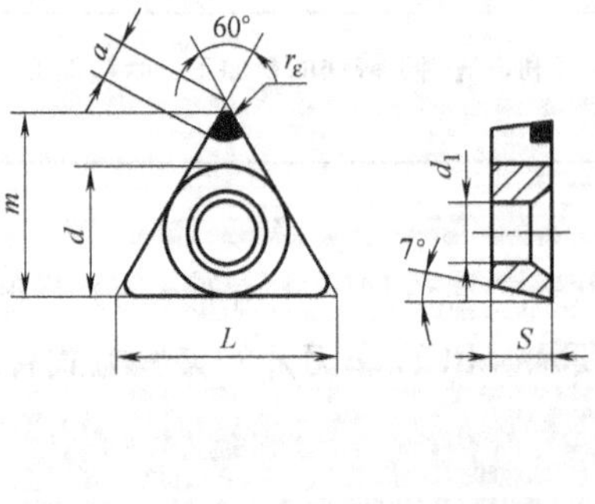	9.63	2.38	0.4	5.56	2.5	2.5	7.943
TCMW110204		11.0	2.38	0.4	6.35	2.8	2.5	9.128
TCMW16T304		16.5	3.97	0.4	9.525	4.4	4.2	13.891
TCMW16T308		16.5	3.97	0.8	9.525	4.4	4.2	13.494

表 3-9 常用 PCD 铣刀片的型号和基本尺寸

型号	图形	L/mm	s/mm	b_s/mm	a/mm
SPCN1203EDRAO	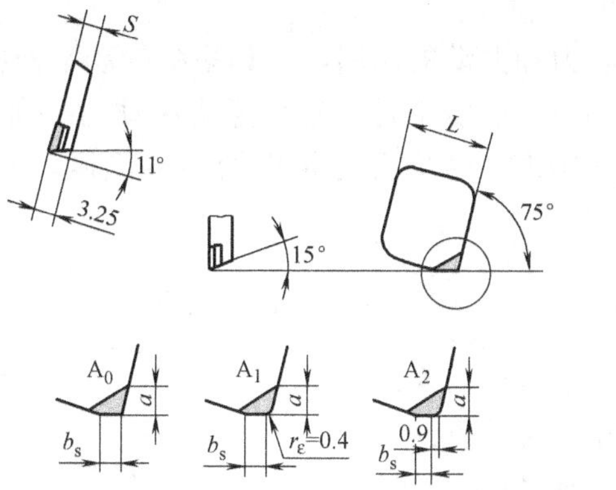	12.7	3.18	2.6	3.5
SPCN1203EDRAl		12.7	3.18	2.3	3.5
SPCN1203EDRA2		12.7	3.18	1.9	3.5
SPCX1203EDRPO	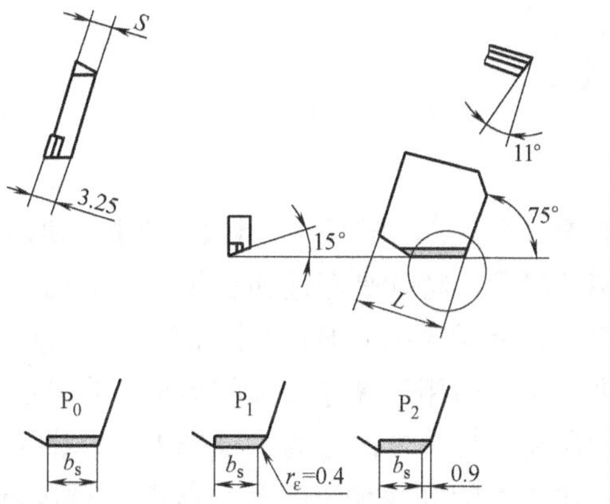	12.7	3.18	6.0	-
SPCX1203EDRP1		12.7	3.18	5.6	-
SPCX1203EDRP2		12.7	3.18	5.3	-
SPGA1204EPR	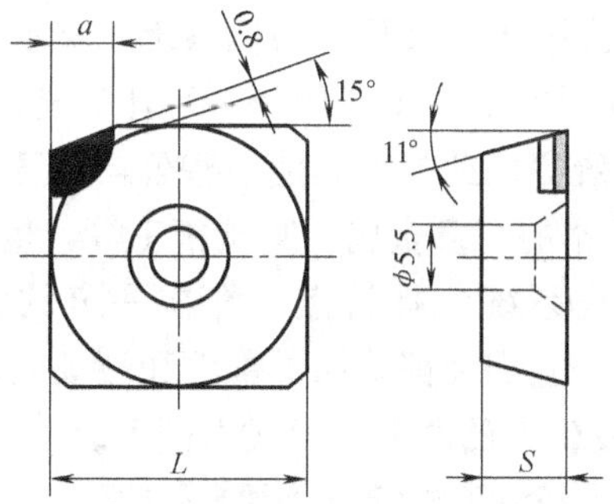	12.7	4.76	-	3.7
SPGA1204PPR	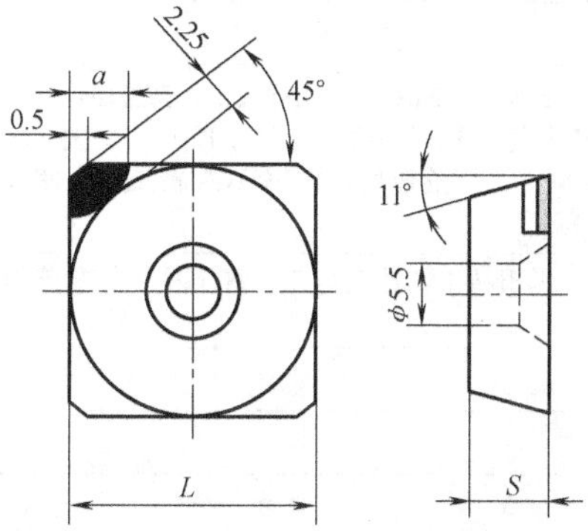	12.7	4.76	-	3.7

第二节 高速加工工具系统结构

由于高速切削加工中离心力和振动的作用，刀具系统的动平衡精度要求非常高。刀柄是高速切削加工中刀具系统的一个关键部件，它传递机床动力。所以，高速切削加工中，刀柄系统必须满足很高的几何精度、装夹重复精度及装夹刚度，并且要求高速运转时安全可靠。

学习目标

◎ 了解高速加工工具系统的发展历程；

◎ 了解高速加工刀柄的结构和特点；

◎ 掌握高速加工常用的刀柄结构；

◎ 掌握刀柄的夹紧方式；

◎ 会进行刀具动平衡实验。

一、刀柄的发展历程

半个多世纪以来，传统的 BT（7∶24 锥度）工具系统在机械加工中发挥了重要的作用。但是随着加工精度和加工效率的提高，特别是高速加工技术的应用，传统的 BT 工具系统已经无法适应现代机械加工的要求。针对传统的 BT 工具系统在高速加工中存在的问题，工业发达国家相继投入大量的财力开发了适用于高速加工的新型工具系统，其目的有两个：一方面是为了满足国内高速加工的需要；另一方面是为了抢先占领机床工具系统的国际市场。

目前，在国际市场上影响比较大的高速加工工具系统有：德国开发的 HSK（空心短锥柄）刀柄系统，美国 Kennametal 公司开发的 KM 刀柄系统，日本日研（NIKKEN）公司开发的 NC5 刀柄系统，大昭和精机开发的 BIG-PLUS 40 型系统，瑞典 SANDVIK COROMANT 公司开发的 CAPT 刀柄系统等。此外，其他一些公司也各自开发出多种适应高速切削加工需要的工具系统。尤其是日本的三菱金属、富士精工等，也在两面夹紧系统的研究与开发方面做了大量工作。这些工具系统各具特点，都在一定的程度上解决了传统的 BT（7∶24 锥度）工具系统存在的问题。它们大都采用了锥面和端面同时夹紧的两面夹紧工作方式。表 3-10 为近年来世界各国开发生产的两面夹紧式刀柄系统。

表 3-10 世界各国开发生产的两面夹紧式刀柄系统

系统名称	生产厂家	开发国家
HSK	CUHRING，KELCH，KOMET，MAPAL，ROHM，OTTO（以上为德国），KINTEK（意大利），DIHART（瑞士），EPB（法国），MST，黑田精工，圣和精机，住友电工，三菱金属，YUKIWA 精工，大昭和精机（以上为日本），广州工具厂等	德国
KM	KENNAMETAL，黑田精工，住友电工，富士精工，东芝坦葛洛伊，三菱金属等	美国
NC5	日研公司	日本
BIG-PLUS	大昭和精机	日本
CAPT	SANDVIK	瑞典

（续）

系统名称	生产厂家	开发国家
FMT	黑田精工，森精机制作所	日本
SKI	IBAG	瑞士
QCT	共立精机	日本
MTK	STAR TOOL	美国
TQC、TQN	YUKIWA	日本
HFC	日立精工	日本
ASK	日立精工	日本
HMC	大昭和精机	日本
BTW	富士精工	日本
3LOCK	日研工作所	日本

在众多的高速加工工具系统中，机械工程专家和学者们都认为德国开发的 HSK 工具系统性能优良，具有动、静刚度高，定位（回转）精度好，允许转速高（使用转速 15000～40000r/min）等特点。HSK 工具系统首先应用于加工中心、数控镗铣床，后来逐渐扩大到各类车床（车削中心）、磨床（磨削中心）、数控专机及数控加工自动生产线上，使用范围几乎覆盖所有刀具领域，在现代轿车工业、飞机制造业、汽轮机制造业及其他先进机械制造业中得到广泛的应用。与此同时，德国为了推广 HSK 工具系统，已取消了对 HSK 空心短锥柄发明的专利保护。德国制订出的 HSK 工具系统标准 DIN69893 被欧洲工业发达国家普遍采用。2001 年，国际标准化组织以 DIN69893 标准为基础，制订出 HSK 工具系统国际标准 ISO1216 。

我国数控机床用工具系统的开发起步较晚。20 世纪 70 年代，我国参照国外先进的工具系统生产出整体式 TSG 工具系统，其主要生产厂家有上海机床附件一厂、广州工具厂、天津市机床附件厂、威海精密机床附件广等。“七五”期间，参照德国 Walter 公司的 Novex 工具系统和 KOMET 公司的 ABS 工具系统，我国自主开发了模块化 TGM10 和 TGM21 工具系统，基本满足了国内数控机床的配套和国产化的需要。为加强我国数控工具系统的开发能力，1989 年成都工具研究所和上海机床附件一厂联合成立了数控工具系统研究所。

近年来，通过国家“十一五”计划和重大专项的启动又提供了新的发展机遇。有关工厂都根据自身特点，制定了近期发展方针和长期发展战略目标，并已经进入实施阶段，取得了显着的成效，技术进步加快，产品质量不断提高，企业竞争力提高，可持续发展能力得到增强。

目前，国内不少企业对 HSK 工具系统进行了少量试制和生产，但由于缺乏对关键技术的深入研究开发，没有形成成套制造技术和批量生产能力。哈尔滨量具刃具集团有限责任公司于 2005 年兼并了德国凯狮公司后，经过消化吸收，逐步掌握了从产品设计到动平衡和精度检验等整套 HSK 工具系统系列批量制造技术和工艺，现在已经具备了年产 5 万多台套（全部外销）的能力，取得了明显成效。当然，在批量生产技术、工艺路线、产品质量检测和控制上，还有不足之处，尚待继续消化吸收、攻关创新，以便进一步缩小与国外的差距。上海工具厂有限公司、四川英格等企业也已经能少量生产 HSK 锥柄数控刀具，为提供诸如上海通用汽车制造厂等用户提供产品。上工（集团）股份有限公司兼并上海机床附件一厂后，具备了批量生产常规工具系统的能力，已规划了“高速数控机床用新型刀柄系统项目”，引进设计制造技术、人才和关键设备，以达到年产 HSK 刀柄夹头 2 万件的生产能力。事实上，国内至今尚未建立起国家级和行业级的 HSK 工具系统的检测体系、基准传递体系、各级实物基准，以及产品质量认证体系。

当然，在看到我国工具行业技术水平和生产规模得到快速发展进步的同时，也应看到与国外先进水平的差距仍然很大。在风电、核电等能源装备制造业，关键零部件切削加工所采用的数控刀具和测量仪器，几乎全部由国外产品所垄断，主要厂商为山特维克、肯纳、伊斯卡、赛科等。国内刀具主要用于非关键部位及粗、半精加工工序。与国外产品相比，国内的刀具除了切削性能指标有较大差距外，更大的问题是质量不稳定，不可靠，产品性能分散性大。此外，在用户服务上的差距也不可忽视。

二、常用的高速加工工具系统

1. BT 系统

（1）BT 工具系统的优点　目前市场上大量应用的是 BT 系统，即 7∶24 锥度的工具系统，如图 3-5 所示。标准的 7∶24 锥度联接有许多优点：

a）

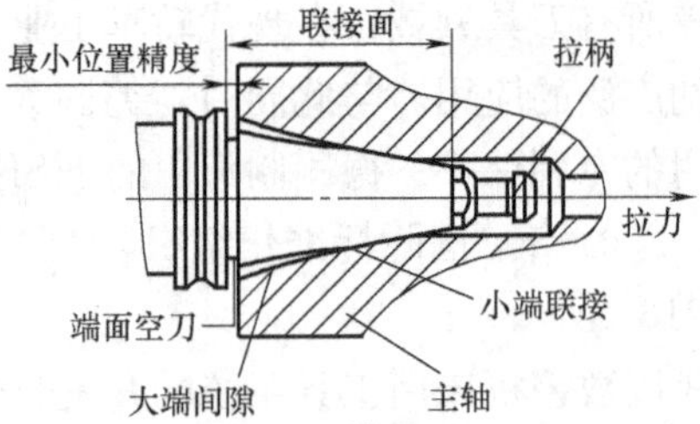

b）

图 3-5　7∶24 锥度的工具系统

a）实体图　b）结构图

1）可实现快速装卸刀具。

2）刀柄的锥体在拉杆轴向拉力的作用下，紧紧地与主轴的内锥面接触，实心的锥体直接在主轴内锥孔内支承刀具，可以减小刀具的悬伸量。

3）只有一个尺寸（锥角）需加工到很高的精度，所以成本较低而且可靠，多年来应用非常广泛。

（2）BT 工具系统的不足　随切削高速化的发展，此类工具系统也暴露出以下不足：

1）刚性不足。由于它不能实现与主轴端面和内锥面同时定位，所以标准的 7∶24 锥度联接在主轴端面和刀柄法兰端面间有较大的间隙。7∶24锥度联接的刚度对锥角的变化和轴向拉力的变化很敏感。当拉力增大 4～8 倍时，联接的刚度可提高 20%～50%；但是，过大的拉力在频繁换刀过程中会加速主轴内孔的磨损，影响主轴前轴承的寿命。高速主轴的前端锥孔由于离心力的作用会膨胀。为保证这种联接在高速下仍有可靠的接触，需有一个很大的过盈量来抵消高速旋转时主轴轴端的膨胀。

2）ATC（自动换刀）的重复精度不稳定。每次自动换刀后刀具的径向尺寸可能发生变化。

3）轴向尺寸不稳定。主轴高速转动时因受离心力的作用内孔会增大，在拉杆拉力的作用下，刀具的轴向位置会发生改变。

4）刀柄锥度较大，锥柄较长，不利于快速换刀及机床小型化。

5）主轴的膨胀还会引起刀具及夹紧机构质心的偏离，影响主轴的动平衡。标准的 7∶24 锥度的 BT 锥柄较长，很难实现全长无间隙配合，一般只要求配合面前段 70％以上接触，因此配合面后段会有一定的间隙，该间隙会引起刀具径向圆跳动，影响动平衡。7∶24 锥度的 BT 刀柄一般用于转速小于 15000r/min 的场合。针对 7∶24 锥度联接结构存在的问题，一些研究机构和刀具企业开发了一种可使刀柄在主轴内孔锥面和端面同时定位的新型联接方式。其中，最具有代表性的是摒弃原有的 7∶24 标准锥度而采用新思路的替代性设计，如德国的 HSK 系列和美国的 KM 系列刀具锥柄系统。HSK 刀柄的开发是机床-刀具联接技术的一次飞跃，被誉为 21 世纪接口与制造技术的一项重大革新。

2. HSK 系统

HSK 刀柄系统是由德国阿亨大学机床研究室专为高速机床主轴开发的一种刀轴联接结构，已被列入德国标准，如图 3-6 所示。HSK 短锥刀柄采用 1∶10 的锥度，它的锥体比标准的 7∶24 锥度的锥体短，锥柄部分采用薄壁结构，重量减少约 50％，锥度配合的过盈量较小，刀柄和主轴端部关键尺寸的公差带特别严格，刀柄的短锥和端面很容易与主轴相应接合面紧密接触，实现双重定位，具有很高的联接精度和刚度。当主轴高速旋转时，它仍能与主轴锥孔保持良好的接触，主轴转速对联接刚度影响小。HSK 刀柄具有良好的静、动态刚度和极高的径向、轴向定位精度，其轴向定位精度比 7∶24 锥度锥柄的轴向定位精度提高 3 倍，径向圆跳动误差降低，特别适合于高速粗、精加工和重载荷切削。HSK 刀柄系统的薄壁液压夹头体积小、不平衡点少，因而振动小、夹紧力大、无间隙、装夹牢靠。

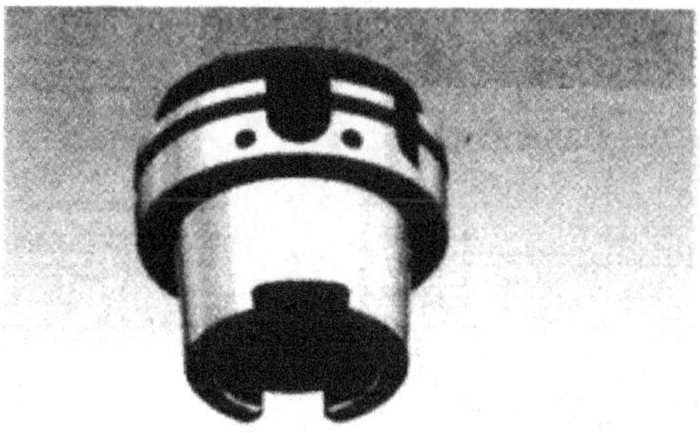

a)

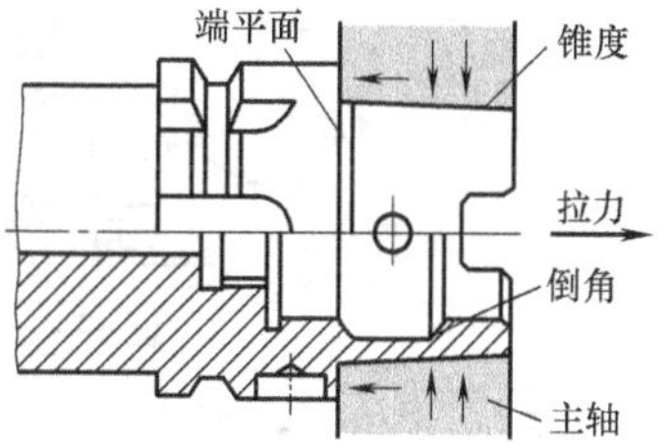

b)

图 3-6　HSK 刀柄系统

HSK 刀柄的结构形式有 A 、B 、C 、D、E 、F 型等，如图 3-7 所示。HSK 刀柄符号说明如图 3-8 所示。

A 型、B 型、C 型、D 型都是利用键槽传递转矩，由于它们结构不完全对称，适用于中等转速的加工场合；而 E 型、F 型利用锥面和端面的摩擦力传递转矩，结构完全对称，适用于高速加工场合。A 型、C 型、E 型和 B 型、D 型、F 型刀柄主要的差别在于驱动槽的位置、换刀时装夹的位置、切削液通道以及法兰面的面积大小。

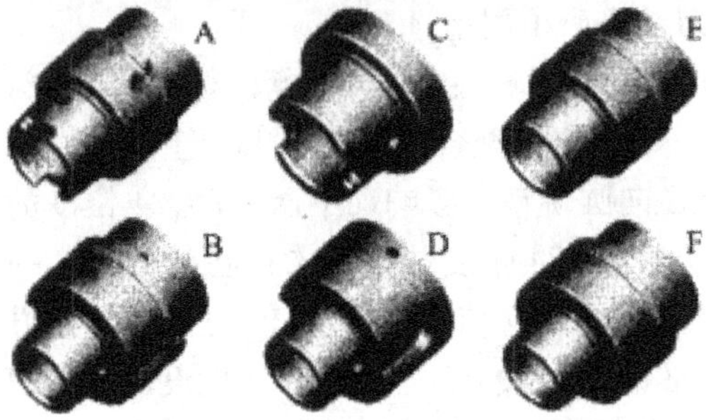

图 3-7　HSK 刀柄的 6 种型号

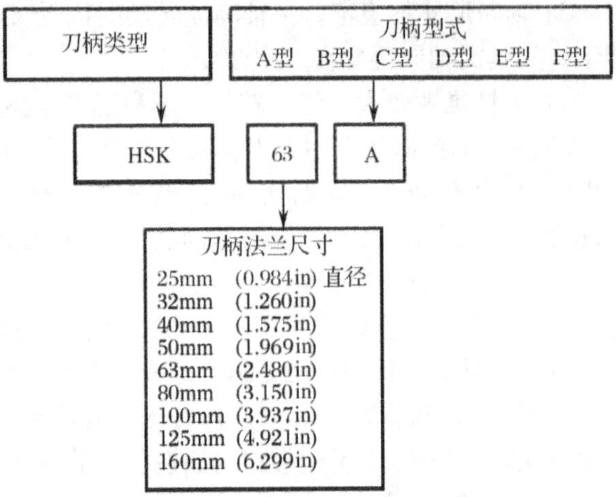

图 3-8　HSK 刀柄符号说明

这 6 种型号的 HSK 刀柄结构特点是：

1）空心、薄壁、短锥，锥度为 1∶10。

2）端面与锥面同时定位、夹紧，刀柄在主轴中的定位为过定位。

3）使用由内向外的外胀式夹紧机构。

图 3-9 所示为 HSK 型刀柄及其联接结构图。在拉紧力作用下，HSK 空心工具锥柄和主轴锥孔在整个锥面和支承平面之间产生摩擦，提供结构的径向定位。主轴自动平衡系统能把由刀具残余不平衡和配合误差引起的振动降低 90%以上。目前，一些刀具公司已能提供具有 HSK 接口和不同平衡精度的高速切削刀具系统。

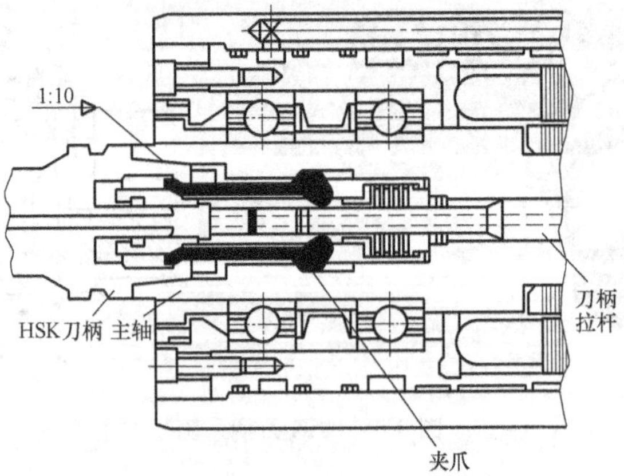

图 3-9　HSK 型刀柄及其联接结构

HSK 刀柄系统也有缺点，它与现在的主轴端面结构和刀柄不兼容，制造精度要求较高，结构复杂，成本较高（刀柄的价格是普通标准 7∶24 锥度刀柄的2～3倍），锥度配合过盈量较小。HSK 刀柄系统的应用情况见表 3-11。

表 3-11　HSK 刀柄应用情况

结构形式	A 型	B 型	C 型	D 型	E 型	F 型
主轴工艺性	较差	一般	较差	一般	好	好
刀具通用性	好	较差	一般	较差	好	好
换刀形式	自动	自动	手动	手动	自动、手动	自动、手动
应用领域	重切削	重载荷	较重载荷	较重载荷	有色金属较轻载荷	木工机械

3. KM 系统

KM 工具系统是美国肯纳金属公司的专利，它采用 1∶10 短锥配合，锥柄的长度仅为标准 7∶24 锥柄长度的 1/3。由于配合锥度较短，部分解决了端面与锥面同时定位而产生的干涉问题；刀柄设计成中空的结构；在拉杆轴向拉力作用下，短锥可径向收缩，实现端面与锥面同时接触定位。由于锥度配合部分有较大的过盈量，所需的加工精度比标准的 7∶24 长锥配合所需的精度低。与其他类型的空心锥联接相比，相同法兰外径采用的锥柄直径较小，主轴锥孔在高速旋转时的扩张小。这种系统的主要缺点是：主轴端部需重新设计，与传统的 7∶24锥联接不兼容；短锥的自锁会使换刀困难；由于锥柄是空心的，所以不能用作刀具的夹紧，夹紧需由刀柄的法兰实现，增加了刀具的悬伸量；由于端面接触定位是以空心短锥和主轴变形为前提实现的，主轴的膨胀会恶化主轴轴承的工作条件，影响轴承的寿命。表3-12列出了 HSK 、KM 和 BT 刀柄的结构特点和紧固性能比较。

三、高速加工中刀柄的夹紧方式

高速切削用的刀具，尤其是高速旋转刀具，由于转速很高，无论从保证加工精度方面考虑，还是从操作安全方面考虑，其装夹技术要求都很高。弹簧夹头、螺钉等传统的刀具装夹方法已不能满足高速加工的需要。开发新型的刀柄和刀具夹头已成为高速刀具技术的一个重要的组成部分。

1. 静压膨胀式

图 3-10 所示是德国雄克公司生产的一种无夹紧元件的三棱变形静压夹头，它利用夹头本身的变形力夹紧刀具，定位精度可控制在 3μm 以内。该夹头的内孔在自由状态下为三棱形，三棱的内切圆直径小于要装夹的刀柄直径。装夹时，利用一个液压加力装置对夹头施加外力，使夹头变形，内孔变为圆孔，孔径略大于刀柄直径。此时插入刀柄，然后卸掉所加的外力，内孔重新收缩呈三棱形，对刀柄实行三点夹紧。此种夹头结构紧凑、对称性好、精度高，与热装夹头比较，刀具装卸简单，且对不同膨胀系数的硬质合金刀柄和高速钢刀柄均适用，其加力装置也比加热冷却装置简单。

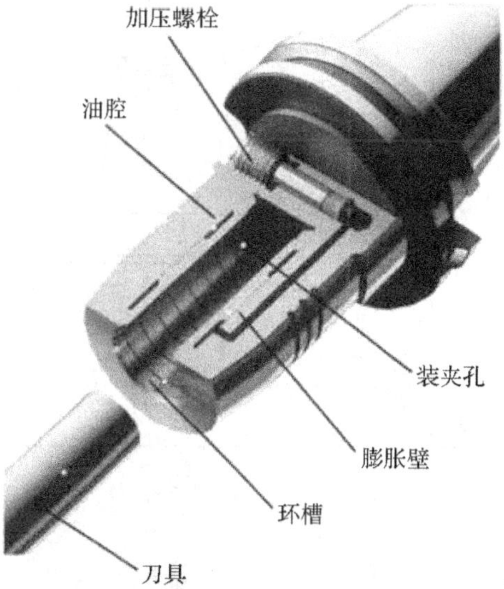

图 3-10　雄克公司静压膨胀式刀具夹头结构示意图

表 3-12 HSK 、KM 和 BT 刀柄的结构特点和紧固性能比较

刀具类型	BT	HSK	KM
结合部位	锥面	锥面＋端面	锥面＋端面
传力零件	弹性套筒	弹性套筒	钢球
典型规格	BT40	HSK-63B	KM6350
结构及基本尺寸（锥面基准直径，法兰直径）	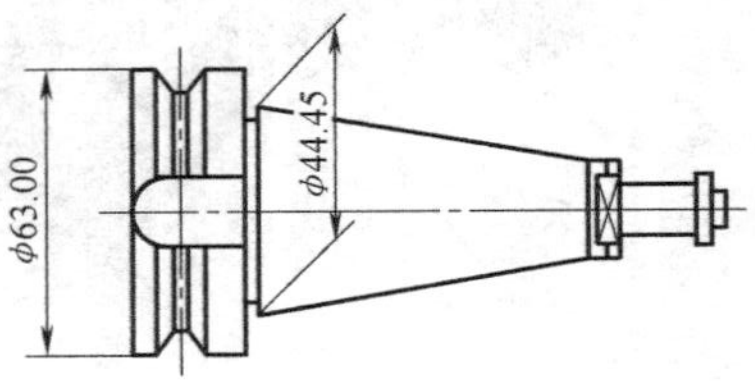	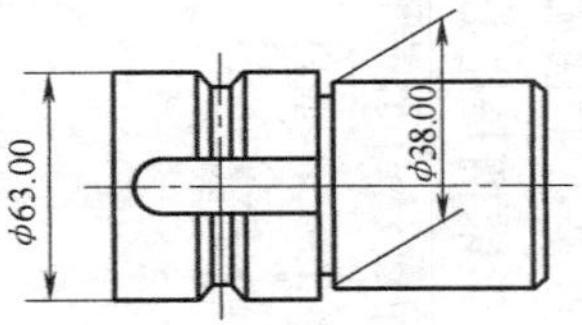	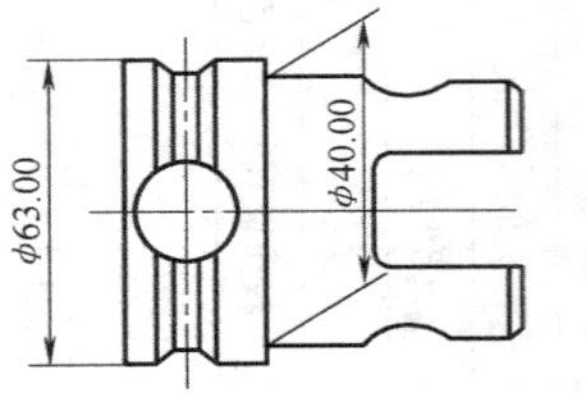
柄部形状	实心	空心	空心
锁紧机构	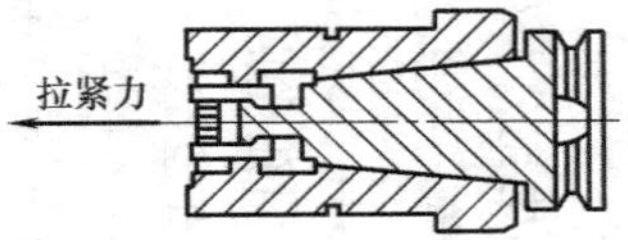	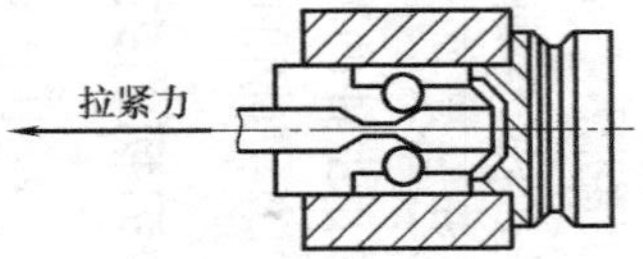	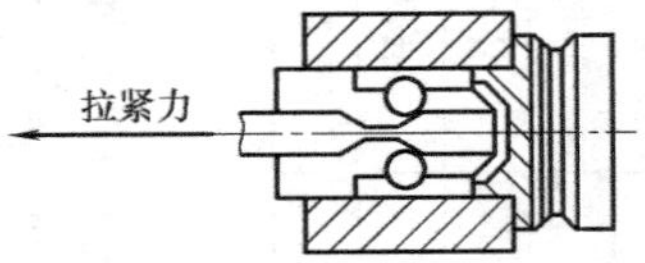
拉紧力/kN 锁紧力/kN 理论过盈量/μm 柄部锥度	12.1 12.1 - 7∶24	3.5 10.5 3～10 1∶10	11.2 33.5 10～25 1∶10

德国雄克公司为配合液压夹头的对刀需要，开发了刀具轴向位置调节接头，可在对刀仪上方便地调节液压夹头中刀具的轴向尺寸。此外，为配合其液压夹头的使用，该公司还推出了可储存数据的无电源可读写式刀具识别片，存储容量为128B，最大读/写间距为2.5mm。

静压式刀具夹头是高精度、高性能的夹持装置，夹持回转精度高，减振性能好，可成倍地提高刀具的使用寿命。图3-11所示为三棱静压夹头的工作过程。

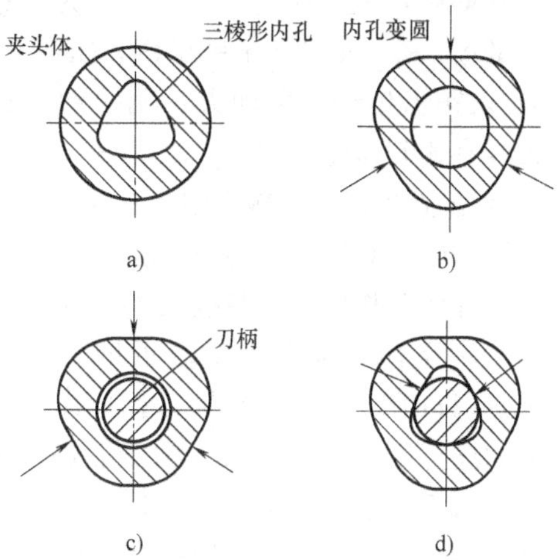

图3-11　三棱静压夹头的工作过程
a）原始状态　b）施加外力　c）插入刀柄　d）去除外力

2. 热装式夹头

热装式夹头是继液压夹头之后开发出的另一种新型夹头，也是一种无夹紧元件的夹头，夹紧力比液压夹头大，可传递更大的转矩，并且结构对称，更适合模具的高速、高效切削，如图3-12所示。但是，目前正在推广的热装式工具系统仍然存在一些需要改进的地方，如与过去的夹紧方式相比，刀具装卸时间较长，操作不甚方便，在可配用的刀具品种方面也受到诸多限制等。

德国OTTO BILZ公司新开发的热装式夹头（Thermo grip工具系统），保留了以往热装式工具系统的优点，改善了其操作性能，并提高了该系统的实用水平。

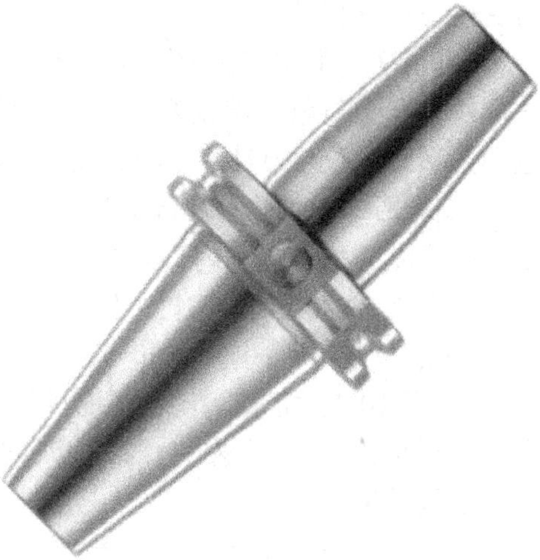

图3-12　热装式刀柄

（1）Thermo grip工具系统的原理　热装式工具系统通常都是利用热感应装置使刀柄的夹持部分在短时间内加热，刀柄内径随之扩张，此时立即把工具装入刀柄内。刀柄冷却收缩时，即可赋予刀具夹持面均匀的压力，从而产生很高的径向夹紧力，将工具牢牢夹持住。

Thermo grip工具系统采用具有高能场的感应加热线圈，由于电磁场的局部性特点，10s以内即可将刀柄夹持部位加热，很容易进行工具更换。由于是局部加热，因此可将输往夹头的能量控制在最小限度以内。

装上或卸下切削工具后，夹头迅速冷却，因此，热量极少传导至夹头的其他部位或刀具的柄部。与用火焰或热气体加热的物体相比，热装式夹头可说是处于较冷的状态，整个夹头在60s以内即可完全冷却。

（2）加热—冷却装置　如图3-13所示，OTTO BILZ公司的加热-冷却装置ISG3000具有如下特点：

1）是一种台式装置，可置于工作台上使用，质量在50kg以下。

2）控制器和频率振荡器均装在机器内部，外观简洁明了。

3）气缸可将感应线圈下降至加热部位，加热完毕又可退回原位。

4）夹持范围为 $\phi 6 \sim \phi 32$mm（ISG3200 为 $\phi 3 \sim \phi 50$mm），有 3 种线圈可供选择使用。

5）ISG3000 的感应装置所需电力为 3 相 200V（32A）和 6bar（1bar$=10^5$Pa）压力。

6）操作盘位于装置前方，用手动方式即可很容易编制作业程序。

7）信息处理器根据输入的工具材质、直径等相关数据，自动选择输出和加热时间。

系统开始工作后，加热线圈的位置便随空气压力而下降，降至预定位置即开始加热。加热时间随刀具直径的大小而有长有短，但波动范围仅为 5～10s。由于加热时间很短，热量不可能传导至夹头以外的部位。

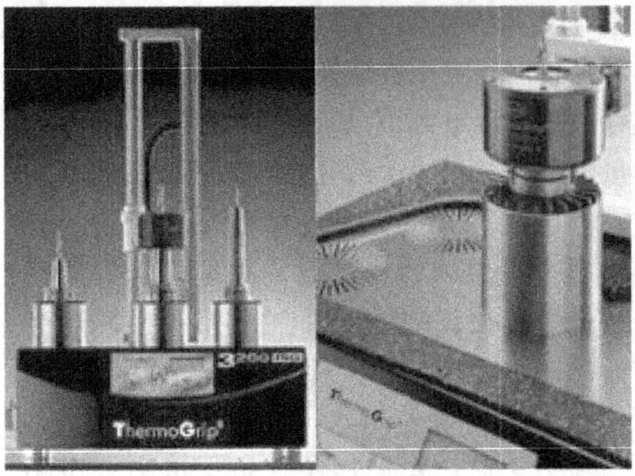

图 3-13　加热—冷却装置

（3）Thermo grip 工具系统的优点　热装式夹头一般具有如下一些共同的优点：夹头形状细长；振摆精度高；夹紧力大；能适应高速回转；便于接近工件；可采用内冷却方式。

Thermo grip 工具系统除具有上述优点外，还有自己独特的优点：

1）刀具的预调收缩迅速。配有特制的冷却衬套，如图 3-14 所示，刀具安装或取下后，夹头在衬套内迅速冷却，冷却时间在 60s 以内，每分钟可更换 3～4 把刀具。

2）可用高速钢制作。为了减少传入刀柄的热量，夹头用硬质合金材料固然很好，但价格昂贵，因此也可选用热膨胀系数与刀具相同的高速钢制作。

3）安全可靠。加热为局部加热，刀具性能不会受加热影响；冷却采用冷却衬套，操作者不直接与发热的夹具和刀具接触，可保障作业人员的安全。

4）节省能耗。Thermo grip 工具系统整体加热至 200℃，约需 100kJ 能量，但该系统只加热夹头部分，因此，能耗可降至 20kJ 左右，冷却时间也成比例缩短，节能效果十分明显。

5）使用寿命长。该系统采用最佳热处理规范，加热温度在 400℃以下，这种温度远远低于引起材质内部组织变化的温度。因此，重复使用 2000 次后，夹头的精度也不会变化，硬度虽略有下降，但同心度可保持不变。

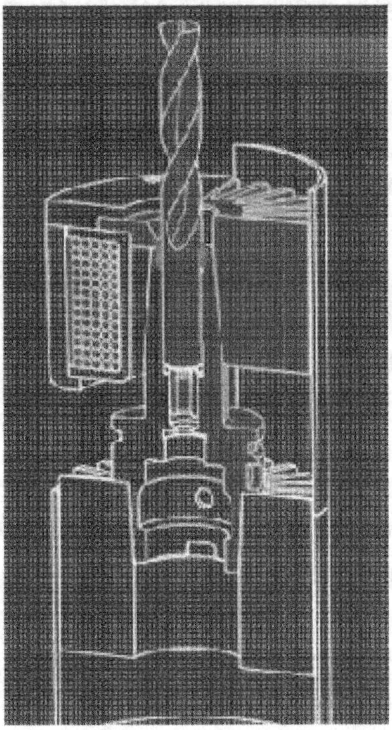
图 3-14　冷却衬套

6）有刀具预调功能。刀具所需长度可在夹头冷缩前进行调整，如图 3-15 所示，刀具 C 通过调整器 B 插入夹紧套 A 内，一边回转一边用调整螺钉 D 将刀具调整到预定位置。

3. 高精度弹簧夹头

弹簧夹头的工作原理为：旋紧螺母→压入套筒→套筒内径缩小→夹紧刀具。影响弹簧夹头夹持精度的因素除了夹头本体的内孔精度、螺纹精度、套筒外锥面精度、夹持孔精度及螺母的螺纹精度外，螺母与套筒接触面的精度以及套筒的压入方式也很重要。高精度弹簧夹头如图 3-16 所示。普通弹簧夹头在锁紧螺母的过程中，螺母与套筒的接触面间一直存在相对运动。这不仅使套筒受扭力作用，而且接触面会产生磨损，很难获得或保持良好的夹持精度。

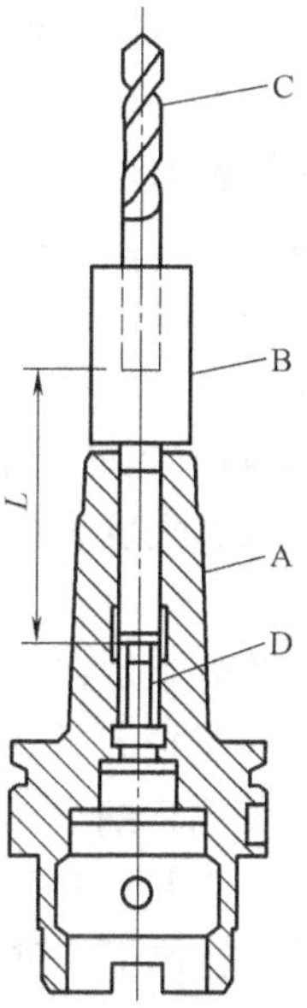

图 3-15　刀具预调功能

图 3-16　高精度弹簧夹头

日本大昭和精机株式会社设计的高精度弹簧夹头，就是改进了套筒的压入方式，即把螺母分为内外两部分，中间安装了滚珠轴承，使得旋紧螺母的转矩不传到套筒上，仅对套筒施加压力。这种压入方式可使夹头获得较大的夹持力和较高的夹持精度，从而满足高速切削的需要。

四、刀具动平衡

1. 刀具动平衡概述

在高速旋转下，刀具系统（刀具-夹头-刀柄）的一点点不平衡都会产生较大的离心力，引起机床和刀具的振动，产生不均匀的切削力，不仅影响工件的加工精度和表面质量，还会引起机床主轴轴承和刀具的不规则磨损，迅速降低其使用寿命。对于在高速旋转下使用的刀具，必须使其保持平衡。按照平衡理论，回转体的不平衡可以分为以下三种：

（1）静不平衡　静不平衡是只有一个不平衡质量且该不平衡质量位于两个支承的正中间，因此其在旋转中的离心力在两个支承上反作用力的大小和方向均相等。在切削加工中的短悬伸刀具（如盘类刀具）可近似地认为只是静不平衡。

（2）偶不平衡　偶不平衡是只有两个不平衡质量，分布在对称于支承中点 180°位置，因此其在旋转中的离心力在两个支承上反作用力的大小相等方向却相反，形成的是一个力偶。

（3）动不平衡　动不平衡是只有两个或两个以上的不平衡质量，分布不符合以上的规律，其在旋转中的离心力在两个支承上反作用力的大小和方向都不一样。可以这样认为，动不平衡是静不平衡和偶不平衡的叠加，杆类刀具大部分都属于此类不平衡。

2. 刀具系统的平衡方法

旋转刀具系统的动平衡原理与一般旋转体的动平衡原理相似。首先，刀具系统结构的设计应尽可能对称，并尽量减小刀具系统的质量。例如目前应用较广的中空短锥刀柄（HSK）就比传统的标准 7∶24 锥度实心长刀柄的动平衡性能好得多。其次，在需要对刀具进行平衡时，可根据测出的不平衡量采用刀柄去重或调节配重等方法实现平衡。常用的平衡方法有以下三种：

1）在制造阶段对刀具和刀柄分别进行平衡。具体方法是用动平衡机检测出不平衡量的大小和位置，然后在相反的位置切去相应量。这一工作是由刀具和刀柄生产厂家完成。

2）采用可调平衡刀柄。即使经过了动平衡的刀具、夹头、刀柄，当装配起来组成刀具系统时，由于受多个中间装配环节的影响，往往会出现总体不平衡。这就需要对刀具系统进行总体平衡。常用的可调平衡刀柄是在标准刀柄上增加可调的部件。其中，一种是在刀柄的外端面上钻出一系列平行于轴线的螺纹孔，用固定螺钉进行调节，根据需要的平衡量用手动方法旋入或退出螺钉，即改变刀柄的径向重心位置；另一种是采用带有平衡调节环的刀柄，根据测得的刀柄不平衡点的位置从平衡调节表中查出平衡环的调整角度，按调整角度旋转带有刻度的调节环，并锁紧螺钉。

3）用自动平衡系统进行在线平衡。从严格的意义上讲，刀具系统的动平衡应是在其装入主轴后，在工作转速下的动平衡。所以，更精确的调整平衡，最理想的方法是把刀具装入机床主轴后，在工作转速下测量和调整。这就需要一个整体自动平衡系统。美国肯纳金属公司开发出的一种可以调节主轴系统平衡的自动平衡系统，它能使主轴、刀柄、刀具、夹头构成的系统在 2s 内自动实现动平衡。这种自动平衡系统由自动平衡刀柄、微机控制器、测量传感器和固定调整线圈组成。其工作原理是：在刀柄的平衡环中装有永久磁体，可对有两个平衡块的转子进行定位；在计算机测量出不平衡量和位置时，向线圈发出脉冲信号，由线圈中产生的电磁量改变刀柄中永久磁体的位置，达到消除不平衡量的目的。

3. 合理平衡质量等级的确定

对于高速旋转刀具系统，不平衡量当然是越小越好，但进行严格的刀具动平衡需花费很多人力和物力。平衡应该达到的程度，一方面要考虑加工质量要求，另一方面也要考虑加工成本，具体的要求应该根据实际情况决定。

刀具平衡质量等级不应该用一个固定的 G 值来确定，而应该是由上限值和下限值界定一个范围。大于上限值时刀具的不平衡量将对加工质量带来负面影响；而小于下限值则表明不平衡量要求过严，这在技术和经济上既不合理，也无必要。在刀具平衡质量评价尺度上，不应该以加工效果的好坏作为刀具平衡的评价尺度，因为影响加工效果的因素是多样性的；而应该以主轴轴承动载荷的大小作为刀具平衡质量的评价尺度，因为刀具不平衡引起的主轴轴承动载荷的大小是与不平衡量直接相关的参数。

相关知识链接

链接 1：高速切削刀具的安全技术

提高切削速度是金属切削长期的目标，也是切削加工提高效率、降低成本的主要措施。机械加工的历史证明，切削速度的提高为机械制造业带来了巨大的技术经济效益。切削速度的提高还反映机械制造整体技术水平的进步。从 20 世纪 80 年代中期开始，制造技术进入了一个全面发展的新时期，其特点是以提高切削速度和进给速度为目标，主要内容包括高速主轴单元、快速进给和高加（减）速度的驱动系统、高性能的快速CNC控制系统、高刚性的机床结构、超硬刀具材料和涂层工艺技术等。制造技术的全面进展正在把切削技术推向高速切削（HSC）的新阶段。与五六十年代推广硬质合金刀具时的所谓高速切削相比，这一时期的高速切削不仅切削速度有成倍的提高，而且可配合采用高的进给速度和小的切削深度，在实现高生产率的同时使切削力减小，从而还提高了加工质量。目前，高速切削已经在航空工业、模具工业和轿车工业受到重视，并正在向更广的应用领域拓展。

高速切削的核心是高的切削速度。由于刀具材料、工件材料和加工工艺的多样性，对高速切削不可能用一个确定的速度指标来定义。对于铣刀等回转刀具，通常以刀具或主轴的转速作为衡量标准，根据不同的刀具直径，现阶段一般把转速为10000～20000r/min视为高速切削。因为在这个转速范围以上，对刀具材料、结构、装夹以及机床的主轴结构、进给驱动和CNC系统都提出了特殊的要求，需要开发新的技术，其中铣刀结构的安全性就是发展高速切削所必须解决的一个技术问题。

铣削是目前高速切削应用的主要工艺，铣刀是主要的高速切削刀具，包括面铣刀、立铣刀和模具铣刀。这类刀具在高速旋转时各部分都要承受很大的离心力，其作用远远超过切削力的作用，成为刀具的主要载荷。离心力过大时足以导致刀体破碎。图3-17所示为一把德国Walter公司的面铣刀在36700r/min时爆碎后的状态。图3-18所示为一把ϕ12mm的带柄铣刀在转速达到36000r/min时弯曲、断裂的情形。这种破损一旦发生，由于操作者往往来不及采取制止措施或躲避，刀体爆飞的碎块或甩出的零件会对操作者造成重大伤害，并使机床设备、加工工件严重损坏，带来很大的直接经济损失，甚至造成停工停产，影响产品的交货，并引起刀具制造商与用户之间的法律纠纷。因此，研究高速铣刀的安全性技术，防止这种由离心力引起的工具损坏，是进一步发展和应用高速切削的必要前提，具有重要的现实意义。

图3-17　面铣刀高速下爆碎的情形

图3-18　带柄铣刀高速下弯曲断裂的情形

德国达姆斯塔特工业大学与斯马尔卡登制造技术开发公司合作开发了专门用于高速铣刀的有限元计算方法，该方法可以模拟在不同转速下刀具应力的大小和分布（图3-19），分别开发了刀体、刀座、刀片、夹紧螺钉的计算模块，通过这些模块的组合实现整个刀具的计算。该方法还能模拟刀片在刀座里的滑动、螺钉头在拧紧和工作载荷下的变形。计算显示，当转速达到30000～35000r/min时，螺钉已达临界应力而出现拉伸变形，在达到临界速度之前，螺钉首先产生弯曲，夹紧力下降，刀片发生位移。在实际应用中，将模拟设计计算与样品的离心力试验验证结合起来，并从试验所获刀具变形、刀片位移的数据中得到建立模型所需要的边界条件。使用有限元计算模型可以在设计阶段就分析刀具的结构，预测失效的状态，从而可减少样品试验的反复次数，加快高速铣刀的开发过程，降低开发费用，并且可使刀具的性能进一步提高。按此方法开发的直角铣刀的几何变形量可减小 20%，失效转速可提高 10%。

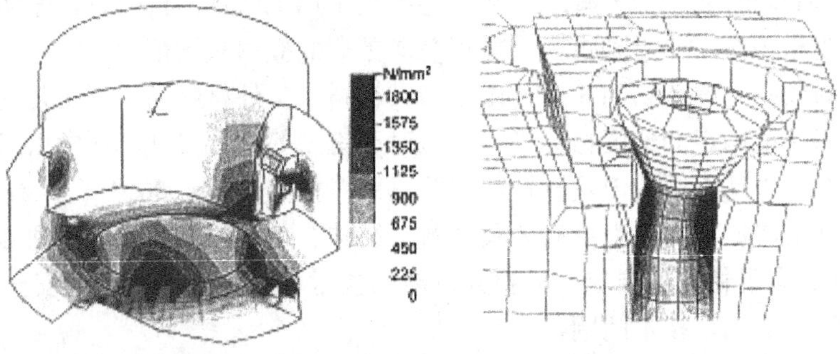

图 3-19　高速铣刀安全性的有限元分析

高速铣刀安全标准的制订和有限元计算模型的开发，对高速铣刀的设计和使用提出了以下改进意见：

（1）刀体材料　为了减轻和承受离心力的作用，要求刀体材料的密度要小，强度要高，现在有的高速铣刀已采用高强度铝合金制造刀体。标准建议，刀体材料的选择应取决于材料拉伸强度与密度的比值和应用的转速范围。图 3-20 所示是用不同刀体材料制造的 DIN8030 系列铣刀的极限切削速度比较。钛合金由于对切口的敏感性，不宜用来制造刀体。

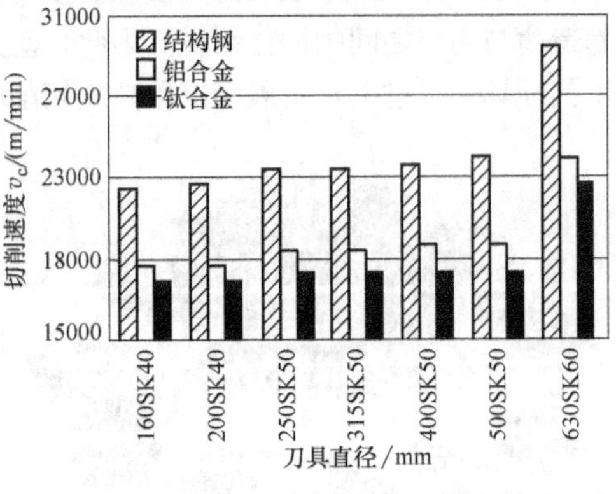

图 3-20　DIN8030 系列铣刀的极限切削速度比较

（2）刀具结构　刀体上的槽（包括刀座槽、容屑槽、键槽）会引起应力集中，降低刀体的强度，因此应尽量避免通槽和槽底带尖角。刀体的结构应对称于回转轴，使重心通过铣刀的轴线。刀片和刀座的夹紧、调整结构应尽可能消除游隙，并且要求重复定位性好。需使用接头、加长柄等联接件时也应避免游隙和提高重复定位性。实际上，高速铣刀大多采用 HSK 刀柄与机床主轴联接，甚至做成整体式结构，以提高刚性和安装重复定位精度。此外，机夹式高速铣刀的直径越小，刀齿数也越少，有的只有两个刀齿，这种结构便于调整刀齿的跳动，提高加工质量。

（3）刀具（片）的夹紧方式　刀具与主轴的联接宜采用 HSK 锥柄或类似的锥柄结构。可转位刀片应有中心螺钉孔或有可卡住的空刀窝。例如有一种可转位刀片，刀片底面有一个圆的空刀窝，可与刀体上的凸起相配合，对作用在夹紧螺钉上的离心力起卸载作用。刀座、刀片的夹紧力方向最好与离心力方向一致，还要控制螺钉的预紧力，防止螺钉因过载而提前受损。对于小直径的带柄铣刀，现在有两种高精度、高刚性的夹紧方法：液压夹头和热胀冷缩夹头。两者比较，后者的夹持精度更高，传递的转矩比前者大 1.5～2 倍，径向刚性高2～3倍，能承受更大的离心力，更适合于整体硬质合金铣刀高速铣削淬硬的模具。日本和德国都开发了相应的加热装置用于刀具的装卸。这种夹头的缺点是适用的直径范围小，刀具装卸费时。

（4）刀具的动平衡　高速旋转时，刀具的不平衡会对主轴系统产生一个附加的径向载荷，其大小与转速成平方关系，从而对刀具的安全性和加工质量带来不利的影响。

目前，安全性技术已被世界上著名的工具制造厂家所采用，除德国的 Walter、Mapal 等公司推出的高速铣刀外，日本东芝 Tungaloy 公司的 DIA9000 加工铝合金用铣刀、住友电工公司的专用 SUMIDIA 金刚石铣刀等在结构上都作了改进，以适应高速加工的需要，推荐的切削速度为 3000～5000m/min。美国 Valenite 公司推出直径为 3～12in 的高速铣刀，其铝合金刀体经表面处理后硬度达 60HRC，提高了刀体的耐磨性。

链接 2：刀具切削加工状态的监测

刀具的缺失、破损、磨损或选刀错误都可能导致机床停机或造成代价不菲的工件报废。由于许多加工都建立在刀具寿命的基础之上，因此，反映刀具切削刃及涂层状态的性能数据至关重要。此外，医疗、航空和汽车等行业对零部件加工精度的要求不断提高，也对刀具的测量带来了新的挑战。基于这些理由，使用刀具监测仪器通常是必要的。

刀具检测仪器使用的测头分为接触式和非接触式两种。接触式测头通过探针与刀具或工件接触而获取数据。非接触式测头则是利用光束（通常是激光束）从刀具或工件表面反射到一个接收器中来获取数据。

为了保护基于激光测头的测量仪器在加工现场环境下不被飞溅的切屑和切削液损坏，一些制造商将激光器装在一个密闭容器内。当需要进行测量时，该容器的窗口就会打开。在激光进行扫描测量的同时，一股气流可将切屑和切削液吹开。扫描测量完成后，容器窗口就会关闭。

接触式测头适用于许多加工场合，但也具有以下局限性：

1）有些接触式测头在测量时，要求机床主轴停转，因此无法进行动态检测。

2）接触式测头能够检测的特征参数有限（主要是刀具直径）。

3）必须考虑夹持问题，因此接触式测头很难避免与工件发生接触。

4）接触式测头不能检测非常柔软的工件。

5）用接触式测头检测刀具破损非常有效，但如果需要测量丝锥上的排屑槽之类的误差，接触式测头就有些勉强。

测头既可以由外部电缆线供电，也可以使用电池。在走线困难或环境恶劣的情况下，使用电池具有一定优越性。在使用无线发射装置时，要注意很重要的一点，就是背景信号不能与刀具传感器发出的信号发生干涉。

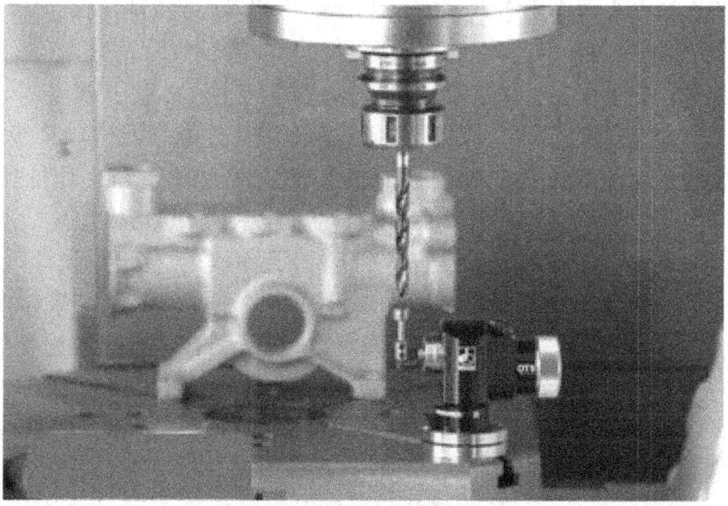

图 3-21　无线双测头系统

雷尼绍公司的无线双测头系统（图 3-21）将工件安装与测量功能与对

刀和刀具破损检测功能集成到一起。这种无线对刀仪特别适用于具有双托盘或双旋转工作台的加工机床。其光学发射系统的设计可以避免发生光干涉。

综合训练

思考与练习

1. 判断题（将判断结果填入括号中。正确的填“√”，错误的填“×”。）

（　　）(1) 研究表明，高速切削中，陶瓷刀具最耐磨。

（　　）(2) 高速切削使用的嵌入式刀具和普通刀具的结构是一样的，也是刀片安全嵌入刀体中。

（　　）(3) 对于硬质合金和金属陶瓷刀具，刀具寿命随着进给速度的增加而提高。

（　　）(4) HSM 指的是高速刀具。

（　　）(5) 在高速铣削中一般不推荐使用键槽铣刀。

（　　）(6) 目前在高速铣削加工中，应用最多的是陶瓷刀具。

（　　）(7) 高速铣削刀具的结构有多种，一般小直径铣刀采用整体式，大直径铣刀采用机夹式。

（　　）(8) 热装式刀具夹紧方式，刀孔与刀柄为过盈配合，须采用专用热膨胀装置装卸刀具。

（　　）(9) 弹簧夹头是新型夹紧元件的高速刀具夹头。

（　　）(10) 不平衡的刀具或刀柄在高速切削时产生的离心力会使机床产生振动。

（　　）(11) 一般情况下，由短刀具组成的刀具系统可视为静力单平面不平衡，长刀具组成的刀具系统肯定是动力双平面不平衡。

（　　）(12) 刀具系统的平衡过程就是在平衡面上找到校正质量的位置和大小，然后再加上或减去校正质量。

（　　）(13) 刀具系统的质量轴线与旋转轴线不重合，但相交于刀具系统重心，不平衡所产生的离心力作用于两端支承上，大小相等、方向相反，属于动不平衡形式。

（　　）(14) 刀具系统的质量轴线与旋转轴线不重合，但平行于旋转轴线，因此不平衡将发生在单平面上，属于偶不平衡形式。

（　　）(15) 7∶24 锥度刀柄是新型的高速锥型刀柄，其接口采用锥面和端面两面同时定位的方式，刀柄为中空，锥体长度较短，有利于实现换刀轻型化及高速化。

（　　）(16) 典型的 BT 刀柄部锥度为 1∶20。

（　　）(17) 刀具与刀柄不平衡的因素有非对称刀具设计，如不等深键槽、螺纹等。

（　　）(18) HSK 短锥刀柄采用 1∶10 的锥度，它的锥体比标准的 7∶24 锥短。

（　　）(19) KM 刀柄采用 1∶10 短锥配合，锥柄的长度仅为标准 7∶24 锥柄长度的 1/3，由于配合锥度较短，部分解决了端面与锥面同时定位而产生的干涉问题。

（　　）(20) 如何合理的制订刀柄锥部和机床主轴孔的制造要求是 DIN 标准与 ISO 标准的主要差别。

（　　）(21) HSK 刀柄的径向锥面和轴向端面同时定位的完全定位方式，极大地提高了工具系统的轴向刚度和径向刚度。

（　　）（22）HSK刀柄的端面与锥面同时定位、夹紧，刀柄在主轴中的定位为过定位。

答案：（1）×　（2）×　（3）√　（4）×　（5）×　（6）×　（7）√　（8）√
（9）×　（10）√　（11）√　（12）√　（13）×　（14）×　（15）×
（16）×　（17）√　（18）√　（19）√　（20）√　（21）×　（22）√

2. 选择题（选择一个正确的答案，将相应的字母填入题内的括号中。）

（　　）（1）高速铣削钢材时，刀具用更锋利的切削刃和较大的______，这样可以减少切削刀具的磨损，提高刀具的使用寿命。

（A）前角

（B）后角

（C）负前角

（D）正前角

（　　）（2）刀具涂层技术目可以划分为两大类，分别是______、______。

（A）化学气相沉积、多层复各涂层

（B）中温化学气相沉积 低温化学气相沉积

（C）化学气相沉积 、物理气相沉积

（D）物理气相沉积 多层复合涂层

（　　）（3）在高速切削低熔点的硅铝合金材料（硅质量分数大于12%）时，要使用______刀具。

（A）K型硬质合金刀

（B）金属陶瓷刀具

（C）高速钢刀具

（D）金刚石镀层硬质合金刀具

（　　）（4）目前在高速铣削加工中，应用最多的是______。

（A）陶瓷刀具

（B）涂层硬质合金刀具

（C）涂层刀具

（D）金刚石刀具

（　　）（5）刀具寿命与______。

（A）切削速度成正比

（B）切削速度成反比

（C）切削速度无关

（D）刀具材质无关

（　　）（6）切削力大，温度高是干切削的主要特点。为了减少高温下刀具和工件之间材料的扩散和粘结，下列叙述不正确的是______。

（A）金刚石不宜在干加工中加工钢铁工件

（B）不能用含钛的涂层刀具进行钛合金工件干切削

（C）聚晶立方氮化硼刀具能够对淬硬金钢进行干切削

（D）铝合金不宜进行高速干切削

（　）(7) 高速铣削刀具的结构有多种，一般小直径铣刀采用______，大直径铣刀采用______。

(A) 机夹式　整体式

(B) 整体式　机夹式

(C) 机夹式　组合式

(D) 组合式　整体式

（　）(8) ______刀具材料最适合切削含有 SiO_2 的铝合金材料。

(A) 聚晶金刚石

(B) 立方氮化硼

(C) 陶瓷材料

(D) 硬质合金

（　）(9) 下列不属于刀具与刀柄的不平衡性是因素是______。

(A) 刀具制造的尺寸精度，如刀柄圆度误差、同轴度误差等而产生的不平衡。

(B) 非对称刀具设计，如不等深键槽、螺纹等也是产生不平衡的因素。

(C) 刀具材质不均而引起的不平衡

(D) 主轴-刀具径向装夹误差引起的不平衡

（　）(10) ______刀具在高速铣削铝镁合金时较好。

(A) K10 硬质合金刀

(B) 金属陶瓷刀具

(C) 高速钢刀具

(D) 金刚石镀层硬质合金刀具

（　）(11) ______刀具夹紧方式，是刀孔与刀柄为过盈配合，要采用专用热膨胀装置装卸刀具。

(A) 侧固式

(B) 弹性夹紧式

(C) 液压夹紧式

(D) 热膨胀式

（　）(12) ______刀具夹紧方式，在高速铣削时不宜采用。

(A) 侧固式

(B) 弹性夹紧式

(C) 液压夹紧式

(D) 热装式

（　）(13) 试验结果表明，______刀柄的静刚度和动刚度特性最好。

(A) BT 刀柄

(B) HSK 刀柄

(C) KM 刀柄

(D) IG-PLUS 刀柄

（　）(14) 下列不属于新型夹紧元件的高速刀具夹头的是______。

(A) 三棱变形静压夹头

(B) 弹簧夹头

(C) 热装夹头

(D) 高精度液压夹头

(　　)(15) 下列不属于刀具系统不平衡形式______。

(A) 静不平衡

(B) 偶不平衡

(C) 动不平衡

(D) 转动不平衡

(　　)(16) 下列不属于高速旋转刀具系统的不平衡的可控来源的是______。

(A) 拉钉

(B) 数控刀柄上未磨削的 V 形槽

(C) 夹头的每次安装位置都会发生变化

(D) 数控刀柄上的键槽深度不一

(　　)(17) 下列不属于高速旋转刀具系统的不平衡的不可控来源的是______。

(A) 夹头的每次安装位置都会发生变化

(B) 夹头螺母的径向位置

(C) 镗刀的非对称结构

(D) 数控刀柄上未磨削的 V 形槽

(　　)(18) 刀具系统的质量轴线与旋转轴线不重合，但相交于刀具系统重心，不平衡所产生的离心力作用于两端支承上，大小相等、方向相反，属于哪种不平衡形式______。

(A) 静不平衡

(B) 偶不平衡

(C) 动不平衡

(D) 转动不平衡

(　　)(19) ______是新型的高速锥型刀柄，其接口采用锥面和端面两面同时定位的方式，刀柄为中空，锥体长度较短，有利于实现换刀轻型化及高速化。

(A) HSK 刀柄

(B) 7∶24 锥度刀柄

(C) ATC 刀柄

(D) 都不正确

(　　)(20) HSK 刀柄和普通刀柄相比较，有较多的优点。不属于它的优点的是______。

(A) 采用锥面、端面过定位的结合形式，能有效地提高结合刚度

(B) 采用 1∶10 的锥度，与 7∶24 锥度相比锥部较短，楔形效果较好，有较大的抗扭能力

(C) 它与现在的主轴端面结构和刀柄兼容性好

(D) 刀柄与主轴间的扩张爪锁紧，转速越高，锁紧力越大

(　　)(21) 1987 年美国 Kennametal 公司及德国 WiDi 公司联合研制了“1∶10 短锥空心 KM 刀柄”，并首次提出了______原理。

(A) 锥面、端面过定位原理

(B) 锥面、端面双定位原理
(C) 锥面、端面欠定位原理
(D) 锥面、端面完全定位原理
( )(22) 典型的 BT 刀柄部锥度为______。
(A) 1∶10
(B) 1∶20
(C) 7∶20
(D) 7∶24
( )(23) 不属于 BT 工具系统仅使用锥面定位、夹紧的缺点是______。
(A) 换刀重复精度低
(B) 连接刚度低、转矩传递能力低
(C) 端面与锥面同时定位、夹紧，刀柄在主轴中的定位为过定位
(D) 尺寸大、重最重，换刀时间长
( )(24) 不属于 HSK 刀柄结构特点是______。
(A) 空心、薄壁、短锥，锥度为 1∶10
(B) 端面与锥面同时定位、夹紧，刀柄在主轴中的定位为过定位
(C) 使用由内向外的外胀式夹紧机构
(D) 尺寸大、重量最重，换刀时间长
( )(25) HSK 刀柄与 KM 刀柄不同之处是______。
(A) 刀柄结合部位
(B) 刀柄传力零件
(C) 刀柄短锥度
(D) 高速刀柄
( )(26) ______是由德国阿亨大学机床研究室专业高速机床主轴开发的一种刀轴连接结构。
(A) AKM 刀柄
(B) BT 刀柄
(C) HSK 刀柄
(D) ISO 刀柄

答案：(1) B (2) C (3) D (4) B (5) B (6) D (7) B (8) A
(9) D (10) A (11) D (12) A (13) C (14) B (15) D (16) C
(17) D (18) B (19) A (20) C (21) B (22) D (23) C (24) D
(25) B (26) C

3. 思考题

(1) 比较说明高速铣削加工中涂层硬质合金、陶瓷、CBN、金刚石等刀具材料的优缺点及适用范围。

答：在高速铣削加工中，涂层硬质合金刀具是应用最多、使用范围最广的一类刀具，性能价格比也比较好。陶瓷刀具的性能介于涂层硬质合金刀具和超硬材料刀具之间，由于陶瓷刀具的硬度比硬质合金高而价格比 CBN 和金刚石刀具低，在一些场合下可以代替超硬材料

刀具进行高速硬切削和干切削。CBN 刀具和金刚石刀具硬度高，刀具寿命长，适用于大批大量生产的场合以及用于特殊要求场合的加工，如精密切削高硬度材料等，但其价格比较高，是影响其大量推广应用的主要因素。

(2) HSK 刀柄有哪些优点？

答：由于 HSK 刀柄在结构上的特点，它具有如下优点：

1）定位精度高。由于刀柄薄壁的特点，刀柄和主轴之间允许采用较大的径向过盈配合，同时轴向增加了端面接触的定位，因此刀柄径向和轴向的定位精度得到了很大的改善。

2）静、动态刚度高。径向锥面和轴向端面同时定位的过定位方式，极大地提高了工具系统的轴向刚度和径向刚度。

3）缩短了主轴的轴向尺寸。短锥面结构缩短了主轴的悬伸量；使用 1∶10 的锥度，使主轴与刀柄锥面之间的接触应力更大，主轴与刀柄锥面接触更可靠，由此提高了转矩传递能力，也进一步提高了系统的刚度。

4）刀柄的尺寸小，质量轻，换刀方便。与传统的 7∶24 锥度实心刀柄相比较，长度缩短 2/3，质量减少 1/2 。

5）满足了高速加工的要求。由于刀柄端面的支承作用，因此不存在高速加工时由于主轴孔和刀柄的膨胀差异而生产的刀柄轴向窜动问题。空心薄壁结构减小了由于离心力而产生的主轴孔和刀柄的膨胀差异，保证刀柄在主轴孔的可靠定位。采用空心薄壁结构允许主轴孔与刀柄之间存在较大的过盈量，有利于补偿主轴孔和刀柄的膨胀差异。空心薄壁结构便于使用由内向外的外胀式夹紧机构，而离心力可以使这种夹紧机构产生更大的夹紧力，这对工具系统的性能是十分有利的。

(3) 哪种刀具材料称为“金属陶瓷”，它有什么特点？

答：碳（氮）化钛 TiC（N）基硬质合金是以 TiC 代替 WC 为硬质相，以 Ni、Mo 等作粘结相制成的硬质合金，其中 WC 含量较少，其耐磨性优于 WC 基硬质合金，介于陶瓷和硬质合金之间，也称为“金属陶瓷”。由于 TiC（N）基硬质合金具有接近陶瓷的硬度和耐热性，加工时与钢的摩擦因数小，且抗弯强度和断裂韧度比陶瓷高，因此，TiC（N）基硬质合金可作为高速切削加工刀具材料。

(4) 为什么要进行刀具动平衡实验？

答：在高速旋转下，刀具系统（刀具-夹头-刀柄）的一点点不平衡都会产生较大的离心力，引起机床和刀具的振动，产生不均匀的切削力，不仅影响工件的加工精度和表面质量，还会影响机床主轴轴承和刀具的不规则磨损，迅速降低其使用寿命。

第四章　高速数控加工的编程策略

从高速加工对数控编程的特殊要求出发，论述了数控加工编程人员需要改变传统的加工策略，以便创建有效、精确、安全的刀具路径。重点从高速加工中粗加工编程策略及精加工编程策略方面进行了阐述。

本章学习要点

◎ 高速切削对数控编程的具体要求。
◎ 高速加工时粗加工的策略。
◎ 高速加工时精加工的策略。
◎ 用不同策略进行高速加工。

第一节　高速粗、精加工的编程策略

高速加工包括以去除余量为目的的粗加工、残留粗加工，以及以获取高质量的加工表面及细微结构为目的的半精加工、精加工和镜面加工等。粗加工的主要目标是追求单位时间内的材料去除率，并为半精加工，准备工件。高速精加工常常是形成工件最终表面的环节，为保证加工精度，需首先保证刀具切削载荷的恒定，为此需要采取一系列必要的措施。

学习目标

◎ 了解高速切削对数控编程的具体要求。
◎ 了解高速加工时粗加工的策略。
◎ 了解高速加工时精加工的策略。

一、高速切削对数控编程的要求

高速切削中的数控加工编程代码并不仅仅局限于切削速度、切削深度和进给量的不同数值。数控加工编程人员必须改变他们的全部加工策略，以创建有效、精确、安全的刀具路径，从而得到预期的表面精度。

高速切削对数控编程的具体要求如下：

1）保持恒定的切削载荷。随着高速加工的进行，保持恒定的切削载荷非常重要，而保持恒定的切削载荷则必须注意以下几个方面：

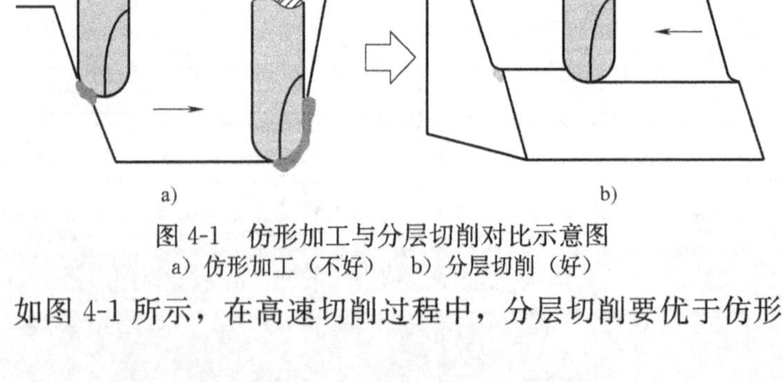

图 4-1　仿形加工与分层切削对比示意图
a）仿形加工（不好）　b）分层切削（好）

① 保持金属去除量的恒定。如图 4-1 所示，在高速切削过程中，分层切削要优于仿形

加工。

② 刀具要平滑地切入工件。如图 4-2 所示，在高速切削过程中，让刀具沿一定坡度或螺旋线方向切入工件要优于让刀具沿 Z 向直接插入。

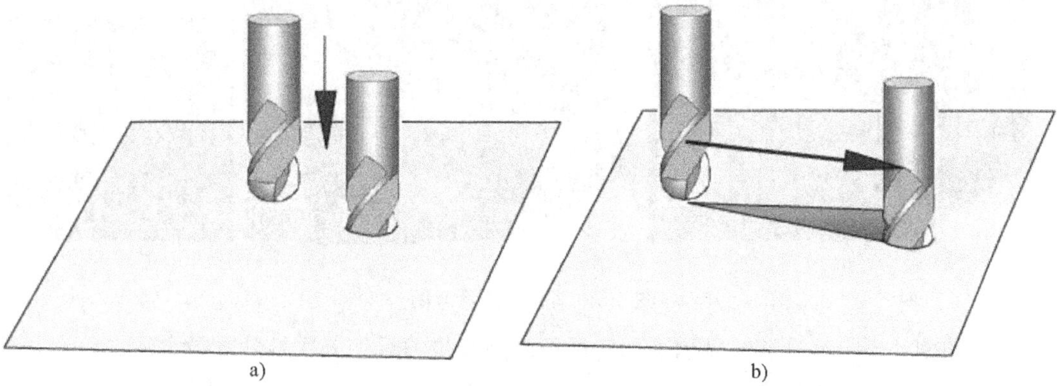

图 4-2　Z 向直接插入与沿坡度/螺旋线切入对比示意图

a）Z 向直接插入（不好）　b）沿坡度/螺旋线切入（好）

③ 保证刀具轨迹的平滑过渡。刀具轨迹的平滑是保证切削负载恒定的重要条件。如图 4-3 所示，螺旋曲线走刀是高速切削加工中一种较为有效的走刀方式。

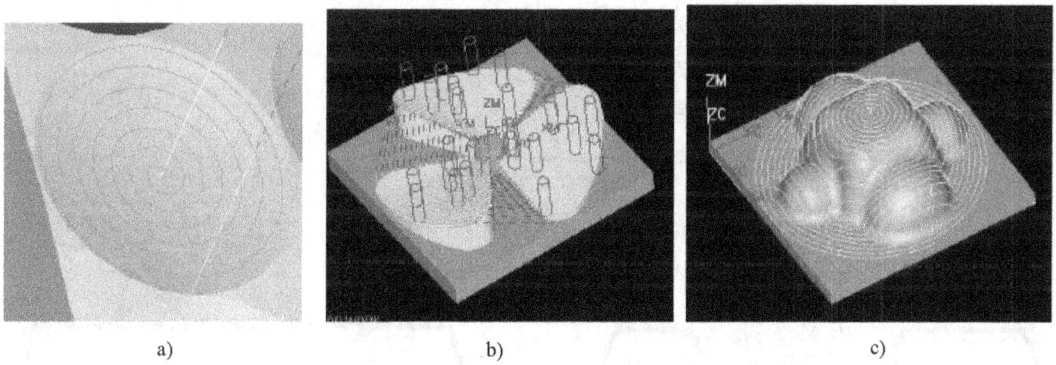

图 4-3　螺旋曲线走刀方式示意图

④ 在尖角处要有平滑的走刀轨迹。如图 4-4c 所示的刀具轨迹最好。图 4-5 所示则是消除尖角示意图。

图 4-4　尖角处刀具轨迹对比示意图

a）不好　b）好　c）非常好

2）保证工件的高精度。为了保证工件的高精度，最重要的一点就是尽量减少刀具的切

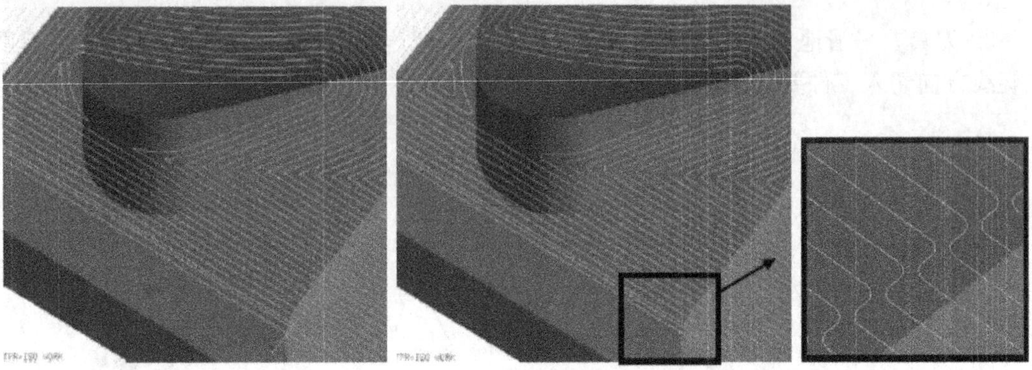

图 4-5　消除尖角示意图

入次数。如图 4-6 所示，该图显示了如何尽可能地减少刀具切入次数的有效方法。

3）保证工件的优质表面。在高速切削过程中，过小的进给量会影响实际的进给速率，其往往会造成切削力的不稳定，产生切削振动。从而影响工件表面的完整性。图 4-7 所示为采用不同进给量时对工件加工表面质量的影响示意图。从该图可以看出，在高速切削条件下，采用较大的进给量会产生较好的表面加工质量。

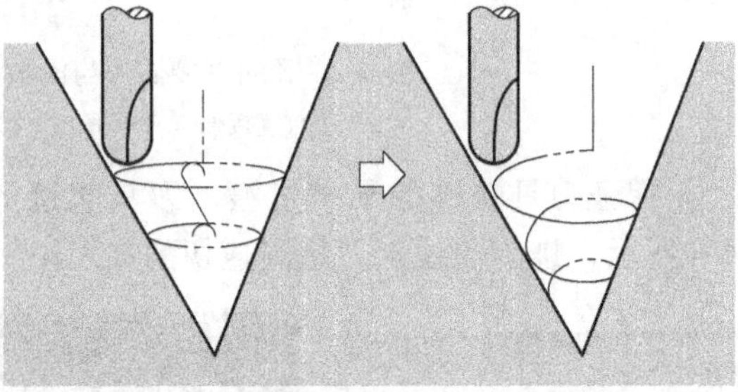

图 4-6　减少刀具切入次数示意图

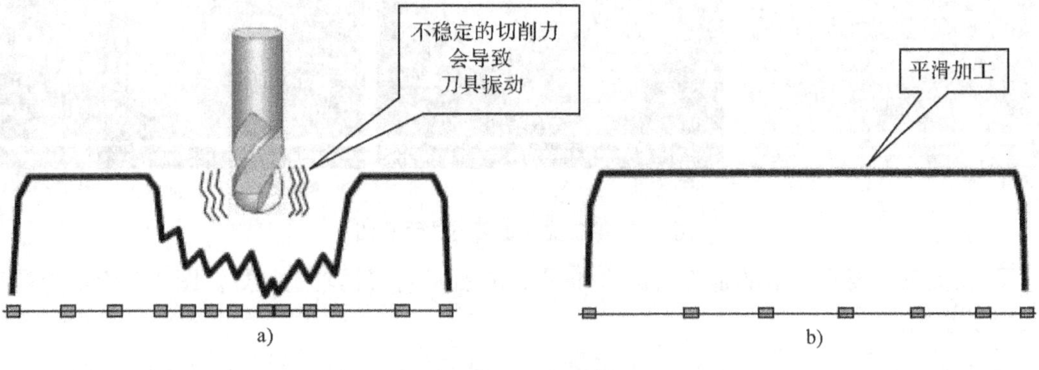

图 4-7　不同进给量对工件加工表面的影响
a）过小进给量（不可取）　b）大进给量（可取）

二、高速粗加工的编程策略

粗加工在高速加工中所占的比例要比在传统加工中的多。在高速加工中，粗加工的作用就是要为半精加工、精加工留有更均衡的余量。粗加工的结果直接决定了精加工过程的难易和工件的加工质量。如 OpenMind 软件技术开发主管 Dr • Josef Koch 所说："高速加工改变了 CAM 策略，要更加努力、严密地进行粗加工，预精加工阶段的作用更加重要。"大部分材料在粗加工中切除时，表面质量和轮廓精度没有什么要求。粗加工时，刀具磨损严重，等量切削的条件很难达到。粗加工中，最重要的是让机床平稳地、协调地工作，避免切削方向的急剧改变。

1. 粗加工的高速铣削条件

1）刀具总是以5°的倾角，以螺旋或倾斜方式切入工件材料。

2）进给率和主轴转速之比应该达到最佳。它与刀具材料和工件材料有关，同时还取决于机床和CNC系统的能力和条件。

3）要避免突然改变方向，即使在减少进给量或刀具停止时也要避免。

4）如果进给量突然变为零，刀具和工件之间的摩擦将会增大，可能减少刀具的寿命，甚至在严重情况下会造成刀具的损坏（由于产生过度的热）。

5）为了平稳地加工硬化了的材料，侧吃刀量不得大于6%～8%的刀具直径，背吃刀量最大不超过5%的刀具直径。

2. 高速粗加工策略

在高速粗加工过程中，要着重考虑以下几个方面：

（1）恒定的切削条件　铣刀旋转产生的切线方向与工件进给方向相同称为顺铣（图4-8a）；铣刀旋转产生的切线方向与工件进给方向相反称为逆铣（图4-8b）。顺铣时，切屑由厚变薄，刀齿从已加工表面切入，对铣刀有利；逆铣时，当铣刀刀齿接触工件后不能马上切入金属层，而是在工件表面滑动一小段距离，在滑动过程中，强烈的摩擦会产生大量的热量，同时在待加工表面易形成硬化层，降低了刀具寿命，影响工件表面质量，对切削不利，如图4-8b所示。另外，逆铣时刀齿由下往上（或由内往外）切削；顺铣时刀齿开始和工件接触时切削厚度最大，且从表面硬质层开始切入，刀齿受很大的冲击载荷，铣刀变钝较快，但刀齿切入过程中没有滑移现象。

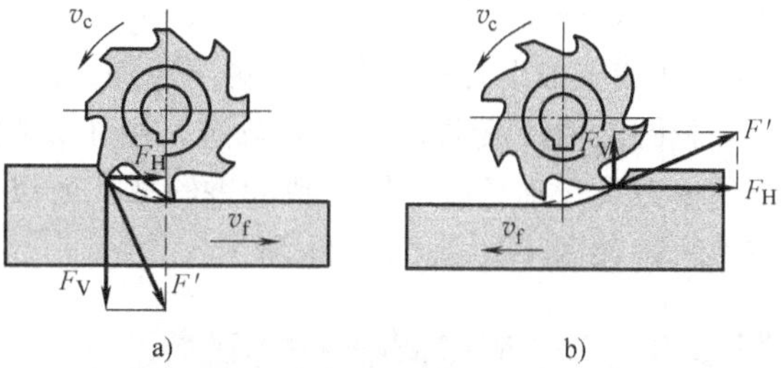

图4-8　顺铣与逆铣
a）顺铣　b）逆铣

为保持恒定的切削条件，一般采用顺铣方式，或采用在实际加工点计算加工条件等方式进行粗加工，如图4-9所示。顺铣的功率消耗要比逆铣时小，在同等切削条件下，顺铣功率消耗比逆铣要低5%～15%，同时顺铣也更加有利于排屑。在高速切削过程中采用顺铣方式，可以减少刀具的磨损，产生较少的切削热，降低刀具的载荷，降低甚至消除工件的加工硬化，最终可获得较好的表面质量等。但是，在切削面上有硬质层、积渣，工件表面凹凸不平较显著时，如加工锻造毛坯，应采用逆铣法。在实际编程中，可以选择混合铣方式，系统将计算生成更短的切削路径，同时可以减少抬刀次数，获得相对较高的加工效率。

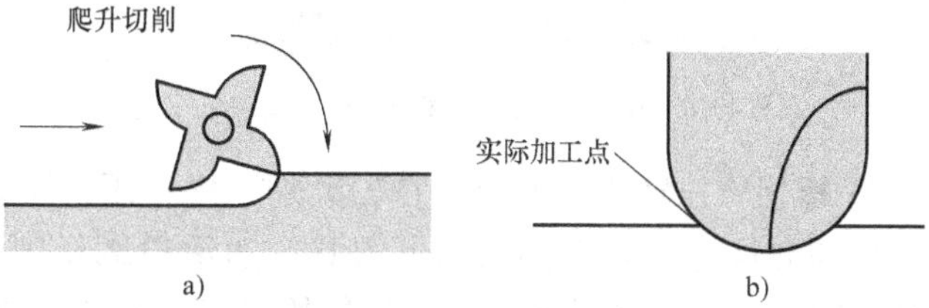

图4-9　粗加工方式示意图
a）爬升切削　b）计算实际加工点加工条件的方式

（2）恒定的金属去除率　在高速切削的粗加工过程中，保持恒定的金属去除率，可以获得以下的加工效果：①保持的恒定切削负载。②保持切屑尺寸的恒定。③获得较好的热转移。④刀具和工件均保持在较冷的状态。⑤没有必要去熟练操作进给量和主轴转速。⑥延长刀具的寿命。⑦可获得较好的加工质量等。

（3）走刀方式的选择　高速加工中应能提供各种不同的加工方法以满足不同形状和类别的零件加工要求，同时加工方法也应具有智能、简便、快捷、准确等特点，走刀方式要丰富。高速加工中的走刀方式应满足一些基本原则。例如，应避免刀具轨迹中走刀方向的突然变化，以免因局部过切而造成刀具或设备的损坏；走刀速度要平稳，避免突然加速或减速；避免多走空刀；应采用光滑的转弯走刀，与进行光滑的移刀一样，这对保证高速加工的平稳与效率同样重要。

高速加工的走刀方式主要有如下几种：

1）平行铣削是常用的走刀方式之一。采用平行扫描线的形式对多张曲面构成的模型进行加工。

2）环行铣削的走刀路线是沿外轮廓的形状由外向内（或由内向外）进行走刀，是常用的走刀方式之一。

3）摆线式加工是一种专门针对高速加工的刀位轨迹策略。所谓“摆线”即为圆上一固定点随着圆沿曲线滚动时生成的轨迹，由于切削过程中总是沿一条具有固定曲率的曲线运动，使得刀具运动总能保持一致的进给率，所以对高速铣削比较适合。摆线式加工参数设置和刀位轨迹如图 4-10 和图 4-11 所示。

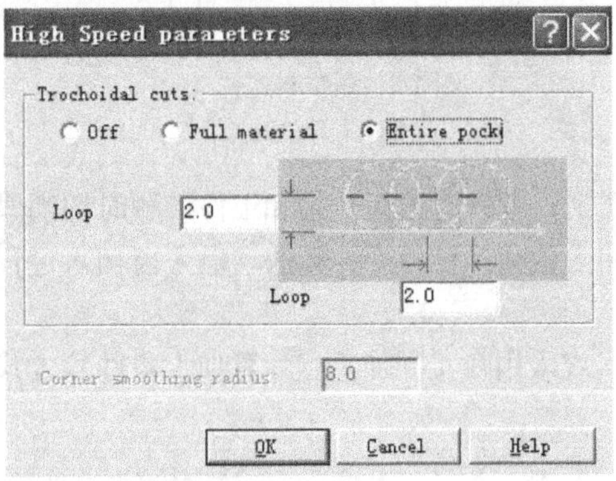

图 4-10　摆线式加工参数设置

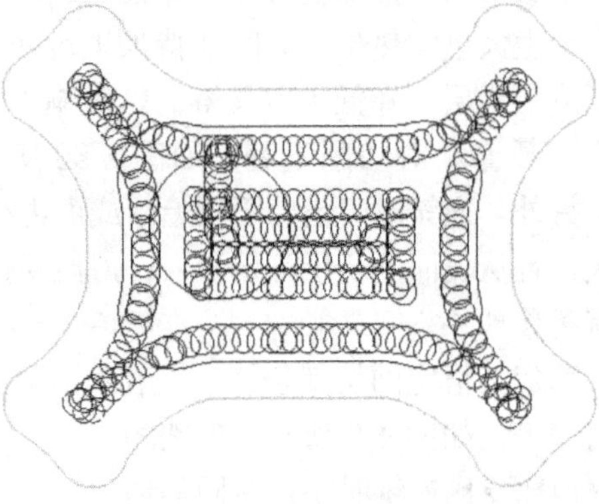

图 4-11　摆线式加工的刀位轨迹

4）螺旋式三轴联动走刀。在轮廓加工中，用户可以使用螺旋式三轴联动的走刀方式。使用该种方法进行轮廓加工时，刀具一边沿轮廓切削，一边沿纵向进刀，这保证了刀具载荷的稳定，刀位轨迹也自然平滑，如图 4-12 所示。

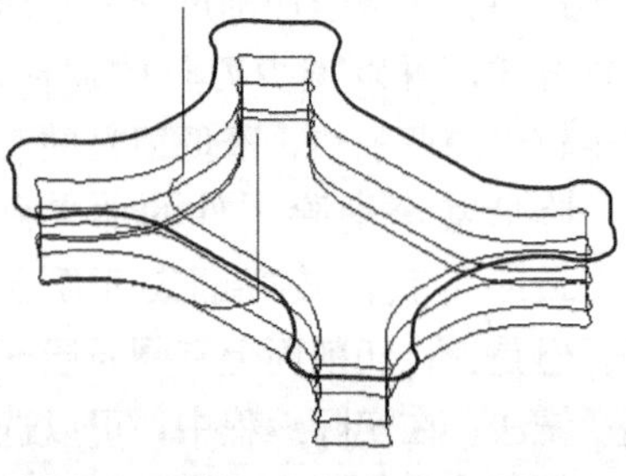

图 4-12　螺旋式三轴联动的刀位轨迹

（4）刀具的切入/切出次数　应尽量减少刀具的切入/切出次数。由于之字形模式（图 4-13）主要应用于传统加工，因此许多人在高速加工中选择回路或单一路径切削。这是因为在换向时数控机床必须立即停止（紧急降速）然后再执行下一步操作。由于机床的加速局限性，容易造成时间的浪费。因此，许多人选择单一路径切削模式来进行顺铣，尽可能地不中断切削过程和刀具路径，尽量减少刀具的切入/切出次数，以获得相对稳定的切削过程。

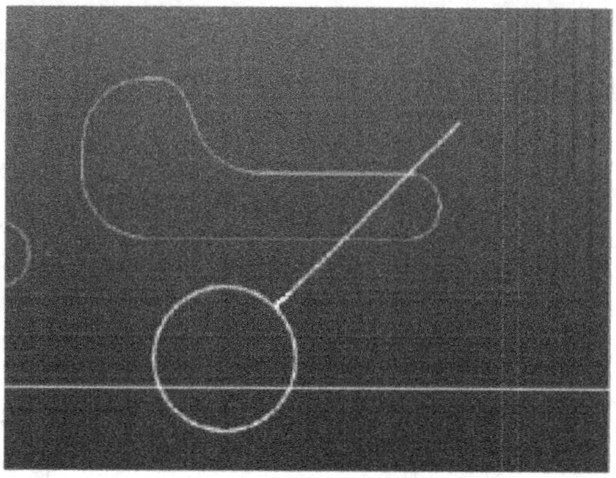

图 4-13　走刀轨迹示意图

（5）刀具的急速换向　应尽量减少刀具的换向。由于高速加工中进给量和切削速度非常高，编程人员必须预测刀具是如何切削材料的。除了降低步距和切削深度以外，还要避免可能的加工方向的急剧改变。急速换向的地方要减慢速度，急停或急动则会破坏表面精度，且有可能因为过切而产生拉刀或在外拐角处咬边。尤其在3D型面的加工过程中，要注意一些复杂细节或拐角处形貌的产生，而不是仅仅设法采用平行之字形切削、单向切削或其他的普通切削等方式来生成所有的形貌。

通常，切削过程越简单越好。这是因为简单的切削过程可以允许最大的进给量，而不必因为数据点的密集或方向的急剧改变而降低速度。从一种切削层等加速度地降到另一层要好于直接跃迁，采用类似于圈状的路线将每一条连续的刀具路径连接起来，可以尽可能地减小加速度的突变。

（6）Z方向的连续切削　粗加工所采用的方法，通常是在Z方向切削连续的平面。这种切削遵循了高速加工理论，采用了比常规切削更小的步距，从而降低每齿金属切削去除量。当采用这种粗加工方式时，根据所使用刀具的正常的圆角几何形状，利用CAM软件计算它的Z水平路径是很重要的。如果使用一把非平头刀具进行粗加工，则需要考虑加工余量的三维偏差。精加工余量不同，三维偏差和二维偏差也不相同。图4-14所示为Z方向连续切削平面示意图。

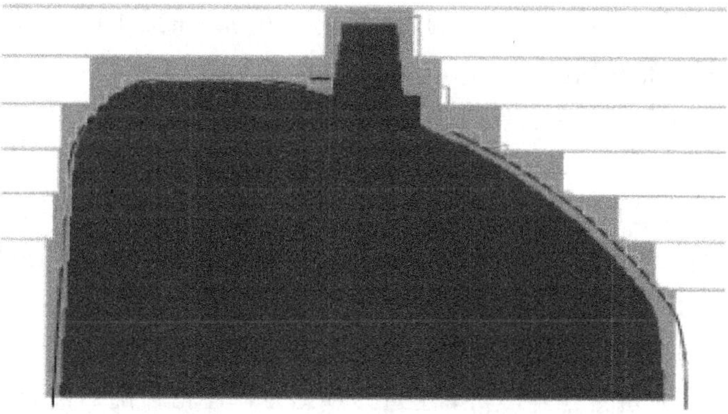

图 4-14　在Z方向连续切削的平面示意图

（7）进、退刀方法　在传统的轮廓切削加工过程中，有法向进刀和退刀，切向进刀和退刀，以及相邻轮廓的角分线进刀和退刀等；而在高速切削加工轮廓的过程中，应尽量采取轮廓的切向进刀和退刀方式，以保证刀具轨迹的平滑。在对曲面进行加工时，传统的数控加工方法一般采用Z向垂直进刀、退刀，曲面正向与反向的进刀、退刀等方式；而在采用高速切削的方法进行曲面加工时，可采用斜插式、螺旋式的方式进刀和退刀，以保证刀具轨迹的平滑。对于多层切削，要采用层间连续的进刀和退刀方式，并减少进刀和退刀的相对高度。在CAM软件中一般提供了按轮廓圆弧切向进刀和退刀、斜插式进刀和退刀及螺旋线进刀和退刀3种方式，如图4-15、图4-16、图4-17所示。

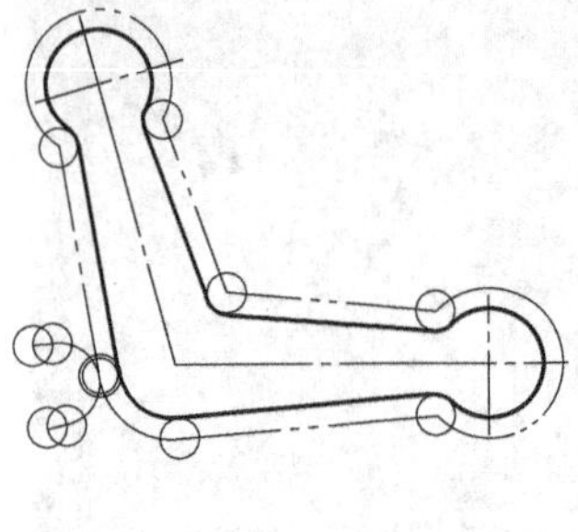

图 4-15　轮廓圆弧切向进刀和退刀方式

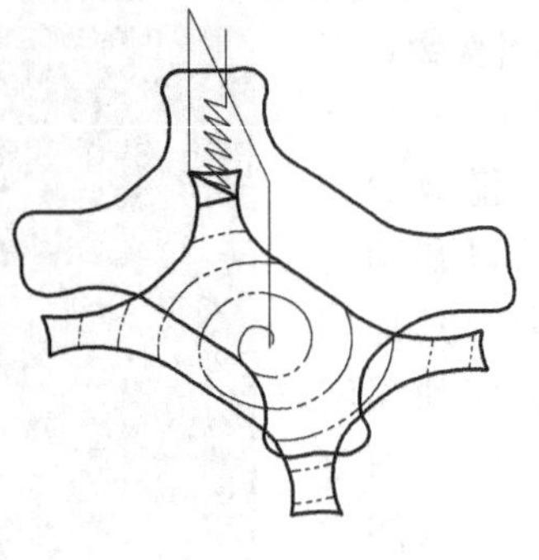

图 4-16　斜插式进刀和退刀方式

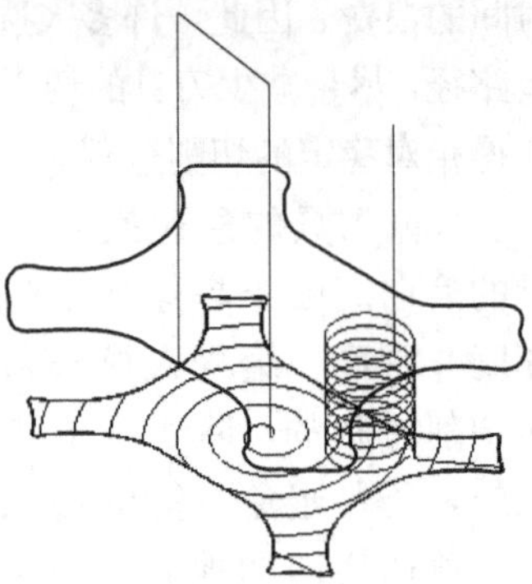

图 4-17　螺旋线进刀和退刀方式

在实际的高速加工进刀和退刀过程中，有时刀具切入工件时使用螺旋线方式平滑地切入到工件中去，此时应该为螺旋直径设定一定的变化范围，当下刀位置不能满足设定的螺旋直径时，系统自动地减小下刀时螺旋线的直径，直到能够下刀为止。但螺旋线的直径也不能无限制减小，要受到下限值的限制。因为当螺旋线直径太小时，就近似为直线下刀了，此时要设定为采用斜插式下刀方式解决，而且最好使用一个斜坡就下到尺寸处，因为来回地斜坡加工会产生很剧烈的“硬”拐弯。

三、高速精加工的编程策略

精加工是数控加工的最后工序。精加工的目的是按照零件的设计要求，达到最好的表面质量和轮廓精度。

精加工的刀位轨迹沿着轮廓表面。应是平稳的、没有剧烈的方向改变。假如半精加工做得较好，则精加工可用最佳的切削速度、大的进给率，而不必担心刀具的损坏。用很小的横向进给量和很高的切削速度进行加工，加工出的工件具有较高的尺寸精度。但是，如果用太高的切削速度、太小的步距，会由于过热造成刀具材料的断裂（特别对硬化的材料）。

1. 精加工的高速铣条件

1）避免急剧变化的刀具运动。

2）避免在外形轮廓上进刀和退刀，在轮廓铣中直接下降到下一个深度。

3）可通过螺旋线或斜坡式下降。

4）每齿的横向进给量也要与径向进给量相当。

5）采用真实粗糙度铣切——用刀具的粗糙度值计算步距。

6）每齿进给量为常数可达到最好的表面加工质量。

2. 精加工策略

在高速切削的精加工过程中，保证精加工余量的恒定至关重要。为保证精加工余量的恒定，主要注意以下几个方面：

（1）笔式加工　笔式加工是在内部圆角和小的圆弧拐角处创建刀具路径的加工策略，该策略能够去除其他方式不能去除的残余坯料。笔式加工常用来清理角落或者前次加工剩余的角落，是零件曲面的内部圆角和刀具具有相等值的理想加工策略。

在半精加工之前要清理拐角（图 4-18a），过去典型的方法就是选择组成拐角的两个表面，沿着两表面的交界处走刀。采用该方法，可以处理一些小型的或简单的工件，也可以在有充足时间编程的情况下处理复杂结构。

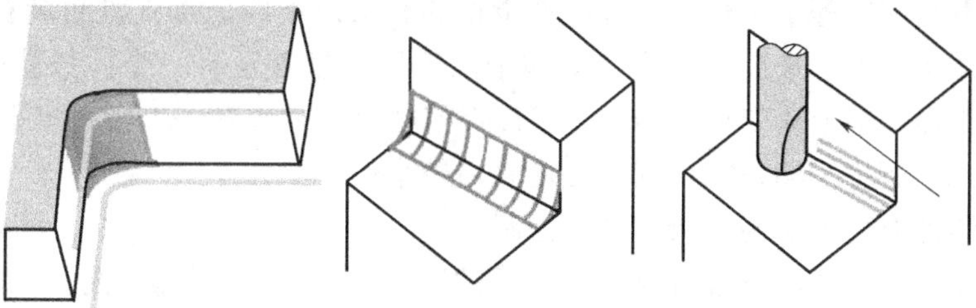

a)　　b)　　c)

图 4-18　笔式铣削示意图

笔式铣削采用的策略为，首先找到先前大尺寸刀具加工后留下的拐角和凹槽，然后自动沿着这些拐角走刀。其允许用户采用越来越小的刀具，直到刀具的半径与三维拐角或凹槽的半径一致。理想的情况下，可以通过一种优化的方式跟踪多种表面，以减少刀具路径的重复次数。

笔式铣削的这种功能，在期望保持切屑去除率为常量的高速加工中是非常重要的。缺少了笔式切削，当精加工这些带有侧壁和腹板的部件时，刀具走到拐角处将会产生较大的金属去除率。采用笔式切削，拐角处的切削难度被降低，降低了让刀量和噪声。该方法既可用于顺铣又可用于逆铣。

由于笔式铣削能够清除拐角处的多余量，当去除量较大的时候，通常在 3D 精加工之前进行笔式铣削。机床操作人员和数控编程人员可以根据增大的金属去除率来适当地降低笔式铣削的进给量，也可以增加沿角头的清根轨迹以去除多余余量，如图 4-18b，c 所示。

（2）余量加工　余量铣削类似于笔式铣削，但是其又可以应用于精加工操作。余量铣削采用的加工思想与笔式铣削相同，但余量铣削能够发现并非同一把刀具加工出的三维工件所有的区域，并能采用一把较小的刀具加工所有的这些区域。余量铣削与笔式铣削的不同之处在于，余量铣削加工的是大尺寸铣刀加工之后的整个区域，而笔式铣削仅仅是针对拐角处的加工。

高速加工的一个重要特点就是，其能够计算垂直或平行于切削区域的切削余量。其中，法向切削是在剩余切削区域内来回走刀进行切削，而平行切削则沿剩余切削区域的加工流理（U-V 线）方向进行切削。高速加工用户可以适当地应用平行切削，其可以将成百上千的步长数减少到很小，从而使加工过程更加有效。而且，如同 Dr・Koch 所说：“通过由外向内计算一个腔体，恒采用顺铣模式，并应用软件在表面上生成的加工步长，可以很好地进行精加工。”

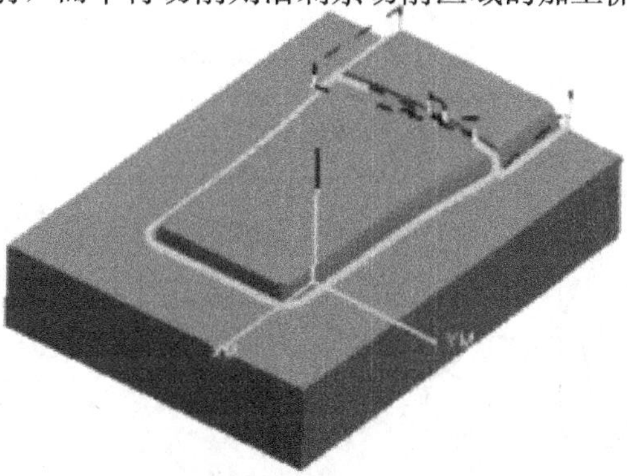

图 4-19　清根加工

清根加工是余量加工中一种典型的加工方法，它是刀具沿加工表面之间的凹角运动的曲面加工类型，如图 4-19 所示。清根加工主要针对大的刀具不能进入的部位进行残料加工，因此清根加工的刀具直径小，且安排在精加工之后。

（3）残余高度的控制　在切削3D外形的时候，计算数控精加工步长的方法主要是根据残余高度，而不是使用等量步长。这种计算步长的算法以不同的形式被封装在不同的CAM软件包中。在高速加工中采用对自定义的残余高度进行编程还有一个优势就是，CAM。根据数控精加工路径动态地改变加工步长，可以保持切屑去除率在一个常量水平。这有助于切削力保持恒定，从而将不期望的切削振动控制在最小值。

可以通过两种方法来实现残余高度的控制：

1）根据法向计算步长的加工主要根据表面的法向而不是刀具矢量的法向来计算步长。这种方法可以不考虑工件表面的曲率而保持每一次走刀之间的等距离切削，并且保持刀具上恒定的切削载荷，特别是在工件表面的曲率急剧变化的时候（从垂直方向变为水平方向或者相反），其优势更为明显，如图4-20a所示。

2）XY跨步进给是指自动地在最初切削的局部范围内再加工残余材料，以修整所有的残留高度。这种选择性的刀具路径创建，精简了再加工整个工件或者必须在CAM中手工设置分界线以便加工出光滑表面的一系列工序。如何根据残余高度进行切削，主要在于软件对3D形貌中斜坡部分的计算，如图4-20b所示。软件能够根据刀具的尺寸和几何形状来调整加工步长，以保持恒定的残余高度。这就意味着坡度越陡峭，所需精加工操作中的加工步长越密。自然，用户可以获得一个光滑、精度一致的工件。

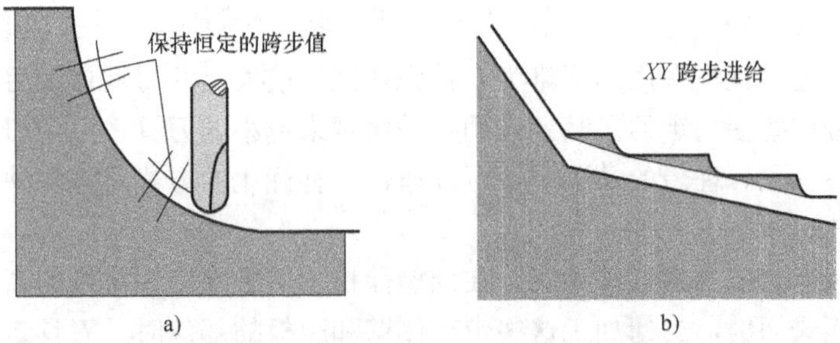

图4-20　根据法向计算步长及斜坡 XY 跨步进给示意图

a）根据表面法向计算步长　b）通过斜坡 XY 优化

（4）横、纵向进给量相当的工艺　采用每齿的横向进给量与径向进给量相当的工艺，来达到高精度工件表面。在高速铣削过程中，最好采用，即每齿进给量 f 等于步距 P 的铣削方式，从而在表面粗糙度值许可范围内保证最大的金属去除率，如图4-21所示。

（5）不同的精加工方法（图4-22）　在高速加工精加工过程中，根据零件不同的加工部位经常采用平行线切削、轮廓切削及仿形切削等精加工方法。

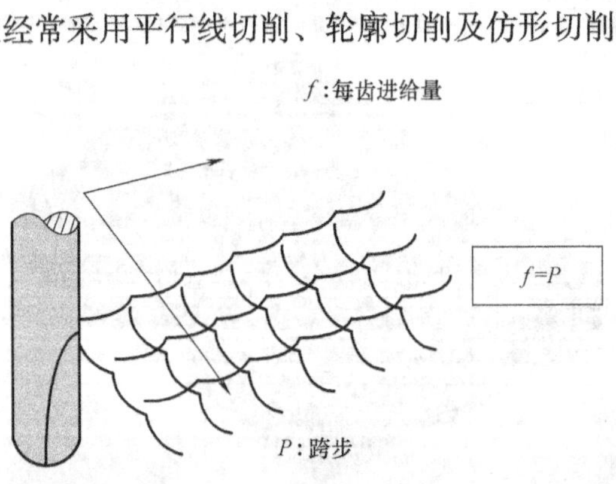

图4-21　$f=P$ 的铣削工艺

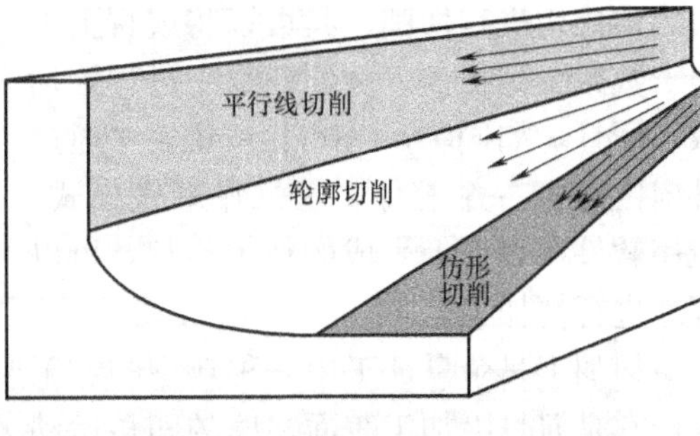

图4-22　不同铣削加工方法示意图

（6）边界识别功能的应用（图 4-23）　目前很多 CAM 软件还增加了加工程序的曲面边界识别控制，可实现更智能化的高速平滑处理。

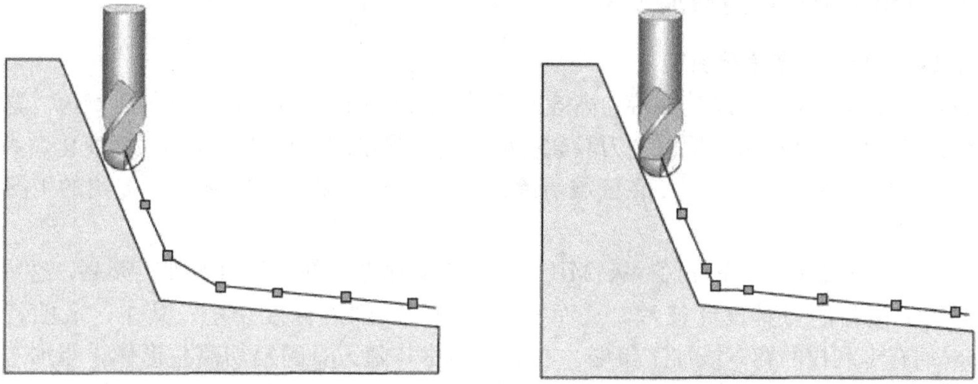

a)　　　　　　　　　　b)

图 4-23　没有边界识别与采用边界识别对比示意图

a）没有边界识别功能（不好）　b）采用边界识别功能（好）

（7）加工轨迹的一致性　保证加工轨迹的一致性能够获得优质的加工表面。如图 4-24 所示，不一致的加工轨迹则使型面产生偏差，而保证加工轨迹的一致性时，型面的质量较高。

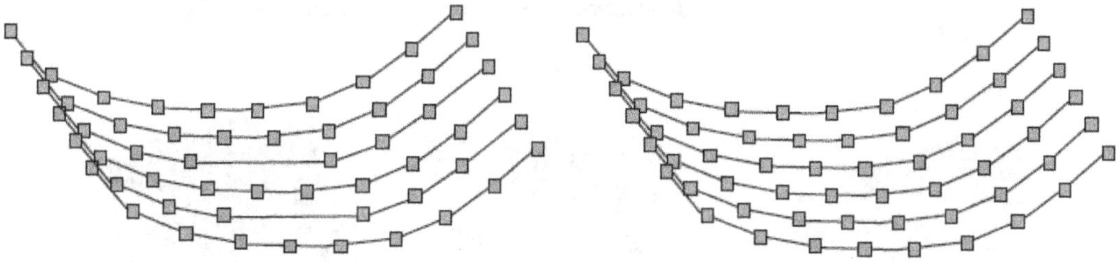

a)　　　　　　　　　　b)

图 4-24　加工轨迹一致性与不一致性的对比

a）不一致的加工轨迹使型面产生偏差　b）一致的加工轨迹产生优质的型面

第二节　不同 CAM 软件的高速加工策略

高速加工中，利用 CAM 软件进行编程时，生成的刀具路径形状至关重要。不仅要求减少极端换向的发生，同时要求考虑到机床主轴的负载情况，刀具一定要在主轴完全起动达到最高转速后再切入毛坯材料。在编程过程中，CAM 软件往往通过一些参数设置来达到上述目的。现有的主流 CAM 软件，如 PowerMILL 、Mastercam 、UG NX 、Cimatron 等都提供了高速铣削刀具轨迹策略。

学习目标

◎ 了解 PowerMILL 高速加工策略。

◎ 了解 UG NX 高速加工策略。

◎ 会选用 CAM 软件的不同策略进行加工。

一、PowerMILL 高速加工策略

1. PowerMILL 高速粗加工

Delcam PowerMILL 以其独特、高效的区域清除方法而引领区域清除加工潮流。这种加工方法的基本特点是尽可能地保证刀具载荷的稳定，尽量减少切削方向的突然变化。为实现上述目标，Delcam PowerMILL 在区域清除加工中用偏置加工策略取代了传统的平行加工策略。

（1）赛车线加工　Delcam PowerMILL 中包含有多个全新的高效粗加工策略，这些策略充分利用了最新的刀具设计技术，从而实现了侧刃切削或深度切削。其中，最独特的是 Delcam 拥有专利权的赛车线加工策略。在此策略中，随刀具路径切离主形体，粗加工刀具路径变得越来越平滑，这样可避免刀具路径突然转向，从而降低机床载荷，减少刀具磨损，实现高速切削，如图 4-25a 所示。

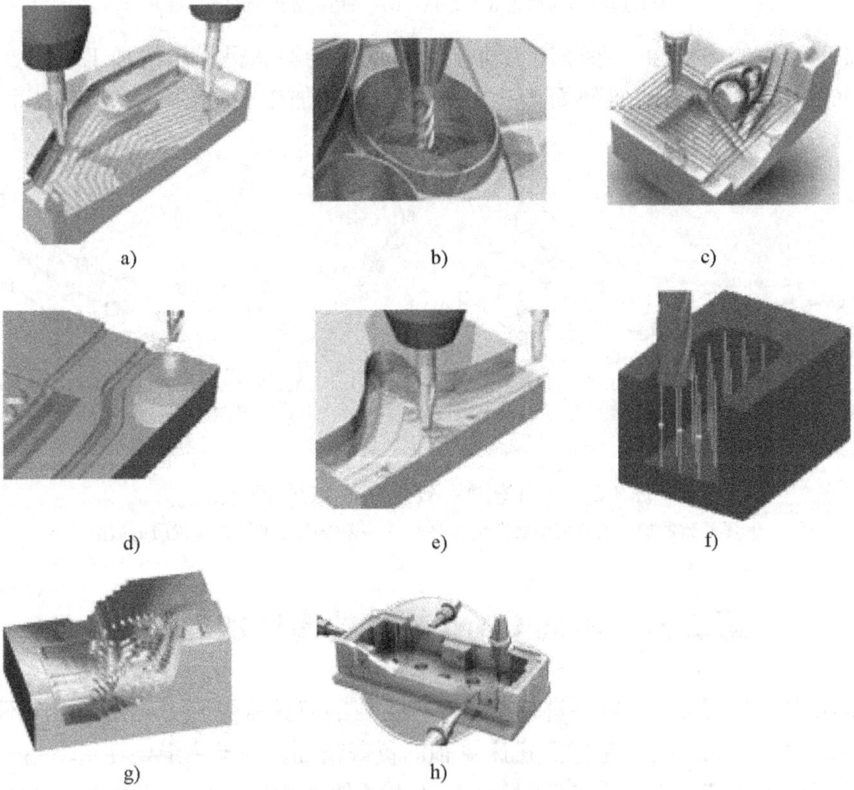

图 4-25　PoweerMILL 高速粗加工策略

a）赛车线加工　b）螺旋区域清除加工　c）马蹄形连接区域清除加工

d）摆线加工　e）自动摆线加工　f）插铣

g）残留粗加工　h）2.5D 加工策略

（2）螺旋区域清除加工　对某些零件加工，可使用螺旋策略来替代偏置策略，使刀具做连续、平滑的运动，从而可最小化刀具的空程，减少整体加工时间，同时刀具载荷更稳定，刀具

的加速和减速次数减少，保持更稳定的切削力，从而减少刀具的磨损和损坏，如图 4-25b 所示。

（3）马蹄形连接区域清除加工　可在一定行距条件下增加一些特殊的刀具路径末端，产生比圆形连接更加光顺的马蹄形连接，从而改善区域清除刀具路径的残留刀痕，延长刀具寿命，降低整体加工时间和成本，如图 4-25c 所示。

（4）摆线加工　摆线初加工是一种全新的粗加工方式。这种加工方式以圆形移动方式沿指定路径运动，逐渐切除毛坯中的材料，从而可避免刀具的全刀宽切削。这种方法可自动调整刀具路径，以保证安全有效的加工，如图 4-25d 所示。

（5）自动摆线加工　这是一种组合了偏置粗加工和摆线加工的加工策略。它通过自动在需要切除大量材料的地方使用摆线粗加工策略，而在其他位置使用偏置粗加工策略，从而避免出现使用传统偏置粗加工策略时可能出现的高切削载荷。由于在材料大量聚积的位置使用了摆线加工方式，因此降低了刀具切削载荷，提高了切削的稳定性，从而可对这些区域实现高速加工，如图 4-25e 所示。

（6）插铣区域清除策略　在机床和刀具的刚性都足够好的情况下，使用插铣铣削方式可极快地进行区域清除加工。它尤其适合于深型腔的粗加工，如图 4-25f 所示。

（7）智能小区域切除　Delcam PowerMILL 可自动插入一个平滑延伸的刀具路径到由于刀具半径和行距原因可能导致的小岛区域，智能地切除这些区域。

（8）残留粗加工　残留粗加工将切除前一大刀具未能加工到而留下的区域，小刀具仅加工剩余区域，这样可减少切削时间。

Delcam PowerMILL 在残留粗加工中引入了残留模型的概念。使用新的残留模型方法进行残留粗加工可极大地加快计算速度，提高加工精度，确保每把刀具能进行最高效率的切削。这种方法尤其适合于需使用多把尺寸逐渐减小的刀具进行切削的零件，并可随时查看残留模型状态，帮助选取加工策略和刀具尺寸，如图 4-25g 所示。

（9）丰富的 2.5D 加工策略　Delcam PowerMILL 也提供了丰富的 2.5D 加工策略，包括面铣削、倒角铣削、平坦面加工和众多的钻孔策略。其独特的螺旋铣削策略可最大限度地减少钻孔过程中的换刀次数，从而极大地缩短钻孔循环周期。先进的平坦面加工策略可自动识别模型中的平坦区域，自动修改等高切削距离，从而保证不出现过切，如图 4-25h 所示。

2. PowerMILL 高速精加工

Delcam PowerMILL 提供了多种高速精加工策略，如三维偏置、等高精加工和最佳等高精加工、螺旋等高精加工等策略。这些策略可保证切削过程光顺、稳定，确保能快速切除工件上的材料，得到高精度、光滑的切削表面。

（1）三维偏置精加工　此策略无论是对平坦区域还是对陡峭侧壁区域均使用恒定行距，因此使用这种类型的精加工策略可得到完美的加工表面。使用了螺旋选项的螺旋三维偏置精加工策略，由于刀具始终和工件表面接触并以螺旋方式运动，因此可防止刀具在切削表面留下刀痕，如图 4-26a 所示。

（2）参数偏置精加工　参数偏置精加工策略是和三维偏置精加工策略相似的一种精加工策略。和三维偏置精加工策略不同的是，该策略将在两条参考线间进行调配，不使用恒定行距，而是使用最大行距。使用此策略可显著减少采用三维偏置策略加工时在刀具路径中可能出现的尖角，如图 4-26b 所示。

（3）等高精加工　这是一种刀具在恒定 Z 高度层上切削的加工策略。可设置每层 Z 高度之间的刀具的切入和切出，以消除刀痕。也可选取此策略中的螺旋选项，产生出无切入、切出的螺旋等高精加工刀具路径，如图 4-26c 所示。

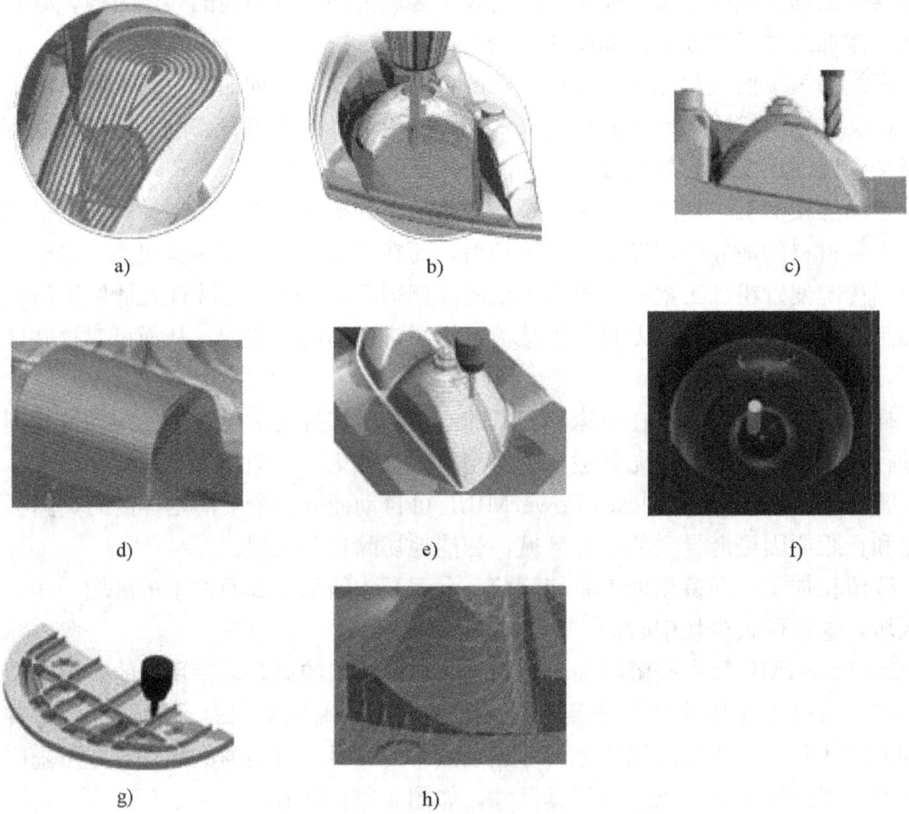

图 4-26　PoweerMILL 高速精加工策略

a）三维偏置精加工　b）参数偏置精加工　c）等高精加工

d）最佳等高精加工　e）螺旋等高精加工　f）曲面精加工

g）变余量加工　h）刀具路径修圆功能

（4）最佳等高精加工　高速精加工要求刀具载荷稳定，尽量不要突然改变方向。为此，Delcam PowerMILL 引入了一种组合策略，即能对平坦区域实施三维偏置精加工策略，而对陡峭区域实施等高精加工策略的最佳等高精加工策略，如图 4-26d 所示。

（5）螺旋等高精加工　Delcam PowerMILL 中另一个独特的精加工策略是螺旋等高精加工策略。这种加工技术综合了螺旋加工和等高加工策略的优点，刀具载荷更稳定，抬刀次数更少，可缩短加工时间，减小刀具损坏概率。它还可改善加工表面质量，最大限地减小精加工后手工打磨的需要。可将这种方法应用到标准等高精加工策略，也可应用到最佳等高精加工策略中。使用此策略时，模型的陡峭区域将使用等高精加工方法加工，平坦区域则使用三维偏置精加工方法加工，如图 4-26e 所示。

（6）曲面精加工策略　曲面精加工策略和曲面投影精加工策略相似，所不同的是刀具路径直接在曲面上产生而不是通过投影到曲面上产生。此策略向用户提供了一个非常方便的局部加工功能，使用户不需要通过其他辅助特征（如边界）来限制所需的加工区域而直接加工所选曲面，如图 4-26f 所示。

（7）变余量加工　Delcam PowerMILL 可进行变余量加工，可分别为加工工件设置轴向余量和径向余量。此功能对所有的刀具类型均有效，可用在 3 轴加工和 5 轴加工上，如图 4-26g 所示。

变余量加工尤其适合于具有垂直角的工件，如平底型腔部件。在航空工业中加工这种类型的部件时，通常希望使用粗加工策略加工出型腔底部，而留下垂直的薄壁供后续工序加工。

Delcam PowerMILL 除可支持轴向余量和径向余量外，还可对单独曲面或一组曲面应用不同的余量。此功能在加工模具镶嵌块过程中会经常使用。通常，型芯和型腔需加工到精确尺寸，而许多公司为了随后的合模修整，也为避免出现注塑材料喷溅的危险，选择在分模面上留下一小层材料来方便修整。

（8）刀具路径修圆功能　激活此功能时，Delcam PowerMILL 会尽可能地用圆弧拟合刀具路径中的尖角，从而使其具有预读功能。可预知后续刀具路径情况的新型 CNC 机床能在加工过程中保持更稳定的进给率。这些圆弧在 CNC 刀具路径中以 G2 或 G3 命令输出，如图 4-26h所示。如果加工过程中需提刀，则可在提刀移动中增加一个圆弧运动，这样使进给率保持不变或仅产生较小的改变，从而保证刀具能以光顺的路径运动。它也可减少对机床的冲击，改善加工表面质量，避免刀痕的产生。

二、UG NX 的高速加工策略

使用 UG NX 进行高速加工编程一般可分为：以去除余量为目的的粗加工、残留粗加工及以获取高质量的加工表面及细微结构为目的的半精加工、精加工、清根加工等。

1. 粗加工

UG NX 的型腔铣可以提供丰富的粗加工方案。为了实现高速粗加工，应该采取以下加工策略：①使用轻且恒定的切削载荷，即使用较小的步距和小的切削深度（一般为刀具直径的 10%）。②采用偏置切削方式，而不是使用传统的平行切削方式。③采用圆滑的拐角过渡方式以避免切削方向的突然变化。

2. 残留粗加工

残留粗加工是 UG NX CAM 技术所拥有的一个高级加工功能，UG NX 能自动识别上一个刀具轨迹不能加工的残留量，对零件进一步进行残留粗加工。进行粗加工时，由于结构的原因，可能产生刀具不能切削狭小区域或拐角的情况，这样会导致余量不均匀和后续刀具轨迹出现空走刀的问题。使用 UG NX 的残留粗加工功能可以得到均匀的余量，以满足高速加工材料切除率均匀和空程移动次数减少的要求。

3. 精加工

使用 UG NX 进行高速精加工时，除了要注意圆滑拐角过渡、圆弧进刀和退刀加工策略外，还应该采用以下加工策略：要把曲面分为陡峭面和非陡峭面进行精加工，以保证残留量高度的恒定。陡峭面用陡峭等高轮廓铣（Z _ LEVEL-PROFILE-STEPP）进行加工，切削参数中的层间连接方式使用斜式错位进入下一层（Stagger Ramp on Part）方式。这种层间连接方式在不抬刀的情况下生成连续光滑的刀具路径，没有等高层之间的刀路移动，避免频繁抬刀、进刀对零件表面质量的影响。

三、CAM软件在高速加工中的应用

与手工编程的随意性和灵活性不同，使用CAM软件进行编程的时候，刀具路径是根据设定的编程参数自动生成的，因此相关编程参数的设置尤为重要。

1. 加工刀具的选择

根据被加工材料选择合适的加工刀具对于刚接触机械加工的人来说是个最难突破的瓶颈，因为工艺经验的积累不可能在短时间内完成。而且在高速加工并不普及的今天，它同样也难住了很多有经验的工艺人员，因为以往在常规加工中积累的经验不再适用了。

CAM软件作为计算机进行辅助制造的工具平台，可以充分发挥计算机的计算和数据容量大的优势。主流的CAM软件都有一个专家系统，在加工编程过程中，该系统可以提供一些帮助。例如，软件提供了可扩充的刀具材料库和被加工材料库，编程过程中，一旦选定了某种刀具材料和被加工材料，专家系统就可以计算出相应的加工参数。这些数据是根据刀具和被加工材料的物理性能，结合实际加工经验得来的，应该在加工中充分利用。另外，不同的刀具供应商也会针对其产品为用户提供一些合理的加工参数，可以在加工中借鉴。实际加工中曾经使用过的切削参数也可以作为经验数据输入到专家系统中，使之得以保存和继承。

2. 刀具路径的生成

在高速加工中，利用CAM软件进行编程时，生成的刀具路径形状至关重要，不仅要减少极端换向的发生，同时要考虑到机床主轴的负载情况，刀具一定要在主轴完全起动达到最高转速后再切入毛坯材料。在编程过程中，CAM软件往往通过一些参数设置来达到上述目的。例如，在CAM软件中，通常具有角部处理方式的参数选项，从而保证自动生成的刀具路径不会出现急转弯的情况。型腔加工中，刀具路径通过“最小半径”参数保证了形成零件表面的最外侧圆角半径不会小于指定值，而中间去除余料部分通过“高速加工角部优化”参数保证圆角过渡，而不是急转弯换向。在加工型腔的过程中还有一点要特别注意，切入时尽量选择螺旋导入，而不是摆动刀具导入毛坯。因为在刀具摆动过程中需要改变切削方向，这是不可取的。适当地延长刀具的导入距离还可以起到确保主轴完全起动后刀具再切入被加工材料的功效。

在条件允许的情况下，最好在毛坯的外面换向，换向后再切入毛坯。急转弯换向不仅影响机床寿命，而且影响加工出来零件的几何精度；外形的尖角形状在角部处理参数的控制下，可以引导刀具导出毛坯，然后从毛坯外侧换向后再次导入。这种外旋引导方式不仅改变了加工方向，而且可以保证零件外形的准确。CAM软件提供的角部处理方式可以解决这类问题，关键在于设置加工参数的过程中是否能够合理地利用这些参数功能。

3. 加工中变形的对策

加工零件变形给很多的工程技术人员带来过很大的烦恼。机加过程中的变形因素比较多。高速加工中，切削过程产生的热量大部分被切屑带走，而不是传递到工件中去，因此，可以有效地减少热变形。常规加工中，由于受刀具径向切削力的影响，会产生“让刀”现象，如果不注意，也会导致零件形状不准确。高速加工中，每齿切削量相对较小，可以有效地减少径向切削力的影响；但是并不是意味着可以一味地减少切削用量，因为在刀具高速旋转过程中，刀具切入零件会产生振动，由于刀具振动带来的负面影响反而更大。因此，在高速铣削加工中，往往采用增大径向切深，减少轴向切削深度的方式来减少刀具振动。在编程软件中，一般是通过增大步距，减少切削增量的方式来实现。

4. 刀具寿命的延长

利用CAM软件的专家系统，设置合理的加工参数是保证刀具寿命的一个有效手段。同时还可以利用一些特殊刀具轨迹来延长刀具的使用寿命。例如，在摆线加工方式中，可以根据刀具载荷的情况来调整刀具路径，有效地避免刀具超负荷切削状态，可以延长刀具的使用寿命。

综合训练

思考与练习

1. 判断题（将判断结果填入括号中。正确的填“√”，错误的填“×”。）

（　　）(1) 由于高速加工有切削力小、散热快、加工过程稳定性好等优点，因此在干切削的切削用量选择中，应尽可能采用较大切削用量。

（　　）(2) 在高速切削低熔点的硅铝合金材料（硅质量分数大于12%）时，要使用金刚石涂层硬质合金刀具。

（　　）(3) 实验表明，高速钢刀具在高速铣削铝镁合金时较好。

（　　）(4) 精铣时，为了获得更高的精度和表面质量，可选用较高的切削速度和较小的进给量。

（　　）(5) 为了适应高速加工的要求，床身和工作台要求满足高的动、静刚度和抗振性、良好的精度保持性、更好的抗热变形能力。

（　　）(6) 与高速车削及高速铣削加工相比，高速钻削属于精加工。

（　　）(7) 高速精加工编程时，应该在加工过程中保持每齿进给量尽量恒定，以提高表面质量。

（　　）(8) 刀具轨迹拐角处理时，在拐角处圆弧半径应大于刀具半径，所切削接触长度最好小于周长的1/3。

（　　）(9) 高速加工不一定就是高的主轴转速，许多高速切削的应用是在中等主轴转速下用大尺寸刀具完成的。

（　　）(10) 高速加工编程时粗加工应以逆铣为主，以减少刀具磨损。

（　　）(11) 根据工件材料和加工工序，正确选择刀具材料和优化切削参数，是保证高速切削能够达到预期效果的重要环节。

（　　）(12) 由切削理论可知，对刀具寿命影响最大的是切削速度，其次是进给量，再次是背吃刀量。

（　　）(13) 高速加工时采用螺旋线、圆弧和斜线方式进刀和退刀，以保证光滑进刀和退刀。

答案：(1) √　(2) √　(3) ×　(4) √　(5) √　(6) ×　(7) √
(8) √　(9) √　(10) ×　(11) √　(12) √　(13) √

2. 选择题（选择一个正确的答案，将相应的字母填入题内的括号中。）

(　　)(1) 高速加工工艺关键有三点，______是最重要的，它是实现其他两点的基础。

(A) 保持切削载荷平稳

(B) 最小的进给率损失

(C) 最大的程序处理速度

(D) 都不正确

(　　)(2) 高速加工的效率分为两种情况，以实现单位时间最大材料去除量为目的的高速加工和以实现单位时间最大加工表面积为目的的高速加工。那么前者用于______，后者用于______。

(A) 精加工　半精加工

(B) 半精加工　粗加工

(C) 粗加工　精加工

(D) 精加工　粗加工

(　　)(3) 根据高速加工粗加工编程策略，一般高速粗加工应用______铣削方式为主，以减少刀具磨损。

(A) 逆铣

(B) 顺铣

(C) 等高铣

(D) 顺铣、逆铣结合

(　　)(4) 高速切削拐角处，圆弧半径应该______刀具半径，所切削接触长度最好小于周长的 1/3，避免刀具载荷的急剧变化和温度升高。

(A) 小于

(B) 等于

(C) 小于等于

(D) 大于

(　　)(5) 高速切削的加工方式有许多特点，原则上多采用分层环切加工，______加工刀具寿命较长，而______刀具寿命最低。______进刀极易出现崩刃现象，不宜采用。

(A) 逆铣　直接垂直向下　往复铣方式

(B) 逆铣　往复铣方式　斜线轨迹向下

(C) 顺铣　往复铣方式　直接垂直向下

(D) 顺铣　往复铣方式　斜线轨迹向下

(　　)(6) 下列说法不正确的是______。

(A) 大节距铣刀齿数较少，容屑空间大，常用于钢的粗加工和精加工，以及容易发生振动的场合

(B) 超密节距的铣刀容屑空间小，可承受非常高的进给速度，适合铸铁断续表面加工、铸铁的粗加工和钢件的小切深加工

(C) 一般用于铸铁铣削和中等载荷铣削钢件，高速铣刀通常作为首选

(D) 大直径高速铣刀一般采用整体式，小直径高速铣刀采用机夹式

(　　)(7) 在同等切削条件下，逆铣和顺铣消耗的功率关系______。

(A) 顺铣大，逆铣小

(B) 逆铣大，顺铣小

(C) 一样大

(D) 不确定

(　　)(8) 在切削面上有硬质层、积渣，工件表面凹凸不平较显著时，如加工锻造毛坯时，应采用______。

(A) 逆铣

(B) 顺铣

(C) 顺逆铣

(D) 不确定

(　　)(9) 一般应尽量采用______加工，以提高被加工零件的表面质量，保证尺寸精度。

(A) 逆铣

(B) 顺铣

(C) 顺逆铣

(D) 不确定

(　　)(10) 下列不属于高速加工对加工工艺进给方式的特殊要求的是______。

(A) 应避免刀具轨迹中进给方向的突然变化，以避免因局部过切而造成刀具或设备的损坏

(B) 应保持刀具轨迹的平稳，避免突然加速或减速

(C) 切削过程中尽可能保持恒定的切削载荷及金属去除率

(D) 应用大刀一次加工完成，提高效率

(　　)(11) 下列属于高速插补算法的是______。

(A) 直线插补

(B) 圆弧插补

(C) NURBS 插补

(D) DDA 插补

(　　)(12) 在实际生产中，要从考虑刀具寿命出发，在保证加工质量及工艺系统刚性允许的条件，背吃刀量、进给量及切削速度的关系正确的是______。

(A) 先用较大的背吃刀量、再用较大的进给量、最后是适宜的切削速度

(B) 先用较大的进给量、再用较大的背吃刀量、最后是适宜的切削速度

(C) 先用较大的切削速度、再用较大的进给量、最后是适宜的背吃刀量

(D) 先用较大的背吃刀量、再用较大的切削速度、最后是适宜的进给量

(　　)(13) 下列不属于数控高速机床切削用量的选择方法的是______。

(A) 明确所用高速机床的最高转速

(B) 明确加工工件的材料和硬度

(C) 明确加工路径的选择

(D) 明确加工刀具的性能

答案：(1) A　(2) C　(3) B　(4) D　(5) C　(6) D　(7) B
(8) A　(9) B　(10) D　(11) C　(12) A　(13) C

3. 思考题

（1）高速切削对数控编程的要求有哪些？

答：1）保持恒定的切削载荷。

2）保证工件的高精度。

3）保证工件的优质表面。

（2）什么是顺铣和逆铣，通常高速加工采用的是哪种铣削方式，为什么？

答：铣刀旋转的切线方向与工件进给方向相同称为顺铣；铣刀旋转的切线方向与工件进给方向相反称为逆铣。顺铣时，切屑由厚变薄，刀齿从已加工表面切入，对铣刀有利；逆铣时，当铣刀刀齿接触工件后不能马上切入金属层而是在工件表面滑动一小段距离，在滑动过程中，强烈的摩擦会产生大量的热量，同时在待加工表面易形成硬化层，降低了刀具寿命，影响工件表面质量，给切削带来不利。

为保持恒定的切削条件，一般主要采用顺铣方式，或采用在实际加工点计算加工条件等方式进行高速加工。在高速切削过程中采用顺铣削方式，可以减少刀具的磨损，产生较少的切削热，降低刀具的载荷，降低甚至消除工件的加工硬化，最终可获得较好的表面质量等。

第五章　高速加工工艺实施

从数控高速加工的工艺关键点出发，论述粗、精加工时工艺规划的基本原则及特点。重点介绍了加工工艺实施过程中如何进行切削刀具的选择，高速切削各种材料的工艺技术。同时，介绍了几种常用金属材料的高速切削参数，并通过加工案例分析，进一步论证高速加工的优越性。

本章学习要点

◎ 高速加工工艺特点；
◎ 高速切削刀具选择；
◎ 高速切削轻合金技术；
◎ 高速切削钢和铸铁技术；
◎ 高速切削难加工材料技术；
◎ 高速钻削、铰削和攻螺纹技术；
◎ 常用材料的高速加工参数。

第一节　高速加工工艺方法

高速切削不同工件材料时，其所用的切削刀具、工艺方法以及切削参数均有很大不同，而且和普通切削速度加工时的情况也有很大的不同。掌握正确的高速加工工艺方法是高速切削应用技术中的一个重要环节。

学习目标

◎ 了解并掌握高速加工工艺特点；
◎ 进行高速切削刀具的选择；
◎ 了解高速切削各种材料的工艺参数。

一、高速加工工艺

高速加工工艺的关键有 3 点：保持切削载荷平稳；最小的进给率损失；最大的程序处理速度。

在上述 3 个关键点中，控制切削载荷最重要，它是实现后 2 点的基础。高速加工要求切削载荷均匀，没有剧烈的变化。只有合理的粗加工和半精加工方案，使工件留有较为均匀的余量，才能达到控制切削载荷的目的。因此，在高速加工中要十分重视粗加工和半精加工。

1. 粗加工时的加工效率

在粗加工时，加工效率以每分钟切除的工件材料的体积计算，即用单位时间的金属切除率表示，它与进给速度、侧吃刀量和背进给量成正比。金属切除率 η 可用下式表示：

$$\eta = v_f a_e a_p / 1000$$

式中 v_f——进给速度（mm/min）；

a_e——侧吃刀量（mm）；

a_p——背吃刀量（mm）；

η——金属切除率（cm^3/min）。

2. 精加工时的加工效率

精加工时，加工效率则以每分钟加工的加工面面积大小表示。一般来说，粗加工采用常规加工（铝合金和非铁合金除外），因为它有较高的金属切除率；精加工采用高速加工，因为它能达到很高的走刀速度，并能够切削更多的表面积。对小零件，粗加工和精加工都可采用高速加工，但是，如果粗加工后半成品工件上的残留毛坯余量不均匀，需要用半精加工去除那些不均匀的多余材料，留下一个余量比较均匀的半成品毛坯，为精加工采用高速加工创造条件。

3. 高速加工工艺的规划原则

高速加工工艺与常规加工工艺有很大的不同。高速加工要求从整体上考虑每一道工序的协调问题，要求能记录前一道工序加工后留下的材料余量，指导后续的加工。对于一个高速加工任务来说，要把粗加工、半精加工和精加工作为一个整体来考虑，设计出一个合理的加工方案，从总体上达到高效率和高质量的要求，充分发挥高速加工的优势，这就是高速加工工艺的规划原则。具体地说，高速加工工艺规划要遵循下列原则：

1）在高速加工中，要尽可能增加切削时间在整个工作时间中的比例，减少非加工时间（如换刀、调整、空行程等）。

2）高速加工不仅仅是高的切削速度，应该把它看作一个过程，各个工序转接要流畅。

3）需要对高速加工工艺进行非常细致的设计。

4）高速加工不一定就是高的主轴转速，许多高速切削的应用是在中等主轴转速下用大尺寸刀具完成的。

5）高速加工可以对淬硬材料进行加工。例如，在精加工淬硬的钢件时可以采用比常规加工高 4～6 倍的切削速度和进给率。

6）高速加工是一种高效加工。一般来说，对于小尺寸的工件，适合从粗加工到精加工；对于大尺寸的工件，适合精加工和超精加工。

4. 高速加工的工艺特点

高速加工是一项系统工程，所以更要强调做好高速加工工艺规划的重要性，对每一个加工过程和细节都要认真对待。高速加工的工艺特点可以概括如下：

1）刀轨流畅。

2）浅切削，一般来说切削深度不大于刀具直径的 10%。

3）切削速度高。

4）进刀方式采用斜坡、圆弧和螺旋线。

5）大量采用小切削深度的分层切削。

6）多用球头刀。使用时球头铣刀应注意其靠近中心处切削速度极小，因此切削条件比较恶劣。因此，有可能的话，应该使铣刀轴线与工件的法线方向有一个倾斜角。根据试验，当这个夹角为 15°左右时，刀具的寿命最长。

7）尽量保持均匀的切削余量。

8）防止产生切削的二次切断。

9）在冷却方面，油雾冷却（又称准干切削）是比较理想的，喷气冷却、高压大流量内部冷却也可以接受，但应避免低压的、外部的冷却方式。

二、切削刀具的选择

通常选用图 5-1 所示的 3 种立铣刀进行铣削加工。高速铣削中一般不推荐使用平底立铣刀。平底立铣刀在切削时刀尖部位由于流屑干涉，切屑变形大，同时有效切削刃长度最短，导致刀尖受力大、切削温度高，磨损加快。在工艺允许的条件下，应尽量采用刀尖圆弧半径较大的刀具进行高速铣削。

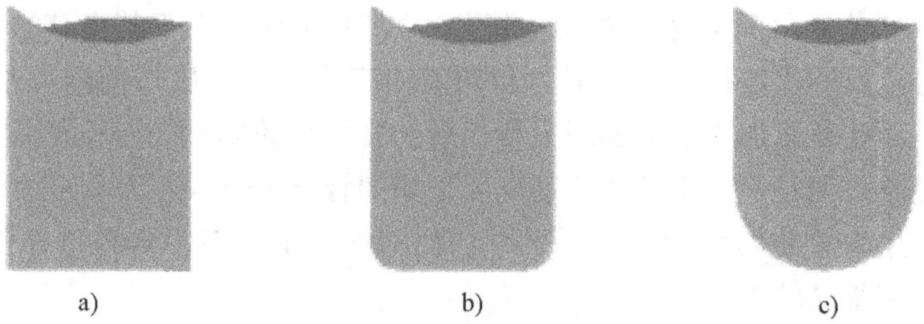

图 5-1　立铣刀示意图

a）平底立铣刀　b）圆角刀　c）球头刀

随着立铣刀刀尖圆弧半径的增加，平均切削厚度和主偏角均下降，同时刀具轴向受力增加，可以充分利用机床的轴向刚度，减小刀具变形和切削振动。

图 5-2 所示为高速铣削铝合金且为等铣削面积时两种刀具的铣削力对比。刀具分别为直径 ϕ10mm，螺旋角为 30°，刀尖圆弧半径为 1.5mm 的 2 齿整体硬质合金立铣刀和无刀尖圆弧的两种刀具。铣削面积固定为 $a_p a_e = 2\text{mm}^2$。当背吃刀量减小时，则增大侧吃刀量。对应的主轴转速为 18000r/min，进给速度为 3600mm/min。

从图 5-2 中可以看出，圆角立铣刀的铣削力明显小于平底立铣刀，同时在背吃刀量减小时铣削力迅速下降。

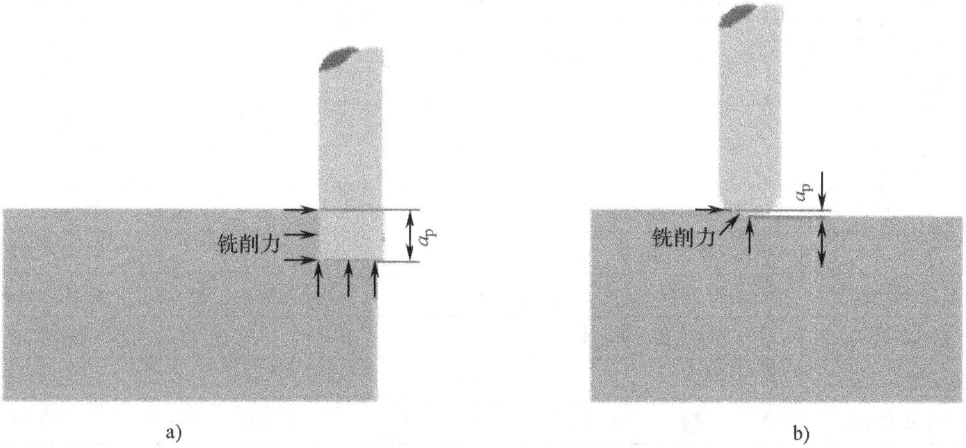

图 5-2　立铣刀受力示意图

a）平底立铣刀　b）圆底立铣刀

因此，在高速铣削加工时通常采用刀尖圆弧半径较大的立铣刀，且背吃刀量一般不宜超过刀尖圆弧半径。侧吃刀量的选择和加工材料有关，对于铝合金之类的轻合金，为提高加工效率可以采用较大的侧吃刀量，对于钢及其他加工性能稍差的材料宜选择较小的侧吃刀量，以减缓刀具磨损。

三、高速切削工艺技术

1. 轻合金的高速切削技术

轻合金材料的高速加工，在 20 世纪 80 年代就已经在工业中广泛应用。经过适当处理的铝合金材料，强度高达 540MPa。它的相对密度很轻，是飞机和各种航天器零部件的主要材料，也是机器和仪表零部件的常用材料。近年来，铝镁合金在汽车和其他动力机械中的应用也逐渐增多。铝镁合金大多使用铸件。这些轻合金的最大优点在于其固有的易切特性。

高速切削轻金属的优点是：①切削力和切削功率小，大约比切削钢件小 70%。②切屑短、不卷曲，因而在高速加工中易实现大量切屑的排屑自动化。③刀具磨损小，涂层硬质合金刀具、多晶金刚石刀具等在很高的切削速度下切削轻合金材料，刀具寿命很高。④加工表面质量高。仅采用少量的切削液，在近乎干切削的情况下，不用再经过任何加工或手工研磨，零件即可得到很高的表面质量。

轻合金的加工参数见表 5-1。

表 5-1 轻合金的加工参数

切削参数 \ 材料	铝合金			锰合金
	铸铝		可塑合金	铸件
	Si 质量分数<12%	Si 质量分数>12%		
周铣				
v_c/（m/min）	1300	1200	4700	1500～5500
f_z/mm	0.43	0.47	0.04～0.02	0.16～0.23
v_f/（mm/min）	9000	9000	2000～10000	13600～20000
刀具材料	HM-K10	PKD	HM-K20	HM-K10
背吃刀量 a_p/mm	1.5		50	1.5
刀具直径 D/mm	40		50	40
铣刀齿数 z	2 顺铣		2	2 逆铣
端铣				
v_c/（m/min）	1500～4500	—	—	1500～5500
f_z/mm	0.02～0.15	—	—	0.02～0.15
v_f/（mm/min）	3000～12000	—	—	3000～12000
刀具材料	HM-K10	—	—	HM-K10
背吃刀量 a_p/mm	50	—	—	1.5
刀具直径 D/mm	50	—	—	40
铣刀齿数 z	2	—	—	2

注：v_c—切削速度；f_z—每齿进给量；v_f—进给速度。

2. 钢和铸铁的高速切削技术

近些年来，高速加工开始用于钢和铸铁的精加工，特别是加工形状复杂的零件，高速切削可以大大提高生产率。高速铣削钢、铸铁材料和切削轻合金材料不同，主要的问题是刀具磨损。优化切削参数的目的不仅仅为了提高金属切除率，而且更注重降低切削力，提高工件的表面质量、尺寸精度和形状精度以及减少刀具磨损。

（1）钢材的高速铣削　高速铣削钢材时，要用切削刃更锋利和后角较大的刀具，这样可以减少切削时的刀具磨损，提高刀具使用寿命。同时，刀具参数也应该随进给速度而变化。当进给速度增加时，刀具后角要减小；进给速度对刀具前角的影响相对比较小。按照通常的切削规律，刀具的正前角能够减小切削力，并减小月牙洼磨损；但在高速下，正前角并不比0°前角能更多地降低切削力。负前角虽然能使刀片具有更高的切削稳定性，但是增大了切削力和月牙洼磨损。一般来讲，随着切削速度的提高，刀具寿命降低。当切削速度进一步升高，使切屑与刀具前刀面接触区的相对滑移速度超过刀具材料的耐热能力时，就会造成月牙洼磨损。

虽然不能保证切削液能够完全进入刀具与工件的切削接触区，但是，冷却会引起刀片温度的急剧变化，对于脆性材料的刀具，容易产生刀具的过早失效。表 5-2 给出了钢的切削速度和每齿进给量，可供参考。

表 5-2　钢的切削速度和每齿进给量

刀具材料	切削速度/（m/min）	每齿进给量 f_z/mm
P20/25	390	—
镀层硬质合金	510	0.31
金属陶瓷	600	0.2～0.25
Si_3N_4	810	0.16
CBN	-	0.16

（2）铸铁的高速铣削　在高速铣削铸铁时，刀具后角的情况和钢件差不多。对于氮化硅这样的脆性刀具材料，影响刀具磨损的主要因素是刀片的形状和几何参数。在高速铣削铸铁时，必须使用圆刃刀具，否则刀具很快就会因为材料的高脆性而损坏。

进给速度对刀具寿命的影响却相反。对于硬质合金和金属陶瓷刀具，刀具寿命随着进给速度的增加而提高。氮化硅刀具和 CBN 刀具只适合于在比较低的进给速度下进行切削。

提高切削速度和减小每齿的进给量，可提高零件加工的表面质量。表 5-3 给出了铸铁的切削速度和每齿进给量，可供参考。

表 5-3　铸铁的切削速度和每齿进给量

刀具材料	切削速度/（m/min）	每齿进给量 f_z/mm
硬质合金	430	0.65
Si_3N_4	2000	0.31
CBN	3000～4000	0.31

3. 难加工材料高速切削的技术

一般来讲，合金材料包括特殊合金钢、铁、镍合金钢等，这些材料由于强度大、硬度高、耐冲击，大多用于航空制造和动力部门。但加工中这些材料容易硬化，切削温度高，刀具磨损严重，属于难加工材料。

这些难加工材料的切削中，导致刀片失效的典型形式是刀具后面磨损，其中最大的磨损区一个是在刀尖部位，另一个是刀具和工件之间的通道处。由于切削条件差，磨损的痕迹会在这些地方产生，因而形成严重的刀口毛刺。切削刃的磨损改变了刀具的几何参数，增大了切削力，尤其是切削高强度合金的情况时，容易使刀片碎裂。

难加工材料的另一个特点是它们的粘附性，使切屑粘在切削刃上。随着切削速度提高，粘附的切屑增多，烧热的切屑堆积在刀具切入工件的切入点处，形成积屑瘤。

在切削铁合金时，热量增加，产生与氧的放热反应。当磨损带宽度达到 0.3mm 以上时，引起切屑燃烧。在磨损严重加剧的情况下，强烈的发热能超过材料的熔化温度。虽然高速加工中工件的温度没有明显上升，但是切屑的温度大大升高了。表 5-4 给出了加工特殊合金钢时的刀具几何参数和切削参数，仅供参考。

表 5-4 特殊合金钢的切削参数

材料	高合金钢					备注
切削刀具几何参数	硬质合金 P20/P30	后角 α（°）	前角 γ（°）	倾角 λ（°）	刀尖圆弧半径 r_ε/mm	v_c：切削速度（m/min） v_f：进给速度（mm/min） $a_e=1.5$mm $D=40$mm $z=2$
		20	0～4	0	尖锐	
切屑形状	片状					
金属切削率和速度	$\eta=7cm^3/min$ $v_f=1000mm/min$					
切削表面质量	v_c/（m/min）	700	1000	刀具磨损宽度		
	$Ra/\mu m$	3.3	3.1			
	$Rz/\mu m$	16	14	$VB=0.3mm$		
切削速度	P20/P30（刀具材料）	$v_c=370m/min$		磨损宽度 $VB=0.3mm$		
进给量	硬质合金（刀具材料）	$f_z=0.1\sim0.5m/min$		$v_f=800\sim1200m/min$		$v_c=1000m/min$

实验证明，顺铣的效果比逆铣要差。在对铁合金（TiAl6V4）、特殊合金（GreekAscoloy）和耐热镍基合金（Inconel 718）3 种材料进行高速加工的实验中，顺铣时的刀具磨损明显要大。磨损大的原因是顺铣的刀具在离开工件时切屑变薄，产生较大的拉应力，因而增大了刀片破碎的可能性。这些材料的高强度和高弹性，特别是应变硬化，增大了切削载荷。在切削 Inconel 718 材料时，甚至出现了整个刀片都碎了的现象。刀具前角的变化范围是 8°～28°，在此前角范围内，加大前角可明显地减小切削力，加工上述所有材料时的刀具寿命都能提高。当前角为负时，刀具的切削稳定性提高，但寿命降低，这是因为在切削刃处切削负荷增加。提高切削速度后，切削消耗的功率更大，切削温度升高，加速了刀具磨损。但高切削速度也缩短了刀具和工件的接触时间，传递到工件上的切削热减少，切削热主要由飞快的切屑带走。在高速切削中，刀具磨损量随径向切入量（或切削深度呈指数曲线的规律上升，磨损加剧，发热量增大。切削深度增加使切屑的厚度和长度增加，必然减少刀片的空切时间，导致在刀片上的发热量更大。

4. 高速钻削、铰削和攻螺纹技术

高速钻削、铰削和攻螺纹也是高速切削技术的重要组成部分。在机械加工中，钻削、铰削和攻螺纹所占的比例很大，提高这些工序的切削速度一直是提高生产率需要解决的问题。在高速切削技术快速发展和普遍应用的情况下，提高钻削、铰削和攻螺纹的加工速度已成为人们关注的焦点。

（1）高速钻削、铰削和攻螺纹的优越性

高速钻削、铰削和攻螺纹的优点表现为：

1）大幅度提高材料的切除率，提高生产率。

2）提高加工的表面质量。

3）由于加工时间短，因此传递给工件的热量少，减少零件的热变形和热应力，提高了加工精度。

（2）高速钻削、铰削和攻螺纹要解决的问题　高速钻削、铰削和攻螺纹和车削、铣削不同，实现上述目标的难度更大。实现高速钻削、铰削和攻螺纹要解决的主要问题有以下几个方面：

1）解决高速钻削、铰削和攻螺纹的排屑和散热问题难度大，特别是钻削。

2）高速钻削、铰削和攻螺纹的刀具是提高加工速度的关键因素，因此刀具材料、形状几何参数等都是发展高速钻削、铰削和攻螺纹技术要研究解决的问题。

3）改进加工工艺技术，优化加工参数。

4）提供高主轴转速的机床。例如，在铝材料上钻直径为5mm的孔时，要求切削速度达到800m/min，所对应的机床主轴转速要求达到25465r/min。

（3）高速钻削、铰削和攻螺纹刀具　随着刀具材料技术、涂层技术的发展和高速切削技术的需求，用于高速钻削、铰削和攻螺纹的新型刀具越来越多，刀具制造厂商在这方面投入的研究开发也大大增加。

在材料使用上，钻孔刀具已经远不止是高速钢麻花钻了。新型的刀具有：高速钢涂层刀具、整体硬质合金刀具、硬质合金涂层刀具、整体硬质合金涂层刀具、镶金刚石刀具、硬质合金基体和金刚石共同烧结而成的复合刀具、超细晶粒硬质合金刀具、多层涂覆刀具、CBN刀具和陶瓷刀具等。

在改进刀具材料的同时，为了满足高速切削和干切削的要求，应根据不同的被加工材料，对刀具的结构和几何参数进行改进和优化，包括螺旋角、排屑槽形状、齿数、钻尖形状、刀柄结构、切削刃载荷分布和冷却方式等，使切削过程更合理、排屑更顺畅、切削力更小、切削温度更低、刀具寿命更长以及加工精度更高等。许多刀具公司都参与新的、适合于高速切削和能够提高刀具寿命的刀具开发工作，使以往一直处于比较低切削速度的钻削、铰削和攻螺纹加工开始进入高速切削的领域。有关这方面的更多的内容可以在有关刀具公司的产品介绍中看到。

（4）切削工艺的改进　在高速钻削、铰削和攻螺纹的加工工艺过程中，改进加工参数和加工条件，有利于提高切削速度。在钻削中，生成的连续切屑要能从钻头的槽中顺利地排出来。然而，钻得越深排屑越难，产生的切削热不容易散出去，一部分传到刀柄，一部分传给工件。因此，在高速钻削中，需要解决的第一个问题就是排屑和散热问题。

改进的方法之一是改善润滑和冷却条件。在钻削中采用刀具中心通切削液是比较好的一种方法，一方面更好地冷却、润滑，另一方面也有利于排屑，特别是在钻比较深的孔时，效果更好。当然，干切削工艺也在钻削、铰削和攻螺纹中开始应用。

对于不同的被加工材料，优化加工参数也是提高加工速度的途径，特别是在加工比较硬的材料和难加工材料方面。

第二节　常用材料的高速加工参数选择

高速切削加工参数的确定主要考虑加工效率、加工表面质量、刀具磨损以及加工成本。用不同的刀具加工不同的材料时，切削参数会有很大差异。切削参数的合理选取能避免对高速机床主轴的损伤和高速切削刀具的无效损耗，进而最大限度地发挥高速加工机床的效率。同时，切削参数对工件的表面质量也有着重要的影响。

学习目标

◎ 会选择常用材料的高速加工参数；

◎ 能对加工案例进行分析。

一、切削参数的选择原则及方法

高速切削参数主要包括切削速度、进给量和背吃刀量。其中，高速铣削加工参数一般是高的切削速度 v_c，中等的每齿进给量 f_z，较小的背吃刀量 a_p，适当放大的侧吃刀量 a_e。

1. 选择原则

对切削参数的选择一般遵循以下原则：

由切削理论可知，对刀具寿命影响最大的加工参数是切削速度，其次是进给量，再次是背吃刀量。在实际生产中，要从考虑刀具寿命出发，在保证加工质量及工艺系统刚性允许的条件下，先选用较大的背吃刀量，再选用较大的进给量，最后选适宜的切削速度。这也是在实际生产中相同材质的刀具加工相同材料的工件时，刀具直径越大转速就越低，刀具直径越小转速就越高的根本原因。由于高速铣刀价格比较贵，因此选择高速铣削用量时更要遵循此原则。

2. 选择方法

数控高速机床切削用量的选择方法如下所述：

1）明确所用高速机床的最高转速，确定的刀具转速不得超过机床的最高转速。

2）明确加工工件的材料和硬度。材料硬，切削用量相应取小值。

3）明确加工性质。分清是粗加工、半精加工还是精加工。

① 转速 n：粗加工→半精加工→精加工，n 逐渐增大。

② 进给量 f：粗加工→半精加工→精加工，f 逐渐减小。

③ 背吃刀量 a_p、侧吃刀量 a_e：粗加工→半精加工→精加工，a_p、a_e 逐渐减小。

4）明确所用刀具的性能。选择的刀具最终决定了能用的转速，决定了机床的加工是普通低速加工还是高速加工。进行高速加工，必须选择高速刀，并给出相应的高速。不同公司不同品牌的刀具之间承受高速的能力是不一样的。购买刀具时，经销商会提供刀具的相关技术资料，一般包括以下内容：刀具类型，大小，加工材料硬度，最大的吃刀量，推荐的 v_c

或 n、f 等。这些相关资料可能在选择切削用量时提供参考。参考刀具制造商提供的参数进行加工，通常会取得满意的加工效果。另外需强调一点，与普通低速 CNC 机床相比，当用高速机床进行高速加工时，背吃刀量和侧吃刀量相应要小。这是因为在机床功率一定的条件下，主轴转速越高，主轴承受切削力的能力将越小。高速加工，强调的是轻快。通常背吃刀量大约在普通低速 CNC 机床的基础上降低 30%～50%左右。

5）遵循切削用量的选择原则，确定出较合理的切削用量，然后将其运用于实际加工中加以检验修正，并结合机床、刀具、加工材料、加工性质摸索出最佳的切削用量来。背吃刀量选用过大和主轴转速选用不当会造成断刀和加工表面粗糙。

二、常用材料的高速切削参数

下面列举几种常用金属材料采用不同直径的刀具进行高速切削加工时的常用切削参数。常用切削参数的符号名称与单位见表 5-5。

表 5-5　参数符号名称与单位

符号	名称	单位
D	刀具直径	mm
v_c	切削速度	m/min
z	刀具齿数	—
β	加工表面斜度	(°)
f_z	每齿进给量	mm
a_p	背吃刀量	mm
a_e	侧吃刀量	mm
D_{eff}	刀具有效直径	mm
n	主轴转速	r/min
v_f	进给速度	mm/min
Q	金属去除率	mm^3/min

1. 钢的高速铣削参数

（1）低硬度材料的粗加工

工件材料：淬硬工具钢、弹簧钢。

材料硬度：48～52HRC。

刀具材料：90%WC/TiC/TaC+10%Co 或 88%WC/TiC/TaC+12%Co。

低硬度淬硬钢材料的高速铣削参数见表 5-6 和表 5-7。

表 5-6　低硬度淬硬钢粗加工的高速铣削参数（一）

D/mm	v_c/m/min	f_z/mm	a_p/mm	a_e/mm	D_{eff}/mm	n/(r/min)	v_f/(mm/min)	Q/mm^3/min
2	113	0.07	0.05	0.10	0.6	60000	8400	42
3	151	0.08	0.05	0.20	0.8	60000	9600	96
4	210	0.08	0.10	0.25	1.2	55710	8915	223
5	210	0.10	0.10	0.30	1.4	47750	9550	287
6	210	0.11	0.10	0.35	1.5	44560	9805	343
8	210	0.13	0.15	0.45	2.2	30390	7900	533
10	210	0.17	0.15	0.60	2.4	27850	9470	852
12	210	0.20	0.20	0.70	3.1	21560	8625	1208
16	210	0.25	0.25	0.95	4.0	16710	8355	1984
20	210	0.28	0.30	1.15	4.9	13640	7640	2636

表 5-7　低硬度淬硬钢粗加工的高速铣削参数（二）

D/mm	z	v_c/(m/min)	f_z/mm	a_p/mm	a_e/mm	n(r/min)	v_f/(mm/min)	Q/(mm³/min)
6	4	150	0.10	0.60	0.80	7960	3185	1529
8	4	150	0.10	0.80	0.90	5970	2390	1721
10	4	150	0.10	1.00	1.00	4770	1910	1910
12	4	150	0.12	1.20	1.10	3980	1910	2521
16	4	150	0.14	1.50	1.20	2980	1670	3006

（2）高硬材料的粗加工

工件材料：淬硬工具钢、弹簧钢。

材料硬度：52～56HRC。

高硬度材料的高速铣削参数见表 5-8 和表 5-9。

表 5-8　高硬度淬硬钢粗加工的高速铣削参数（一）

D/mm	v_c/(m/min)	f_z/mm	a_p/mm	a_e/mm	D_{eff}/mm	n/(r/min)	v_f/(mm/min)	Q/(mm³/min)
2	113	0.07	0.05	0.10	0.6	60000	8400	42
3	151	0.08	0.05	0.20	0.8	60000	9600	96
4	180	0.08	0.10	0.25	1.2	47750	7640	191
5	180	0.10	0.10	0.30	1.4	40930	8185	246
6	180	0.11	0.10	0.35	1.5	38200	8405	294
8	180	0.13	0.15	0.45	2.2	26040	6770	457
10	180	0.17	0.15	0.60	2.4	23870	8115	730
12	180	0.20	0.20	0.70	3.1	18480	7390	1035
16	180	0.25	0.25	0.95	4.0	14320	7160	1701
20	180	0.28	0.30	1.15	4.9	11690	6545	2258

表 5-9　高硬度淬硬钢粗加工的高速铣削参数（二）

D/mm	z	v_c/(m/min)	f_z/mm	a_p/mm	a_e/mm	n/(r/min)	v_f/(mm/min)	Q/(mm³/min)
6	4	120	0.10	0.60	0.80	6370	2550	1224
8	4	120	0.10	0.80	0.90	4770	1910	1375
10	4	120	0.10	1.00	1.00	3820	1530	1530
12	4	120	0.12	1.20	1.10	3180	1525	2031
16	4	120	0.14	1.50	1.20	2390	1340	2412

（3）低硬度材料的精加工

工件材料：淬硬工具钢、弹簧钢。

材料硬度：48～52HRC。

刀具材料：90%WC/TiC/TaC+10%Co 或 88%WC/TiC/TaC+12%Co。

高速铣削参数见表 5-10～表 5-13。

表 5-10　低硬度淬硬钢精加工的高速铣削参数（一）

D/mm	β/(°)	v_c/(m/min)	f_z/mm	a_p/mm	a_e/mm	D_{eff}/mm	n/(r/min)	v_f/(mm/min)
2	0	132	0.04	0.06	0.04	0.7	60000	4800
3	0	188	0.05	0.08	0.05	1.0	60000	6000
4	0	226	0.05	0.10	0.05	1.2	60000	6000
5	0	283	0.05	0.12	0.05	1.5	60000	6000
6	0	339	0.06	0.14	0.06	1.8	60000	7200
8	0	380	0.07	0.16	0.07	2.2	54000	7560
10	0	380	0.08	0.18	0.08	2.7	45490	7278
12	0	380	0.09	0.20	0.09	3.1	39370	7087
16	0	380	0.10	0.25	0.10	4.0	30480	6096
20	0	380	0.10	0.30	0.10	4.9	24880	4976

表 5-11　低硬度淬硬钢精加工的高速铣削参数（二）

D/mm	β/(°)	v_c/(m/min)	f_z/mm	a_p/mm	a_e/mm	D_{eff}/mm	n/(r/min)	v_f/(mm/min)
2	60	377	0.04	0.06	0.04	2.0	60000	4800
3	60	380	0.05	0.08	0.05	2.9	41100	4110
4	60	380	0.05	0.10	0.05	3.9	30890	3089
5	60	380	0.05	0.12	0.05	4.9	24750	2475
6	60	380	0.06	0.14	0.06	5.9	20640	2477
8	60	380	0.07	0.16	0.07	7.8	15570	2180
10	60	380	0.08	0.18	0.08	9.7	12500	2000
12	60	380	0.09	0.20	0.09	11.6	10440	1879
16	60	380	0.10	0.25	0.10	15.4	7850	1570
20	60	380	0.10	0.30	0.10	19.2	6290	1258

表 5-12　低硬度淬硬钢精加工的高速铣削参数（三）

D/mm	z	β/(°)	v_c/(m/min)	f_z/mm	a_p/mm	a_e/mm	n/(r/min)	v_f/(mm/min)
3	4	0	170	0.08	0.10	0.65	18040	5775
4	4	0	170	0.09	0.10	0.70	13530	4870
5	4	0	170	0.10	0.15	0.75	10820	4330
6	6	0	170	0.11	0.15	0.80	9020	5955
8	6	0	170	0.11	0.20	0.90	6760	4460
10	6	0	170	0.12	0.20	1.00	5410	3895
12	6	0	170	0.13	0.20	1.05	4510	3520

表 5-13　低硬度淬硬钢精加工的高速铣削参数（四）

D/mm	z	β/(°)	v_c/(m/min)	f_z/mm	a_p/mm	a_e/mm	n/(r/min)	v_f/(mm/min)
3	4	≠0	380	0.08	0.10	0.10	40320	12900
4	4	≠0	380	0.09	0.10	0.10	30240	10885
5	4	≠0	380	0.10	0.15	0.15	24190	9675
6	6	≠0	380	0.11	0.15	0.15	20160	13305
8	6	≠0	380	0.11	0.20	0.20	15120	9980
10	6	≠0	380	0.12	0.20	0.20	12100	8710
12	6	≠0	380	0.13	0.20	0.20	10080	7860

(4) 高硬材料的精加工

工件材料：淬硬工具钢、弹簧钢。

材料硬度：52～56HRC

刀具材料：90%WC/TiC/TaC+10%Co 或 88%WC/TiC/TaC+12%Co。

高速铣削参数见表 5-14～表 5-17。

表 5-14 高硬度淬硬钢精加工的高速铣削参数（一）

D/mm	β/(°)	v_c/(m/min)	f_z/mm	a_p/mm	a_e/mm	D_{eff}/mm	n/(r/min)	v_f/(mm/min)
2	0	132	0.04	0.06	0.04	0.7	60000	4800
3	0	188	0.05	0.08	0.05	1.0	60000	6000
4	0	226	0.05	0.10	0.05	1.2	60000	6000
5	0	283	0.05	0.12	0.05	1.5	60000	6000
6	0	300	0.06	0.14	0.06	1.8	52720	6326
8	0	300	0.07	0.16	0.07	2.2	42630	5968
10	0	300	0.08	0.18	0.08	2.7	35910	5746
12	0	300	0.09	0.20	0.09	3.1	31080	5594
16	0	300	0.10	0.25	0.10	4.0	24060	4812
20	0	300	0.10	0.30	0.10	4.9	19640	3928

表 5-15 高硬度淬硬钢精加工的高速铣削参数（二）

D/mm	β/(°)	v_c/(m/min)	f_z/mm	a_p/mm	a_e/mm	D_{eff}/mm	n/(r/min)	v_f/(mm/min)
2	60	300	0.04	0.06	0.04	2.0	48490	3879
3	60	300	0.05	0.08	0.05	2.9	32450	3245
4	60	300	0.05	0.10	0.05	3.9	24390	2439
5	60	300	0.05	0.12	0.05	4.9	19540	1954
6	60	300	0.06	0.14	0.06	5.9	16300	1956
8	60	300	0.07	0.16	0.07	7.8	12290	1721
10	60	300	0.08	0.18	0.08	9.7	9870	1579
12	60	300	0.09	0.20	0.09	11.6	8250	1485
16	60	300	0.10	0.25	0.10	15.4	6200	1240
20	60	300	0.10	0.30	0.10	19.2	4970	994

表 5-16 高硬度淬硬钢精加工的高速铣削参数（三）

D/mm	z	β/(°)	v_c/(m/min)	f_z/mm	a_p/mm	a_e/mm	n/(r/min)	v_f/(mm/min)
3	4	0	150	0.08	0.10	0.65	15920	5095
4	4	0	150	0.09	0.10	0.70	11940	4300
5	4	0	150	0.10	0.15	0.75	9550	3820
6	6	0	150	0.11	0.15	0.80	7960	5255
8	6	0	150	0.11	0.20	0.90	5970	3940
10	6	0	150	0.12	0.20	1.00	4770	3435
12	6	0	150	0.13	0.20	1.05	3980	3105

表 5-17　高硬度淬硬钢精加工的高速铣削参数（四）

D/mm	z	β/(°)	v_c/(m/min)	f_z/mm	a_p/mm	a_e/mm	n/(r/min)	v_f/(mm/min)
3	4	≠0	300	0.08	0.10	0.10	31830	10185
4	4	≠0	300	0.09	0.10	0.10	23870	8595
5	4	≠0	300	0.10	0.15	0.15	19100	7640
6	6	≠0	300	0.11	0.15	0.15	15920	10505
8	6	≠0	300	0.11	0.20	0.20	11940	7880
10	6	≠0	300	0.12	0.20	0.20	9550	6875
12	6	≠0	300	0.13	0.20	0.20	7960	6210

2. 铸铁的高速铣削参数

工件材料：铸铁

材料硬度：180HB

高速铣削参数参见表 5-18～表 5-19。

表 5-18　铸铁高速铣削参数（一）

D/mm	v_c/(m/min)	f_z/mm	a_p/mm	a_e/mm	D_{eff}/mm	n/(r/min)	v_f/(mm/min)	Q/(mm^3/min)
1	75	0.06	0.05	0.05	0.4	60000	7200	18
2	170	0.07	0.10	0.15	0.9	60000	8400	126
3	207	0.10	0.10	0.20	1.1	60000	12000	240
4	226	0.11	0.10	0.25	1.2	60000	13200	330
5	310	0.12	0.15	0.35	1.7	58050	13930	731
6	310	0.14	0.15	0.40	1.9	51940	14545	873
8	310	0.18	0.25	0.50	2.8	35240	12685	1586
10	310	0.20	0.20	0.65	2.8	35240	14095	1832
12	310	0.24	0.25	0.80	3.4	29020	13930	2786
16	310	0.30	0.30	1.05	4.3	22950	13770	4338

表 5-19　铸铁高速铣削参数（二）

D/mm	z	v_c/(m/min)	f_z/mm	a_p/mm	a_e/mm	n/(r/min)	v_f/(mm/min)	Q/(mm^3/min)
6	4	250	0.13	0.40	2.00	13260	6895	5516
8	4	250	0.17	0.55	2.65	9950	6765	9860
10	4	250	0.15	0.65	3.35	7960	4775	10398
12	4	250	0.19	0.80	4.00	6630	5040	16128
16	4	250	0.23	1.00	5.35	4970	4570	24450

3. 轻合金的高速铣削参数

（1）粗加工　粗加工锻造铝合金、铝合金（Si 的质量分数为 6%）、镁合金的高速铣削参数参见表 5-20。

表 5-20 粗加工锻造铝合金、铝合金（Si 的质量分数为 6%）、镁合金高速铣削参数

D/mm	z	v_c/(m/min)	f_z/mm	a_p/mm	a_e/mm	n/(r/min)	v_f/(mm/min)	Q/(mm^3/min)
3	2	450	0.10	0.75	1.50	60000	12000	14
4	2	600	0.12	1.00	2.00	60000	14400	29
5	2	750	0.15	1.25	2.50	60000	18000	56
6	2	900	0.18	1.50	3.00	60000	21600	97
8	2	1200	0.20	2.00	4.00	47750	19100	153
10	2	1200	0.22	2.50	5.00	38200	16810	210
12	2	1200	0.25	3.00	6.00	31830	15915	286
16	2	1200	0.28	4.00	8.00	23870	13365	428
20	2	1200	0.30	5.00	10.0	19100	11460	573

（2）精加工　精加工锻造铝合金、铝合金（Si 的质量分数为 6%）、镁合金的高速铣削参数参见表 5-21～表 5-24。

表 5-21 精加工锻造铝合金、铝合金（Si 的质量分数为 6%）、镁合金高速铣削参数（一）

D/mm	β/(°)	v_c/(m/min)	f_z/mm	a_p/mm	a_e/mm	D_{eff}/mm	n/(r/min)	v_f/(mm/min)
2	0	132	0.04	0.06	0.04	0.7	60000	4800
3	0	188	0.05	0.08	0.05	1.0	60000	6000
4	0	226	0.05	0.10	0.05	1.2	60000	6000
5	0	283	0.05	0.12	0.05	1.5	60000	6000
6	0	339	0.06	0.14	0.06	1.8	60000	7200
8	0	415	0.07	0.16	0.07	2.2	60000	8400
10	0	509	0.08	0.18	0.08	2.7	60000	9600
12	0	584	0.09	0.20	0.09	3.1	60000	10800
16	0	754	0.10	0.25	0.10	4.0	60000	12000
20	0	924	0.10	0.30	0.10	4.9	60000	12000

表 5-22 精加工锻造铝合金、铝合金（Si 的质量分数为 6%）、镁合金高速铣削参数（二）

D/mm	β/(°)	v_c/(m/min)	f_z/mm	a_p/mm	a_e/mm	D_{eff}/mm	n/(r/min)	v_f/(mm/min)
2	60	377	0.04	0.06	0.04	2.0	60000	4800
3	60	547	0.05	0.08	0.05	2.9	60000	6000
4	60	735	0.05	0.10	0.05	3.9	60000	6000
5	60	924	0.05	0.12	0.05	4.9	60000	6000
6	60	1112	0.06	0.14	0.06	5.9	60000	7200
8	60	1470	0.07	0.16	0.07	7.8	60000	8400
10	60	1500	0.08	0.18	0.08	9.7	49340	7894
12	60	1500	0.09	0.20	0.09	11.6	41230	7421
16	60	1500	0.10	0.25	0.10	15.4	30990	6189
20	60	1500	0.10	0.30	0.10	19.2	24830	4966

表 5-23　精加工锻造铝合金、铝合金（Si 的质量分数为 6%）、镁合金高速铣削参数（三）

D/mm	z	β/(°)	v_c/(m/min)	f_z/mm	a_p/mm	a_e/mm	n/(r/min)	v_f/(mm/min)
3	2	0	565	0.05	0.30	2.00	60000	6300
4	2	0	754	0.06	0.40	3.00	60000	7200
5	2	0	942	0.08	0.50	4.00	60000	9000
6	2	0	1131	0.09	0.60	4.00	60000	10800
8	2	0	1200	0.10	0.80	6.00	47750	9310
10	2	0	1200	0.11	1.00	7.00	38200	8595
12	2	0	1200	0.13	1.20	9.00	31830	8115
16	2	0	1200	0.14	1.60	12.00	23870	6805
20	2	0	1200	0.15	2.00	16.00	19100	5730

表 5-24　精加工锻造铝合金、铝合金（Si 的质量分数为 6%）、镁合金高速铣削参数（四）

D/mm	z	β/(°)	v_c/(m/min)	f_z/mm	a_p/mm	a_e/mm	n/(r/min)	v_f/(mm/min)
3	2	≠0	565	0.05	0.10	0.10	60000	6300
4	2	≠0	754	0.06	0.10	0.10	60000	7200
5	2	≠0	942	0.08	0.15	0.15	60000	9000
6	2	≠0	1131	0.09	0.15	0.15	60000	10800
8	2	≠0	1500	0.10	0.20	0.20	59680	11640
10	2	≠0	1500	0.11	0.20	0.20	47750	10745
12	2	≠0	1500	0.13	0.20	0.20	39790	10145
16	2	≠0	1500	0.14	0.25	0.25	29840	8505
20	2	≠0	1500	0.15	0.25	0.25	23870	7160

4. 不锈钢的高速铣削参数

不锈钢、钛合金高速铣削参数参见表 5-25～表 5-28。

表 5-25　不锈钢、钛合金高速铣削参数（一）

D/mm	β/(°)	v_c/(m/min)	f_z/mm	a_p/mm	a_e/mm	D_{eff}/mm	n/(r/min)	v_f/(mm/min)
2	0	132	0.04	0.06	0.04	0.7	60000	4800
3	0	188	0.05	0.08	0.05	1.0	60000	6000
4	0	226	0.05	0.10	0.05	1.2	60000	6000
5	0	240	0.05	0.12	0.05	1.5	49920	4992
6	0	240	0.06	0.14	0.06	1.8	42170	5060
8	0	240	0.07	0.16	0.07	2.2	34110	4775
10	0	240	0.08	0.18	0.08	2.7	28730	4597
12	0	240	0.09	0.20	0.09	3.1	24860	4475
16	0	240	0.10	0.25	0.10	4.0	19250	3850
20	0	240	0.10	0.30	0.10	4.9	15710	3142

表 5-26　不锈钢、钛合金高速铣削参数（二）

D/mm	β/(°)	v_c/(m/min)	f_z/mm	a_p/mm	a_e/mm	D_{eff}/mm	n/(r/min)	v_f/(mm/min)
2	60	240	0.04	0.06	0.04	2.0	38790	3103
3	60	240	0.05	0.08	0.05	2.9	25960	2596
4	60	240	0.05	0.10	0.05	3.9	19510	1951
5	60	240	0.05	0.12	0.05	4.9	15630	1563
6	60	240	0.06	0.14	0.06	5.9	13040	1565
8	60	240	0.07	0.16	0.07	7.8	9830	1376
10	60	240	0.08	0.18	0.08	9.7	7890	1262
12	60	240	0.09	0.20	0.09	11.6	6600	1188
16	60	240	0.10	0.25	0.10	15.4	4960	992
20	60	240	0.10	0.30	0.10	19.2	3970	794

表 5-27　不锈钢、钛合金高速铣削参数（三）

D/mm	z	β/(°)	v_c/(m/min)	f_z/mm	a_p/mm	a_e/mm	n/(r/min)	v_f/(mm/min)
3	4	0	120	0.08	0.10	0.65	12730	4075
4	4	0	120	0.09	0.10	0.70	9550	3440
5	4	0	120	0.10	0.15	0.75	7640	3055
6	6	0	120	0.11	0.15	0.80	6370	4205
8	6	0	120	0.11	0.20	0.90	4770	3150
10	6	0	120	0.12	0.20	1.00	3820	2750
12	6	0	120	0.13	0.20	1.05	3180	2480

表 5-28　不锈钢、钛合金高速铣削参数（四）

D/mm	z	β/(°)	v_c/(m/min)	f_z/mm	a_p/mm	a_e/mm	n/(r/min)	v_f/(mm/min)
3	4	≠0	240	0.08	0.10	0.10	25470	8150
4	4	≠0	240	0.09	0.10	0.10	19100	6875
5	4	≠0	240	0.10	0.15	0.15	15280	6110
6	6	≠0	240	0.11	0.15	0.15	12730	8400
8	6	≠0	240	0.11	0.20	0.20	9550	6305
10	6	≠0	240	0.12	0.20	0.20	7640	5500
12	6	≠0	240	0.13	0.20	0.20	6370	4970

三、高速加工案例分析

1. 硬币模具（工具钢）的高速加工

硬币模具如图 5-3 所示，其加工工艺对比分析如下所述：

(1) 传统加工工艺

1) 生成注塑模造型并自动生成数控加工程序代码。

2）生成的数控加工程序代码较大，大于 400MB；加工时间长，大于 40h。

3）应用直径为 0.075mm 的雕刻刀具，主轴转速为 20000r/min，刀具磨损较为严重。

（2）高速加工工艺

1）通过 CAD/CAM 软件（UG 等）把三维轮廓，文字、背景及平面分开生成数控加工程序代码。

2）数控加工程序代码小于 30MB；总的加工时间小于 20h。

3）刀具磨损减少。

图 5-3　硬币模具

2. 螺旋形电极的高速加工

螺旋形电极如图 5-4 所示，其加工工艺对比分析如下所述：

（1）传统加工工艺

1）通过特殊的高速钢模具加工专用刀具进行二维铣削。

2）工艺存在的问题：几何形状的一致性差，专用刀具成本高，低转速使得加工时间较长，刀具的工作寿命短。

（2）高速加工解决方案　使用 ϕ0.3mm 标准球头铣刀，主轴转速为 40000r/min，进行三维铣削，加工时间大大缩短。

3. Bezel 下表壳的高速加工

图 5-5 所示为 Bezel 下表壳，其加工工艺对比分析如下所述：

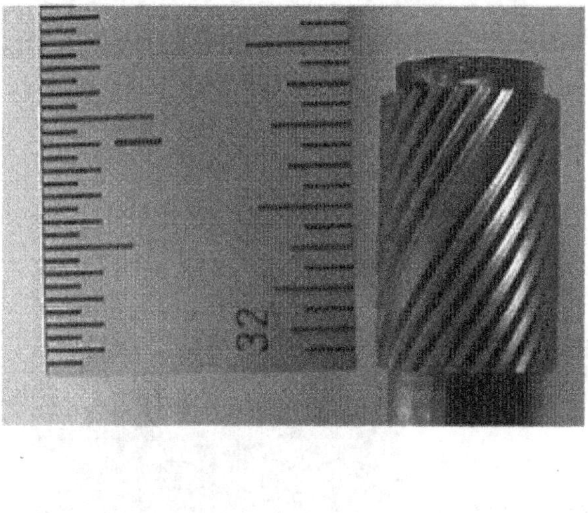

图 5-4　螺旋型电极

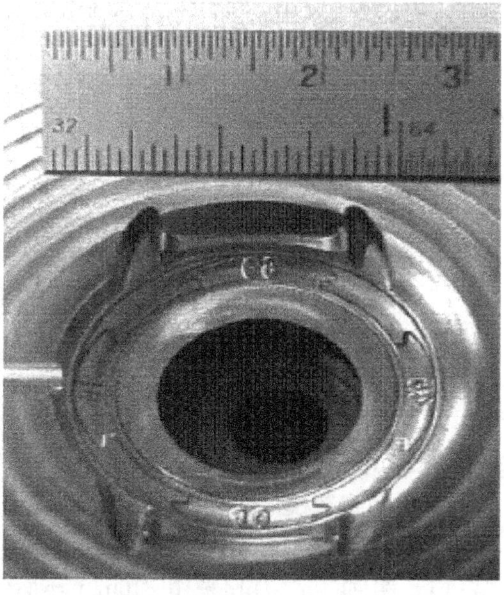

图 5-5　Bezel 下表壳

(1) 传统加工工艺

1) 为100%电火花加工。

2) 用高速切削完全取代电加工的一定困难：小的圆角和锐边难加工到，标准刀具的切削深度有限。

(2) 高速加工解决方案

1) 用高速切削进行粗加工和半精加工，为EMD精加工留有0.25mm的余量。

2) 采用ϕ0.8mm球头铣刀，主轴转速为27000r/min。

4. Bezel电极（图5-6，精细石墨<3μm）**的高速加工**

(1) 传统加工工艺

1) 为100%电火花加工，将几何形状分成几个电极部分。

2) 工艺存在的问题是：加工精度难保证，装夹时间长。

(2) 高速加工解决方案

1) 应用高速切削加工出精加工用的完整电极形状。

2) 精加工时，采用ϕ0.5mm的球头铣刀，主轴转速为30000r/min。

5. 模腔（图5-7）**的高速加工**

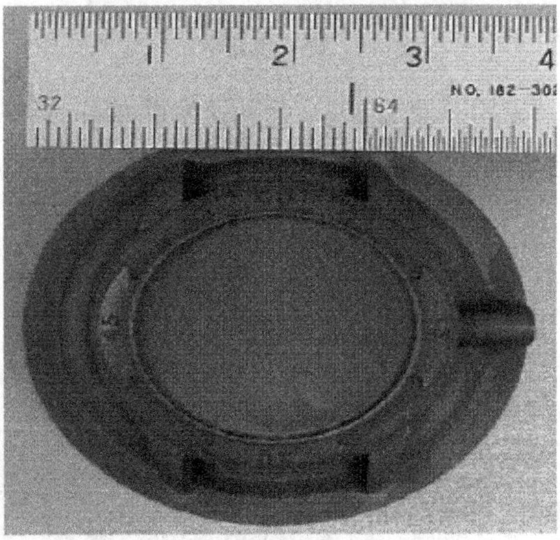

图5-6 Bezel电极

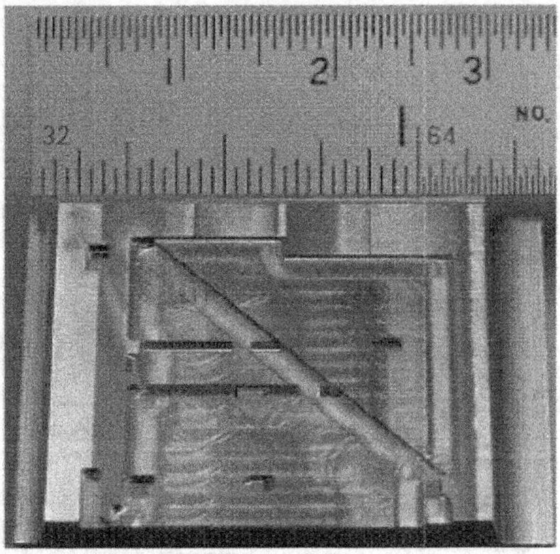

图5-7 模腔

(1) 传统加工工艺

1) 100%电火花加工，将几何形状分成几个电极部分；

2) 用高速切削取代电加工的困难：小的圆角和锐边，标准刀具的切削深度有限。

(2) 高速加工解决方案

1) 通过高速切削来解决加工困难。

2) 采用直径<ϕ0.4mm球头铣刀，主轴转速为24000r/min。

6. 铝制吹塑模（图5-8）**的高速加工**

高速加工工艺技术参数为：

(1) 粗加工　刀具采用ϕ10mm环面铣刀，转速为38000r/min，切削速度为10000mm/min，加工时间为5min。

图5-8 铝制吹塑模

(2) 精加工　ϕ6mm 球头铣刀，转速为 38000r/min，切削速度为 7000mm/min，加工时间为 50min。

(3) 雕刻　刀具采用 60grade，转速为 20000r/min，切削速度为 1200mm/min，加工时间为 10min。

7. 饮料瓶模具（图 5-9）**的高速加工**

高速加工工艺技术参数及特点：

1）粗铣转速为 35000r/min，切削速度为 12000mm/min，加工时间为 9min。

2）精铣转速为 42000r/min，切削速度为 10000mm/min，加工时间为 49min。

3）可获得最佳的表面质量。

4）不再需要不能保证尺寸准确性的钳工工序。

5）由于机械加工工时短，降低了成本。

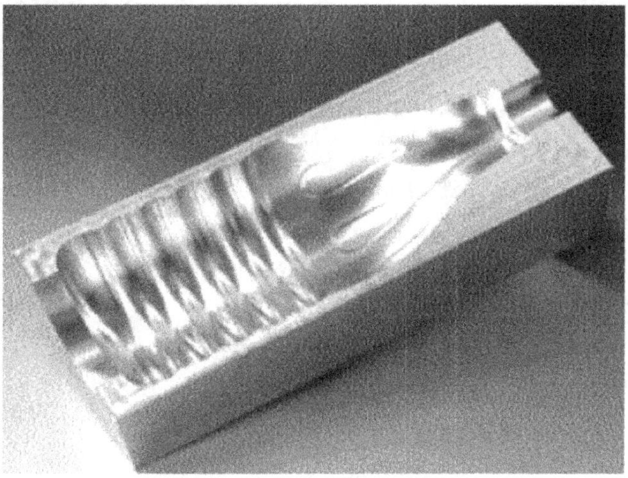

图 5-9　饮料瓶模具

8. 铝制螺旋片的高速加工

如图 5-10 所示，铝制螺旋片规格为 80mm×80mm×40mm。其高速加工工艺技术参数及特点：

1）粗铣转速为 42000r/min，切削速度为 15000mm/min。

2）壁厚最小可至 0.05mm，壁高为 20mm。

3）在最短时间内生产出薄壁螺旋片。

4）能进行采用常规方法所无法实现的生产。

9. 旋钮开关模具的高速加工

如图 5-11 所示，生产旋钮开关用的模具规格为 50mm×50mm×30mm。其高速加工工艺技术参数及特点：

图 5-10　铝制螺旋片

图 5-11　旋钮开关模具

1）粗铣转速为24000r/min，切削速度为7500mm/min。

2）精铣转速为35000r/min，切削速度为7000mm/min。

3）表面粗糙度值可达$Ra0.4\mu m$。

4）不再需要钳工工序。

5）可缩短加工时间。

10. 管接头复杂模具的高速加工

如图5-12所示，管接头复杂模具的规格为120mm×150mm×50mm，其高速加工工艺技术参数及特点：

1）粗铣转速为23000r/min，切削速度为7000mm/min。

2）精铣转速为36000r/min，切削速度为5000mm/min。

3）用ϕ1mm铣刀铣切螺纹轮廓。

4）表面质量最佳。

5）不再需要钳工工序。

图5-12　管接头复杂模具

相关知识链接

链接1：国内外干切削的研究现状

机械加工工业中，切削液的应用非常广泛。由于它能改善零件的加工质量和生产率，现已成为机械工业中一种重要的生产辅料。

随着高速加工技术的迅猛发展及其在工业中越来越广泛的应用，加工过程中使用的切削液用量也越来越大，其流量有时高达80～100L/min。大量切削液造成的负面影响更加突出：零件的生产成本大幅度提高；造成对环境的严重污染；直接危害车间工人的身体健康。

干切削技术一经提出，很快就引起发达国家企业界和学术界的高度重视，纷纷投入巨额资金和大量人力，致力于干切削关键技术的研究，并已经取得初步的成效。干切削技术起源于欧洲，目前在西欧各国也最为盛行。这与西欧各国的工业基础雄厚及环保法规特别严格有一定的关系。在德国的制造业中，现在已有20%左右的企业采用了干切削技术。目前在干切削研究和应用方面，德国处于国际领先的地位。

在美国，许多企业虽然不情愿，但目前还是不得不在金属加工中大量使用切削液。他们在金属加工中之所以开始采用干切削，首先考虑的是环境因素。由于切削液雾化，使车间地面潮湿，影响了企业的形象；更由于工人长期接触可溶性油类的切削液，健康受到损害。采用干切削既可避免影响工人健康，也可避免切削液处理方面的诸多问题，而且所得到的干切屑，经过压缩还可重新使用。在美国人看来，和执行环保法规相比，购买、维护和处理切削液的费用则居于次要地位。日本紧跟德国和美国，在干切削方面也进行了研究。最近他们已开发成功几种不使用切削液的干式加工中心。其中一种机床上装有液氮冷却的干切削系统，从空气中提取高纯度氮气，在常温下以5～6个大气压的压力将液氮送往切削区，可顺利实现干切削。

我国干切削技术的研究也已起步。成都工具研究所有限公司、山东工业大学和清华大学等单位对超硬刀具材料（如陶瓷、立方氮化硼、金刚石等）及刀具涂层技术进行过系统的研究，并取得了不少的研究成果。我国陶瓷刀具目前已形成了一定的生产能力，这些都为干切削技术的研究与应用提供了初步的技术基础。但是，总的说来，我国在干切削理论研究方面与国外还存在较大的差距，在工业中的应用规模较小，有待于今后加快研究与推广应用。

链接2：实现干切削的主要难点

干切削并不是简单地停止使用切削液就能实现的，必须认真分析在停用切削液以后，切削过程会出现什么问题？会造成那些不利影响？应采取什么措施来消除这些不利影响？为此，首先应对切削液在机械加工中的作用和功能有一个全面、深入的认识。

进行干切削时，由于缺少了切削液的润滑、冷却和辅助排屑与断屑等功能，刀具、工件和切屑之间的摩擦就会加剧，切削力增大，切屑变形加剧，因而切削热也会急剧增加，导致机床加工区温度明显上升，刀具寿命大大降低，同时工件的加工质量也得不到保证。要使干切削得以顺利进行，达到或超过湿加工时的加工质量、生产率和刀具寿命，就必须从刀具、机床和工件各方面采取一系列的措施，来消除上述不良现象的产生。因此干切削技术是一项庞大的系统工程，其中最大的难点在于如何提高刀具在干切削中的性能，同时也对机床结构、工件材料及工艺过程等提出了新的要求。干切削技术的应用，是对传统金属切削技术的一次重大的创新，将在很大程度上改变机械加工车间的生产面貌。

链接3：干切削的刀具技术

由于不使用切削液，干切削时的切削温度比普通的湿切削要高很多，刀具能否承受干切削时产生的巨大的热量，是实现干切削的关键。这方面的主要措施有：

1）采用新型的刀具材料。干切削不仅要求刀具材料具有极高的热硬性和热韧性，而且还必须有良好的耐磨性、耐热冲击和抗粘结性。

图5-13所示为几种刀具材料的硬度与温度的关系。由图可见，陶瓷刀具（Al_2O_3，Si_3N_4）、金属陶瓷（Cermet）等材料的硬度在高温下也很少降低，即具有很好的热硬性，因此很适合于一般目的的干切削而无须切削液。可是这类材料一般较脆，即热韧性不好，故不适用于进行断续切削。也就是说，陶瓷刀具较适用于干车削而不适用于干铣削。立方氮化硼（CBN）、聚晶金刚石（PCD）、超细晶粒硬质合金等超硬刀具材料也日益广泛应用于干切削。

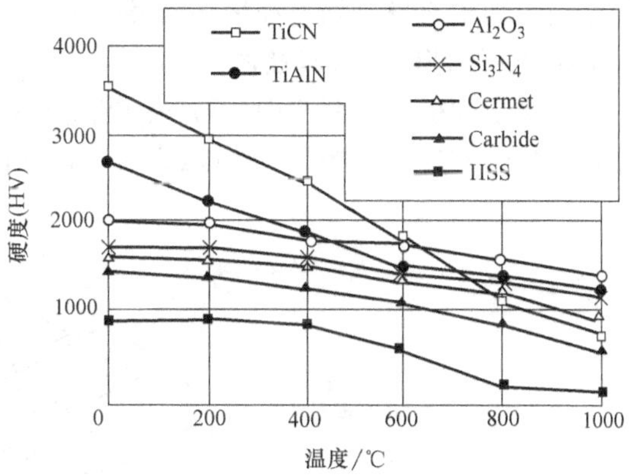

图5-13 不同材料硬度与温度的关系

2）采用涂层技术。对刀具进行涂层处理，是提高刀具性能的重要途径。近些年来，刀具涂层技术发展非常迅速，涂层材料多达15种，有的刀具在刀体上的涂层多达13层。涂层工艺也越来越成熟，通过多年的技术攻关，现已解决了涂层与基体材料结合强度低的技术难题。

涂层刀具分两大类：一类是“硬”涂层刀具，如TiN、TiC和Al_2O_3等涂层刀具。这类刀具表面硬度高，耐磨性好，其中TiC涂层刀具抗后刀面磨损的能力特别强，而TiN涂层刀具则有较高的抗月牙洼磨损能力。另一类是“软”涂层刀具，如 MoS_2、WS 等涂层刀具。这类涂层刀具也称为“自润滑刀具”，它与工件材料的摩擦因数很低，只有 0.01 左右，能减少切削力和降低切削温度。例如瑞士开发的 MOVIC 涂层丝锥，刀具表面涂覆一层 MoS_2。切削实验表明，未涂层丝锥只能加工 20 个螺孔，用 TiAlN 涂层丝锥时可加工 1000 个螺孔，而 MoS_2 涂层的丝锥可加工 4000 个螺孔。

实际上，涂层有类似于切削液的功能，它产生一保护层，把刀具与切削热隔离开来，使热不会或很少传到刀具，从而能在较长的时间内保持刀尖的坚硬和锋利。涂层还有保持刀具材料不受化学反应的作用，因为在大多数高速干切削中，高温对化学反应有很大的催化作用。带有光滑表面的刀具涂层，可借助于减少摩擦来降低切削热的这种催化作用。

TiAlN 涂层和 MoS_2 软涂层还可交替涂覆，形成一个多涂层刀具，既有硬度高、耐磨性好的特性，又有摩擦因数小、切屑易流出的优点，有优良的替代切削液的功能。总之，在发展干切削技术过程中，要特别注意涂层刀具的有效应用。

3）优化刀具参数和切削用量。刀具的几何参数和结构设计必须满足干切削对断屑和排屑的要求。众所周知，断屑槽在韧性材料加工中对断屑起着很关键的作用。目前在车刀三维曲面断屑槽方面的设计制造技术已经比较成熟，可针对不同的工件材料和切削用量，很快设计出相应的断屑槽结构与尺寸，并能大大提高切屑折断能力和对切屑流动方向的控制能力。

在封闭空间进行干切削（如干钻削、干铰削、干攻螺纹等）时，应增大刀具的容屑槽空间和背锥的锥度。

由于高速加工有切削力小、散热快、加工过程稳定性好等优点，因此在干切削的切削用量选择中，应尽可能采用较大的切削用量。干切削技术与高速切削技术的有机结合，将获得生产率高、加工质量好和无环境污染等多重利益。

链接 4：干切削的机床技术

设计干切削机床时要考虑的特殊问题主要有两个：一是切削热的迅速散发，另一个是切屑和灰尘的快速排出。图 5-14 所示为对干切削机床的基本要求。

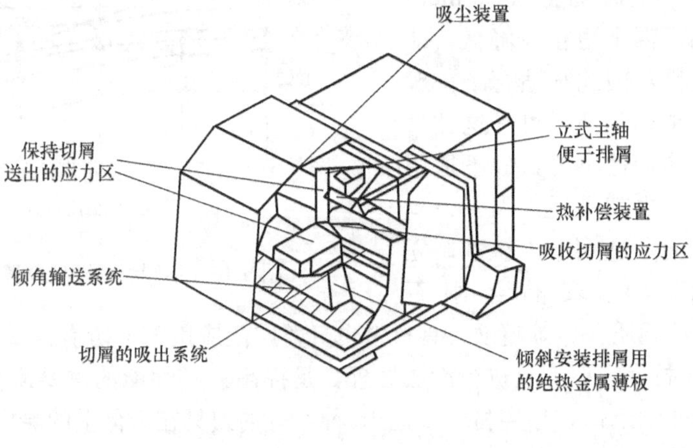

图 5-14　干切削机床应具备的主要性能

干切削时在机床加工区产生的热量是比较大的，这些热量如不及时从机床的主体结构排出去，就会使机床产生严重的热变形，影响工件的加工精度和机床工作的可靠性。而对于一些无法排出的热量，则应对相关部件采取隔热措施。

由图5-14可见，为了便于排屑，干切削机床应尽可能采用立式主轴、倾斜式床身。工作台上的倾斜盖板可用绝热材料制成，以便将大量热切屑送入螺旋排屑槽。堆积在机床工作台和其他支承部件上的热切屑会造成机床的热变形，吸气系统直接作用在工作台和夹具上，可防止切屑的堆积。一个内置的循环冷气系统用以提高机床工艺系统的热稳定性。在加工区某些关键部位应设置温度传感器，用以监控机床温度场的变化情况，必要时可通过数控系统进行精确到微米级的误差补偿。机床上的过滤系统可将干切削过程中产生的尘埃颗粒及时滤掉并通过抽风系统排出。产生灰尘的加工区应和机床的主轴部件及液压、电气系统严加隔离。此外，还可以通过对这些部件施加微压，以防止灰尘的侵入。

链接5：干切削的工艺技术

工件材料在很大程度上决定了实施干切削的可能性。铸铁总是进行干切削，有时甚至可以利用干切削中产生的切削热来提高其生产率。例如用聚晶立方氮化硼（PCBN）刀具在高速加工中把切削热推向工件，形成赤热，可降低铸铁工件的屈服强度，达到增大切削速度和进给速度的要求，使铸铁加工的材料切除率达到最大值，这就是所谓的“红月牙”技术。

不同工件材料的热学特性差别较大。干切削要求工件有较大的热容量和较低的热导率，因此大质量的零件比小零件更适宜于干切削。最难进行干切削的工件材料和加工方法的组合见表5-29。由表可见，铸铁和复合材料最适合于干切削，而超硬合金和钢则较难于进行干切削，这些都有待于进一步研究解决。

表5-29　难于进行干切削的工件材料和加工方法组合

工件材料	加工方法				
	车削	铣削	铰削	攻螺纹	钻孔
铸铁	-	-	-	-	-
钢	-	●	●	●	-
铝合金	-	●	-	●	-
超硬合金	●	●	●	●	●
复合材料	-	-	-	-	-

注：● 表示难于进行干切削。

铝合金热导率高、线膨胀系数大，在加工过程中会吸收大量的切削热，使工件发生热变形，而且铝合金硬度和熔点都较低，因此加工过程中切屑很容易与刀具发生“胶焊”或粘连，形成积屑瘤，这是铝合金干切削中遇到的最大难题。解决这一难题的最好办法，是采用高速干切削。在高速切削中，95%～98%的切削热都传给了切屑，切屑在与刀具前刀面接触的界面上会被局部熔化，形成一层极薄的液态薄膜，因而切屑很容易在瞬间被切离工件，大大减少了切削力和产生积屑瘤的可能性；而且工件可以保持常温状态，既提高了生产率，又改善了铝合金工件的加工精度和表面质量。这就是铝合金普遍采用超高速加工的主要原因，也是干切削技术和超高速加工技术成功结合的一个范例。

切削力大、温度高是干切削的主要特点。为了减少高温下刀具和工件之间材料的扩散和粘结，获得正常的刀具寿命，应特别注意刀具材料与工件之间的合理搭配。例如，金刚石(碳与铁有很强的化学亲合力，故金刚石刀具虽然很硬，但不宜于在干切削中用来加工钢铁工件。铁合金和某些高温合金中有铁元素，因此也不能用含钛的涂层刀具进行铁合金的干切削。又如聚晶立方氮化硼（PCBN）刀具能够对淬硬钢、冷硬铸铁和经过表面热喷涂的硬质工件材料进行干切削，而在加工中、低硬度的工件时，其刀具寿命还不及普通硬质合金的寿命高。

综合训练

思考与练习

1. 判断题（将判断结果填入括号中。正确的填“√”，错误的填“×”。）

（　）(1) 一般来说，被加工工件材料的硬度高，其切削速度应该小些。

（　）(2) 在加工零件时，为了获得零件更高精度和表面质量，可选用较高的切削速度和较大进给量。

（　）(3) 铝材料在 20 世纪 80 年代就已经在工业中广泛应用于高速加工。

（　）(4) 由于高速加工有切削力小、散热快、加工过程稳定性好等优点，因此在干切削的切削用量选择中，应尽可能采用较大切削用量。

（　）(5) 实验表明，高速钢刀具在高速铣削铝镁合金时较好。

（　）(6) 精铣时，为了获得更高的精度和表面质量，可选用较高的切削速度和较小的进给量。

（　）(7) HSM 指的是高速刀具。

（　）(8) 在高速铣削中一般不推荐使用键槽铣刀。

（　）(9) 目前在高速铣削加工中，应用最多的是陶瓷刀具。

（　）(10) 高速切削的加工方式有许多特点，原则上多采用分层环切加工，逆铣加工刀具寿命较长，而往复铣方式刀具寿命最低。斜线轨迹向下进刀极易出现崩刃现象，不宜采用。

答案：(1) √ (2) × (3) √ (4) √ (5) × (6) √ (7) × (8) × (9) × (10) ×

2. 选择题（选择一个正确的答案，将相应的字母填入题内的括号中。）

（　）(1) 端面铣削使用立方氮化硼（CBN）刀具时，其切削速度可高达 5000m/min，主要用于______材料的切削。

(A) 铝合金材料

(B) 灰铸铁

(C) 钢

(D) 铜合金

（　）(2) 一般来说，被加工材料的硬度越______，其相应的切削速度越______。

(A) 高、大

(B) 高、小

(C) 低、小

(D) 没法判断

(　　)(3) 实验证明，加工合金钢、钛等材料时，顺铣的效果比逆铣的效果______。

(A) 差不多

(B) 好

(C) 差

(D) 无法判断

(　　)(4) ______在 20 世纪 80 年代就已经在工业中广泛应用于高速加工。

(A) 铝材料

(B) 陶瓷材料

(C) 铜材料

(D) 铁材料

(　　)(5) 下列哪一种材料的最高切削速度最大______。

(A) 钢材

(B) 铸铁

(C) 铜材

(D) 铝材

(　　)(6) 切削力大，温度高是干切削的主要特点。为了减少高温下刀具和工件之间材料的扩散和粘结，下列叙述不正确的是______。

(A) 金刚石不宜在干加工中加工钢铁工件

(B) 不能用含钛的涂层刀具进行钛合金工件干切削

(C) 聚晶立方氮化硼刀具能够对淬硬钢进行干切削

(D) 铝合金不宜进行高速干切削

(　　)(7) 下列高速机床数控系统的选用原则中不正确的是______。

(A) 是否具有高速加工功能

(B) 系统的加工进给速度和快速，主轴电动机和伺服电动机的转速是否满足要求

(C) 根据机床的规格选择，如五轴联动等

(D) 具有插补功能

答案：(1) B (2) B (3) C (4) A (5) D (6) D (7) D

3. 思考题

(1) 切削参数的选择一般遵循什么原则？

答：对刀具寿命影响最大的是切削速度，其次是进给量，再次是背吃刀量。在实际生产中，要从考虑刀具寿命出发，在保证加工质量及在工艺系统刚性允许的条件下，先选用较大的背吃刀量，再选用较大的进给量，最后选适宜的切削速度。这也是在实际生产中相同材质的刀具加工相同材料的工件时，刀具直径越大转速就越低，刀具直径越小，转速就越高的根本原因。

(2) 目前高速加工的工艺特点是什么？

答：1) 流畅的刀轨。

2) 浅切削，即切削深度不大于刀具直径的 10%。

3) 高的切削速度。

4）进刀方式采用斜坡、圆弧和螺旋线。

5）大量采用小层深的分层切削。

6）多用球头刀。球头铣刀使用时应注意其近中心处切削速度极小，因此切削条件比较恶劣。因此有可能的话，应该是铣刀轴线与工件的法线方向有一个倾斜角，根据试验，当这个夹角为15°左右时，刀具的寿命将达到极大值。

7）尽量保持均匀的切削余量。

8）防止产生切削的二次切断。

9）在冷却方面，油雾冷却（又称准干切削）是比较理想的，喷气冷却、高压大流量内部冷却也可以接受，但应避免低压的、外部的冷却方式。

第六章　UG NX 高速铣削编程

随着高速加工技术的成熟以及满足高速切削的刀具技术进步，对 CAD/CAM 系统的要求越来越高。本章主要介绍了 UG NX 软件相关的编程策略，这些高速加工策略可以满足高速加工的要求，并以叶轮为例进一步阐述说明。

本章学习要点

◎ UG NX CAM 加工环境；
◎ UG NX 面铣加工；
◎ UG NX 等高轮廓铣加工；
◎ UG NX 型腔铣加工；
◎ UG NX 固定轴曲面轮廓铣；
◎ UG NX 可变轴曲面轮廓铣（以叶轮加工为例）。

第一节　UG NX 高速加工模块

UG NX CAM 由五个模块组成，即交互工艺参数输入模块、刀具轨迹生成模块、刀具轨迹编辑模块、三维加工动态仿真模块和后置处理模块。使用 UG NX 进行高速加工编程一般可分为：以去除余量为目的的粗加工、残留粗加工及以获取高质量的加工表面及细微结构为目的的半精加工、精加工、清根加工等。

学习目标

◎ 熟悉 UG NX CAM 加工环境；
◎ 能进行 UG NX 加工参数设置；
◎ 会使用 UG NX CAM 软件各种常用的加工方法。

一、初始化加工环境

由于 UG NX 软件集成了 CAD、CAM 模块，所以打开要加工的 CAD 模型后，在“开始”菜单中选择“加工”（Manufacturing）命令，如图 6-1 所示。也可以按〈Ctrl＋Alt＋M〉键即可进入加工模块。首次进入加工模块时，系统要求设置加工环境。加工环境的设置包括指定当前零件的相应加工模板、数据库、刀具库、材料库及其他一些高级参数。“加工环境”设置对话框如图 6-2 所示，在对话框上部选择已定义的配置文件，在对话框下部选择加工模板，单击“确定”按钮即可进入加工模块。此外，也可以通过“浏览”按钮选择用户自定义的配置文件和模板加工。

如果用户已经进入了加工环境，也可以通过选择“工具”/“操作导航器”/“删除设置”命令删除当前设置，重新进入图 6-2 所示的“加工环境”设置对话框。

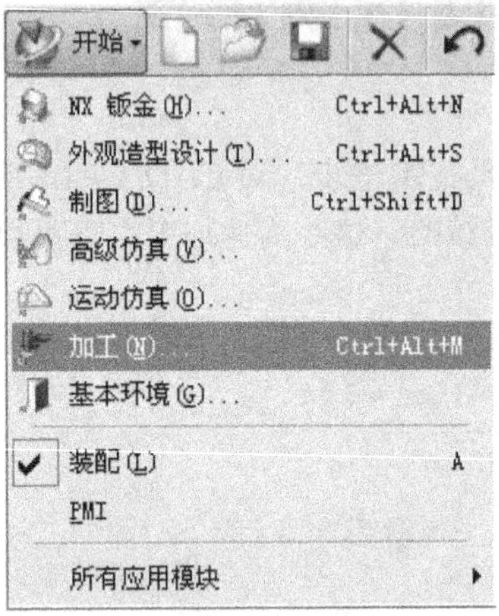

图 6-1　选择“加工”命令

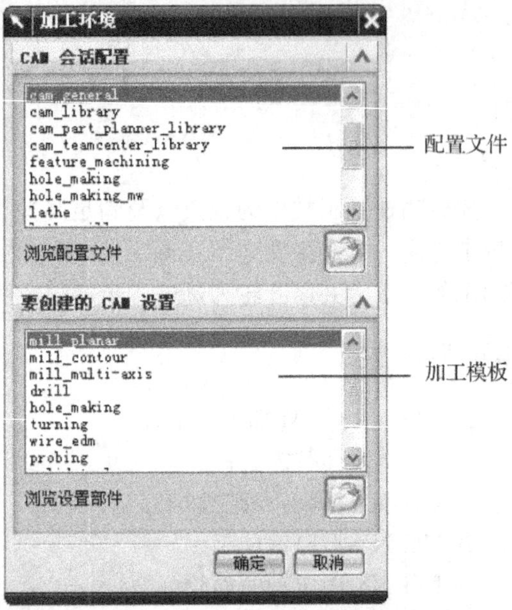

图 6-2　“加工环境”设置对话框

二、操作导航视图

图 6-3　操作导航器

在加工模块中，操作导航器提供四种视图，分别是：程序顺序视图、机床视图、几何视图和加工方法视图，可通过图 6-3 所示的“导航器”工具栏中前四个图标来进行视图切换。各图标的功能说明见表 6-1。

表 6-1　操作导航器工具栏功能说明

图标	功能	包含的数据内容
	程序顺序视图	管理操作，决定操作输出的顺序
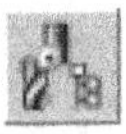	机床视图	加工刀具参数
	几何视图	几何体数据，如零件、毛坯、MCS、安全平面等
	加工方法视图	加工参数，如进给速度、主轴转速和公差等

1. 程序顺序视图

“程序顺序”视图按刀具路径的执行顺序列出当前零件中的所有操作，显示每个操作所属的程序组和每个操作在机床上执行的顺序。各操作的排列顺序决定了后处理的顺序和生成刀具位置源文件（CLSF）的顺序。

“程序视图”有多个参数栏目，如“名称、路径、刀具”等，用于显示每个操作的名称以及与该操作相关的信息。例如，“换刀”列显示该操作相对于前一个操作是否更换刀具；“路径”列显示该操作对应的刀具路径是否生成，如果生成则显示标有符号“✓”；在“刀具、加工几何、方法”列中分别显示该操作所使用刀具、加工几何体和加工方法的名称，如图 6-4 所示。

图 6-4　程序顺序视图

2. 机床视图

“机床”视图按切削刀具来组织各个操作，其中列出了当前零件中存在的所有刀具以及使用这些刀具的操作名称，如图 6-5 所示。“描述”列显示当前刀具和操作的相关信息。每一把刀具的所有操作显示在该刀具的子节点下面。

图 6-5　机床视图

在机床视图中，用户可以对使用同一把刀具的所有操作一次性进行后处理。注意操作在刀具子节点下的排列顺序，后处理以排列顺序为基准。

3. 几何视图

“几何”视图显示了当前零件中存在的几何组和坐标系，以及使用这些几何组和坐标系的操作名称。这些操作位于几何组和坐标系的子节点下面，相应的操作将继承该父节点几何组和坐标系的所有参数，如图 6-6 所示。

图 6-6　几何视图

4. 加工方法视图

“加工方法”视图显示了当前零件中存在的加工方法（如粗加工、半精加工、精加工、钻孔等），以及使用这些方法的操作名称，如图 6-7 所示。

图 6-7　加工方法视图

三、导航器中的参数继承关系

从操作导航器视图显示内容可以看出，在加工应用中，用户不必为每个操作指定参数，而是可以指定一组参数作为共享参数供多个操作使用。

参数数据根据它们在操作导航器中的相对位置，可以从组到组或组到操作的方式，被过渡或继承下来，如“子节点”的参数数据继承自“父节点”。

组和操作的位置可通过剪切与粘贴以及直接拖动，从而改变参数的继承关系。当一个组或操作被粘贴到某个组中时，则参数继承关系随之发生变化，该组或操作会继承新组中的所有参数。

四、导航器中的符号

在操作导航器中，操作和程序组的前面有三种符号，分别是以下三种操作：

(1) ⊘重新生成（Regenerate）　表示该操作从来没有生成过刀具路径，或者在生成刀具路径后又编辑过其中的一个或多个参数，需要重新生成刀具路径。

(2) 重新后处理（Repost）　表示该操作的刀具路径已经生成，但还没有进行后处理输出，或者刀具路径已改变，而后处理输出的刀具路径还是以前的，需要重新进行后处理。

(3) ✓完成（Complete）　表示刀具路径已经生成，并已进行了后处理输出。

五、加工父节点组

在创建一个操作之前，必须为该操作指定四个父节点组，即程序组、刀具组、加工几何组和加工方法组。

1. 程序组的创建

程序组主要用来管理各加工操作和排列各操作的次序。在加工操作很多的情况下，用程序组来管理程序将会比较方便。例如，要对整个零件的所有操作（包括粗加工、半精加工、精加工等）进行后处理，可以直接选择这些操作所在的父节点程序组进行后处理即可，这样可以按操作在程序组中的排列次序进行后处理。在程序顺序视图中合理地组织各操作，可在一次后处理中输出多个操作。

在程序顺序视图中，选择“插入”工具栏中的“创建程序”按钮或在操作导航器“对象菜单”中选择“插入”/“程序组”命令，如图 6-8 所示，则会弹出图 6-9 所示的“创建程序”对话框。

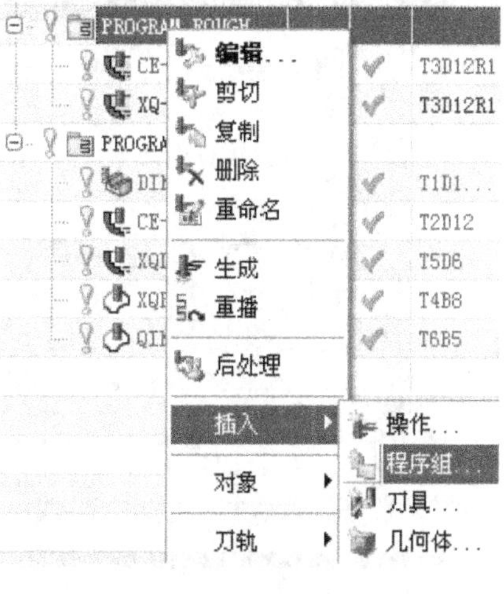

图 6-8　选择程序组命令

在“类型”下拉列表框中选择合适的模板零件类型（模板零件类型在建立加工环境时确定），在“位置”下拉列表框中选择新创建程序组所属的父程序组，在“名称”文本框中输入新创建程序组的名称，然后单击“确定”或“应用”按钮，即可在所选父程序组下创建指定名称的程序组，并显示在操作导航器的程序顺序视图中。

如果在创建程序组时没有指定新创建程序组的父节点组，则可以在程序顺序视图中用鼠标左键拖动新创建的程序组到想要的父节点组下面，以继承父节点组所有参数。这样的操作对其他视图也同样有效，这也是 UG NX CAM 的特点之一。

如果零件包含的操作不多，并可以在同一机床上完成，也可以不用创建程序组，而直接使用系统默认的程序组。

在首次进入加工环境时系统自动创建三个程序组：“NC _ PROGRAM”、“不使用的项”、“PROGRAM”。“NC _ PROGRAM”和“不使用的项”程序组是不可删除的，其中“不使用的项”程序组的作用是暂时放置不使用的操作。“PROGRAM”程序组和用户创建的程序组一样可以使用，也可以删除。

图 6-9 “创建程序”对话框

2. 刀具父节点组的创建

在加工过程中，刀具是从毛坯上切除材料的工具。在创建操作时必须创建刀具或从刀具库中选取刀具。在“插入”工具栏中选择“创建刀具”按钮或在下拉菜单中选择“插入”/“刀具”命令，将弹出“创建刀具”对话框。不同的模板零件，具有不同的刀具创建对话框，在对话框的“类型”下拉列表框内选择模板零件后，对话框即变为对应的“创建刀具”对话框。图 6-10 所示为创建铣削操作时的“创建刀具”对话框；图 6-11 所示为创建孔操作时的“创建刀具”对话框；图 6-12 所示为创建车削操作时的“创建刀具”对话框；图 6-13 所示为创建线切割操作时的“创建刀具”对话框。在对话框的子类型区选择不同的刀具图标即可创建相应的刀具。也可以选择“从库中调用刀具”按钮，从 UG NX 系统自带的刀库中选取刀具。

图 6-10 创建铣削操作的“创建刀具”对话框

图 6-11 创建孔操作的“创建刀具”对话框

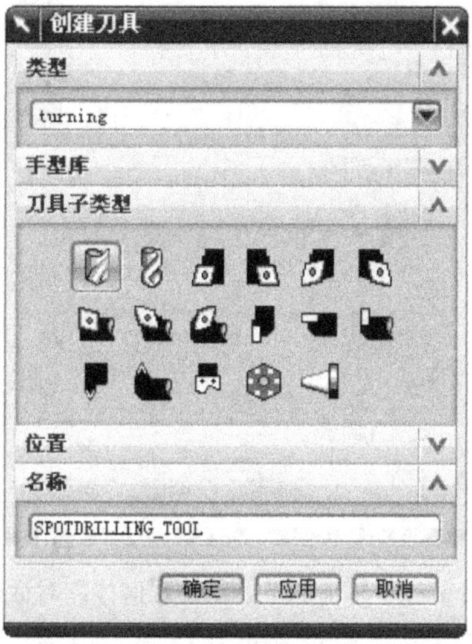

图 6-12 创建车削操作的“创建刀具”对话框

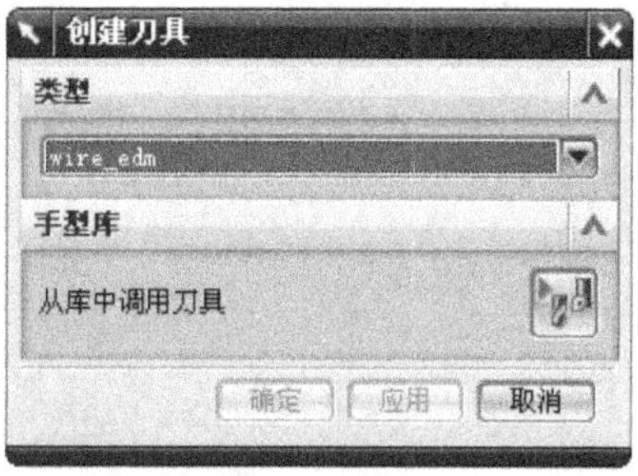

图 6-13 创建线切割操作的“创建刀具”对话框

3. 加工几何父节点组的创建

创建加工几何主要是定义要加工的几何对象（包括毛坯几何、零件几何、检查几何、修剪几何等）和指定加工几何在数控机床上的加工方位（加工坐标系 MCS）。加工几何可以在创建操作之前定义，也可以在创建操作中分别指定。但在操作之前定义的加工几何可以为多个操作使用，在操作中指定的加工几何只能为该操作使用。因此，如果该加工几何要为多个操作使用，则应在创建操作之前定义，并作为创建操作的父节点。

单击“插入”工具栏中的“创建几何体”按钮，会弹出“创建几何体”对话框，在对话框的“类型”下拉列表框中选择不同的模板零件，创建加工几何对话框的内容会有所不同。图 6-14 所示是类型为平面铣（mill_planar）时的对话框，图 6-15 所示为型腔铣（mill_contour）时的对话框，图 6-16 所示为孔加工时的对话框，图 6-17 所示为车削加工时的对话框。

图 6-14 平面铣“创建几何体”对话框

图 6-15 型腔铣“创建几何体”对话框

图 6-16　孔加工“创建几何体”对话框

图 6-17　车削加工“创建几何体”对话框

（1）几何组中的参数继承关系　在创建加工几何时，选择的几何父组确定了新建几何与存在几何组的参数继承关系。在“创建几何”对话框中，父级组下拉列表框列出了所有当前加工类型可继承其参数的父几何组名称，选择某个几何组为父节点组后，新建几何组将在所选几何组子节点下，并继承父级组中的所有参数。随加工类型的不同，所能创建的几何对象也不同。

（2）创建加工坐标系　在 UG NX CAM 中，除了建模模块中所熟悉的绝对坐标系（ACS）和工作坐标系（WCS）外，还有两个加工模块中独有的坐标系，即加工坐标系（MCS）和参考坐标系（RCS）。

加工坐标系（MCS）的作用主要是定义加工几何在数控机床上的加工方位。该坐标系的原点也就是常说的“对刀点”，所有的刀具路径都以此坐标系为基准。加工坐标系的三个坐标轴分别表示为 X_M、Y_M、Z_M。

系统在进行初始化时，加工坐标系（MCS）定位在绝对坐标系（ACS）上，而不是工作坐标系（WCS）上。在初始化后的几何视图中，如图 6-18 所示，可以看到系统默认创建一个加工坐标系（MCS_MILL）和在该坐标系子节点下的零件（WORKPIECE）。可以定义此坐标系为当前零件的加工坐标系，也可以通过“创建几何”对话框中的“创建加工坐标系”子类型来创建新的加工坐标系。如果零件非常复杂，可以建立多个加工坐标系从不同的方位来加工零件。

图 6-18　几何视图

（3）铣削几何　用于定义加工时的零件几何、毛坯几何、检查几何、铣削区域等，铣削几何（MILL_GEOM）按钮和工件（WORKPIECE）按钮的功能相同，都是通过选择实体、面、线或切削区域来定义铣削几何体，也就是加工后的零件。如图 6-14 所示，单击铣削几何按钮，指定创建几何的父级组和名称，单击“确定”按钮会弹出图 6-19 所示的“工件”对话框。在此对话框中，部件按钮定义零件几何，毛坯按钮定义毛坯几何，检查按钮定义检查几何。此外，还可以定义零件的偏置厚度、材料和存储当前视图布局和图层。

1）部件几何：在平面铣和型腔铣中，部件几何表示零件加工后得到的形状；在固定轴铣和变轴铣中，部件几何表示零件上要加工的轮廓表面，部件几何和边界共同定义切削区域，可以选择实体、片体、面、表面区域等作为部件几何。

2）毛坯几何：定义要加工成零件的原材料。定义毛坯的方法与定义部件几何的方法相同。

3）检查几何：用于定义在加工过程中刀具要避开的几何对象，可以指定为检查几何的对象有零件侧壁、凸台、装夹零件的夹具等。它的定义方法也与定义部件几何相同。“部件几何体”对话框如图 6-20 所示。

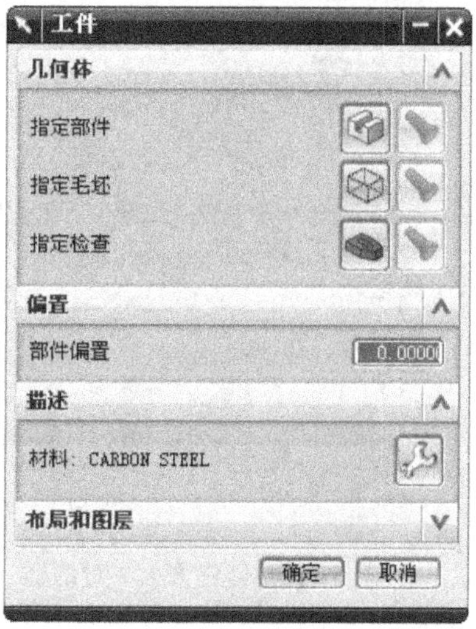

图 6-19　“工件”对话框

4. 加工方法父节点组的创建

在零件加工过程中，为了保证加工的精度，需经过粗加工、半精加工和精加工几个步骤。创建加工方法就是为粗加工、半精加工和精加工指定统一的加工公差、加工余量、进给量等参数。在“导航器”工具栏中选择“加工方法视图”按钮，操作导航器切换为加工方法视图。在默认情况下，系统已经创建好四种加工方法：粗加工（MILL_ROUGH)、半精加工（MILL_SEMI_FINISH)、精加工（MILL_FINISH）和钻孔（DRILL_METHOD)。在创建操作时可以使用系统默认的这些加工方法，也可以新创建符合要求的加工方法。在加工方法视图中，选择“插入”工具栏中“创建方法”按钮，或在下拉菜单中选择“插入”/“方法”命令，会弹出图 6-21 所示“创建方法”对话框。

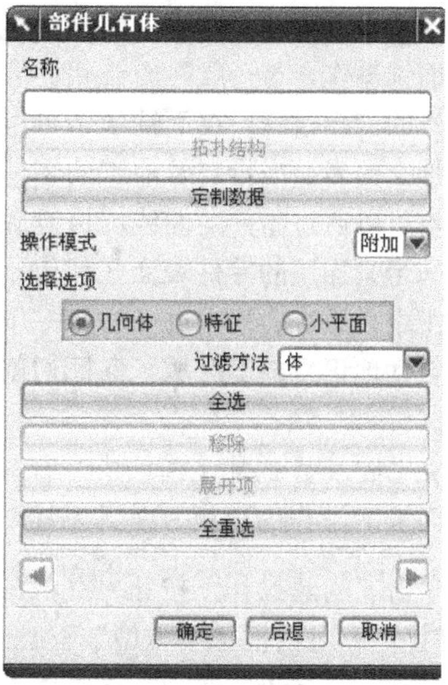

图 6-20　“部件几何体”对话框

在“创建方法”对话框中，首先在类型下拉列表框中选择模板零件，在“位置”下拉列表框中为新创建的加工方法指定父节点，再在名称文本框中输入新建加工方法的名称，如果不指定新的名称，系统会自动产生一个名称，单击“确定”或“应用”按钮，弹出图 6-22 所示的“铣削方法”对话框。用于具体指定加工方法的参数值。

图 6-21 “创建方法”对话框

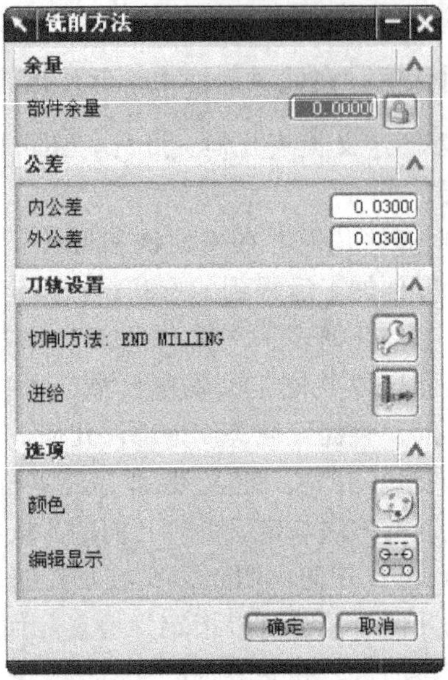

图 6-22 “铣削方法”对话框

六、UG NX CAM 常用的加工方式

1. 面铣削加工

(1) 面铣削加工概述　面铣削作为特殊的平面铣操作，与一般平面铣相比大大简化了操作的创建过程，在面铣削中可以直接指定要加工的表面来指定要加工的零件几何对象，也可以通过零件的曲线、边缘和一系列的点来定义加工的零件表面几何体。在面铣削加工中，系统会根据选择的每一个表面和形状自动地识别加工区域，保证切削的顺利进行。

在 UG NX6 的加工模块中，有三种用于创建面铣削操作的模板。在“刀片”工具条中，单击“创建操作”按钮，在弹出的“创建操作”对话框中“类型”下拉列表中，选择“mill _ planar”选项。子类型中的“面铣削区域”、“面铣削”和“手工面铣削”操作模板用于创建面铣削操作。

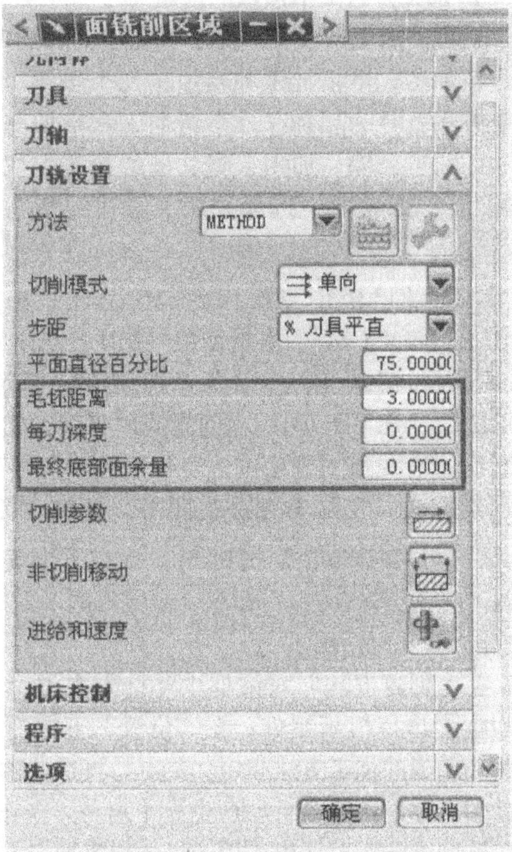

图 6-23 “面铣削操作”对话框

(2) 面铣削加工参数的设置　面铣削操作对话框如图 6-23 所示，其中大部分的操

作参数和“平面铣”操作对话框中的参数是一样的。因此面铣削操作的参数设置，可以参照平面铣操作的参数来进行。当选择不同的切削模式时，对应的切削参数也会不同。

1）“毛坯距离”用于定义要移除的材料总厚度。该距离是在所选面几何体的平面上方并沿刀轴方向测量而得。该选项与“最终底部面余量”结合使用，可确定要移除的实际材料厚度；该选项与“每刀深度”结合使用，可确定要在各个面生成多少个切削深度。

2）“最终底部面余量”用于定义在面几何体的上方的剩余未切削材料的厚度。要移除的材料总厚度是指毛坯距离与“最终底部面余量”之间的距离。

3）“每刀深度”指定每刀深度。系统会按如下方法计算每个选定面的切削层数切削层数=（毛坯距离－底部面余量）/每刀深度，如图 6-24 所示。

2. 型腔铣操作

型腔铣操作用于创建粗加工的型腔和型芯区域的刀具路径。型腔铣操作创建的刀轨可以切削掉平面层中的材料。该操作最常用于粗加工材料，为精加工操作做准备。型腔铣操作刀具将在同一高度内完成一层的切削后，再进入下一高度的切削，系统将根据零件在不同深度的截面形状生成刀具轨迹。

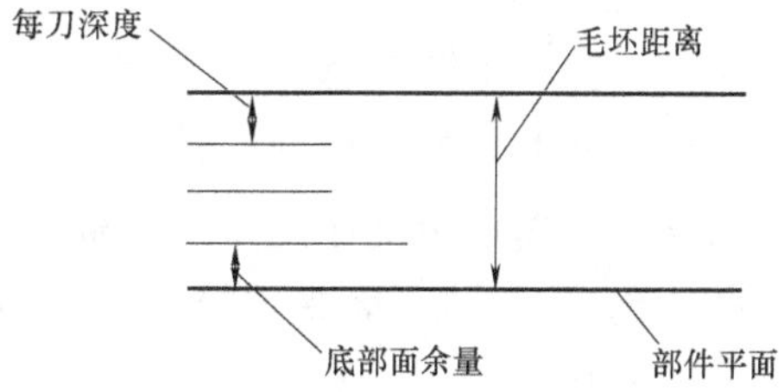

图 6-24 切削层深度

型腔铣主要用于曲面、斜度较小的侧壁、轮廓型腔、型芯的加工，在粗加工中其用于去除大部分的毛坯材料，几乎可以加工任意形状的零件。另外，型腔铣也可以用于平面铣的精加工以及清角加工等。因此型腔铣在数控加工中应用的最为广泛，在数控加工应用中要占到一半以上的比例。

型腔铣可以用在不同的加工领域，如注塑模具、锻压模具、浇注模具、冲压模具的粗加工以及复杂零件的加工等。

（1）型腔铣操作步骤 型腔铣的操作步骤和平面铣的操作步骤比较相似，主要分为以下 4 个主要步骤，如图 6-25 所示。

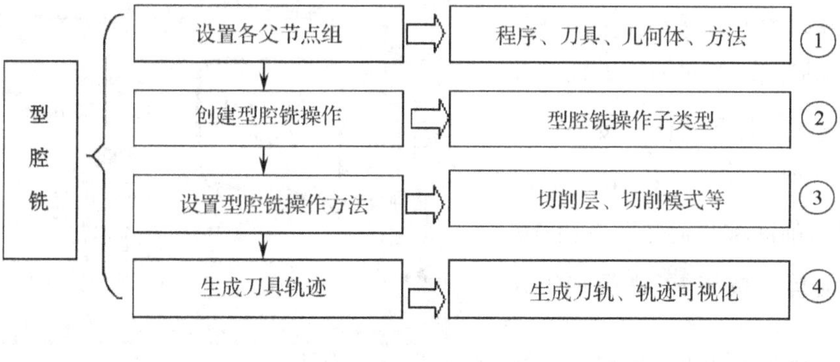

图 6-25 型腔铣操作步骤

（2）各父节点组的设置

1）导入 CAD 模型文件，进入加工环境。在“加工环境”对话框的“要创建的 CAM 设置”下拉列表中，选择“mill _ contour”选项，如图 6-26 所示。单击“确定”按钮。

2）设置刀具组。分别设置创建刀具的父节点组和名称，然后设置刀具的具体参数。

3）设置加工几何体组。分别设置加工坐标系、安全平面、工件几何体和毛坯几何体。

4）设置加工方法组。分别设置粗加工方法、半精加工方法和精加工方法。

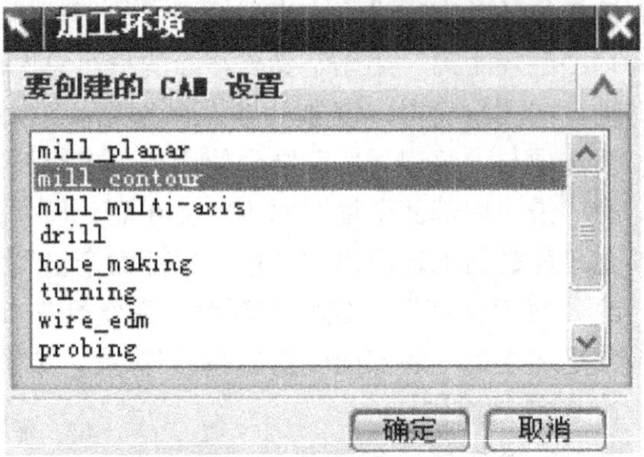

图 6-26 “加工环境”对话框

（3）创建型腔铣操作

1）选择创建的操作类型。在“插入”工具条中，单击“创建操作”按钮或在“插入”主菜单中选择“操作”命令，弹出“创建操作”对话框，如图 6-27 所示，在对话框的“类型”下拉列表中选择“mill _ contour”选项，在“操作子类型”中，单击“型腔铣”按钮，创建型腔铣操作。

2）选择父节点组。型腔铣的父节点组“程序”、“刀具”、“几何体”和“方法”，可以在图 6-27 所示的“创建操作”对话框中选择，也可以在型腔铣的操作对话框对应的下拉列表中选择或者重新创建。

（4）型腔铣操作方法的设置

1）设置加工几何体。在设置好“创建操作”对话框的相关参数后，单击“确定”按钮，系统弹出“型腔铣”对话框，如图 6-28 所示。在创建型腔铣操作的时候，首先选择要加工的几何体对象，可以通过操作对话框上面“几何体”区域的“部件几何体”按钮、“毛坯几何体”按钮、“检查几何体”按钮、“切削区域几何体”按钮和“修剪几何体”按钮进行加工几何体的选择。

2）设置基本的操作参数。选择“切削模式”、“步进方式”、“全局每刀深度”等参数。

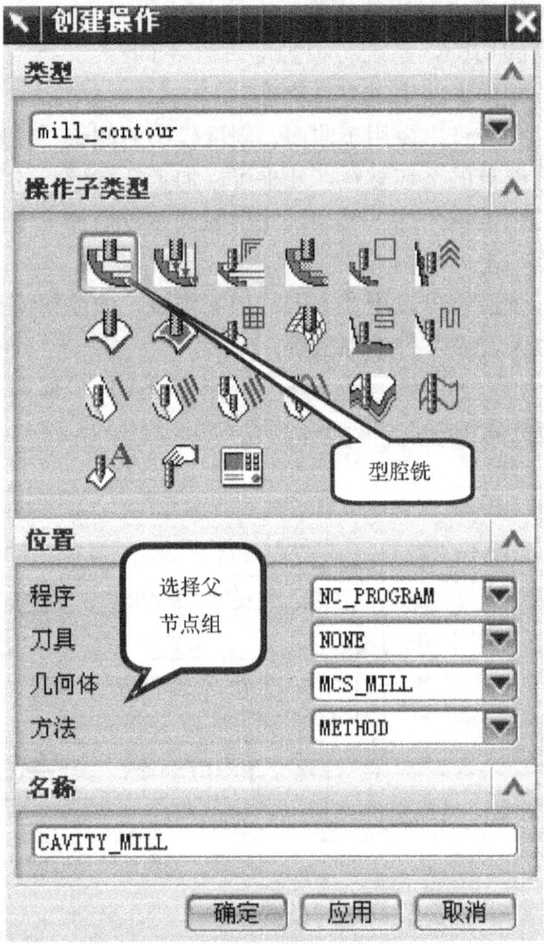

图 6-27 “创建操作”对话框

3）设置其他的参数。设置“切削

层”、“切削参数”、“非切削移动”、“进给和速度”、“机床控制”等参数。

(5) 刀具轨迹的生成

1) 生成刀具轨迹。在“型腔铣”对话框中设置了所有的参数后，单击“生成刀轨”按钮，系统将生成刀具轨迹。然后可以从不同的角度观察生成的刀具轨迹，检查生成的刀具轨迹是否合理。

2) 检查刀具轨迹，进行加工仿真。在“型腔铣”对话框中，单击“确认”按钮，系统弹出“刀轨可视化”对话框，如图 6-29 所示，设置加工仿真的相关参数后进行加工环境的仿真，然后进行仿真加工。

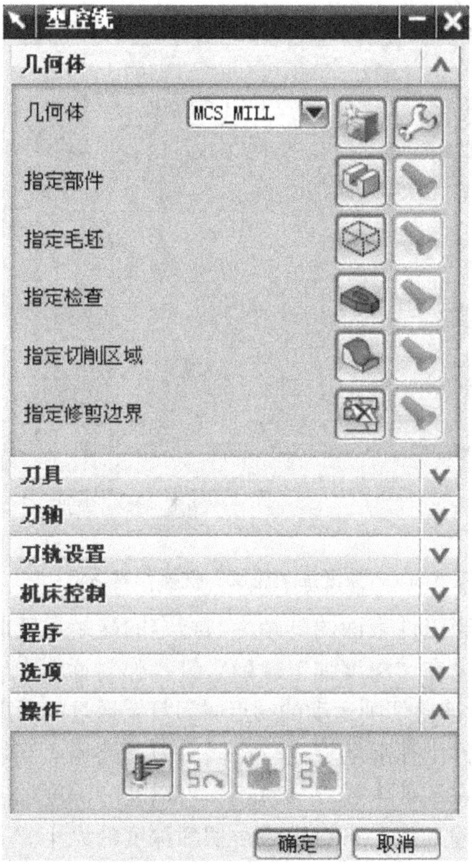

图 6-28 “型腔铣”对话框

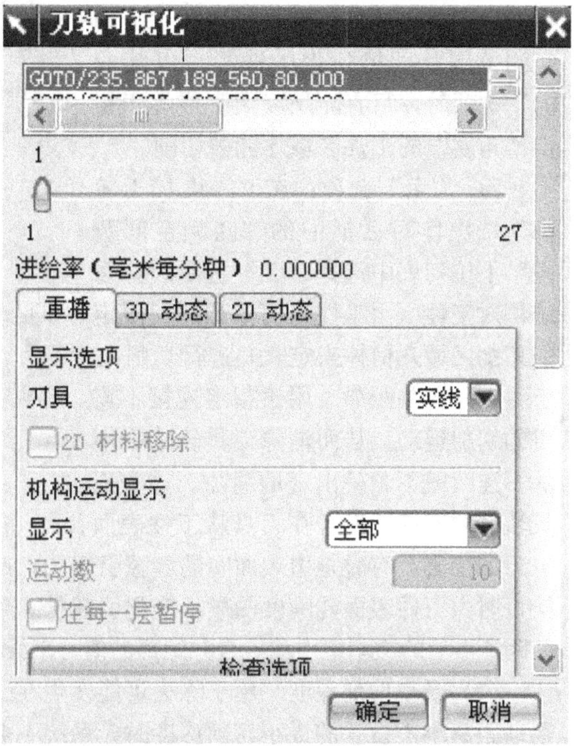

图 6-29 “刀轨可视化”对话框

3. 深度加工轮廓铣

深度加工轮廓铣是一种固定轴铣操作，用于对零件的表面轮廓进行精加工或半精加工。在操作定义几何体时，除了定义工件几何体外，还可以通过定义切削区域几何体，以限制要切削的区域。如果没有定义任何切削区域几何体，系统则将整个工件几何体当做切削区域。在生成刀具轨迹的过程中，系统将根据工件几何体，检测工件几何体的陡峭区域，对跟踪形状进行排序，识别要加工的切削区域以及在不过切工件的情况下对所有切削层中的这些区域进行切削。

深度加工轮廓铣和型腔铣操作的创建步骤基本一样。

“深度加工轮廓”铣操作对话框如图 6-30 所示，其中大部分的参数与型腔铣中的参数相同，可以参照型腔铣部分的参数对其进行设置。下面仅对型腔铣中没有涉及的参数进行说明。

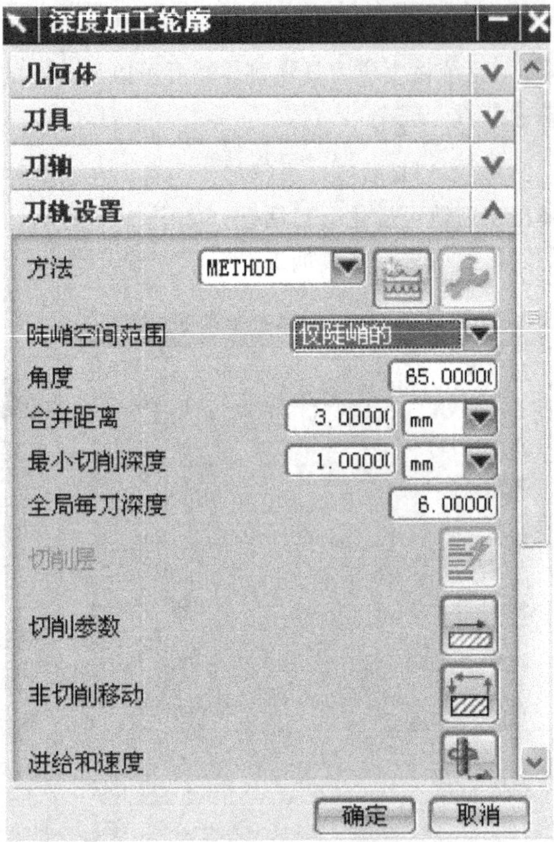

图 6-30 “深度加工轮廓”铣操作对话框

（1）陡峭角 “陡峭角”是深度加工轮廓铣区别于其他型腔铣操作的一个重要参数。在零件上任何给定点处的工件陡峭度可由刀轴和面的法向之间的夹角定义。陡峭区域是指工件的陡峭度大于指定“角度”的区域。

1)“仅陡峭的”选项：当在“陡峭空间范围”下拉列表中选择“仅陡峭的”选项时，只有陡峭度大于或等于指定“角度”的工件区域才能被切削。

2) “无”选项：在“深度加工轮廓”铣操作对话框中的“陡峭空间范围”下拉列表中选择“无”选项时，系统将对工件（由工件几何体和任何限定的切削区域几何体来定义）进行切削。

（2）合并距离 用于指定连接不连贯的切削运动，从而消除刀具轨迹中小的不连续或不希望出现的缝隙。这些刀具轨迹的不连续发生在刀具从工件表面退刀的位置，有时是由表面间的缝隙引起的，或当工件表面的陡峭度与指定的陡峭角度非常接近时由工件表面陡峭度的微小变化引起的。可以在“深度加工轮廓”铣操作对话框中“合并距离”后的文本框中输入合并距离的值，来设置连接切削运动的端点时刀具要通过的距离。

（3）最小切削深度 用于除去可能发生在工件中孤岛区域内较小段的刀具路径。当切削运动距离小于设置的最小切削深度时，系统不会在该处生成刀具轨迹。可以在“深度加工轮廓铣”对话框中“最小切削深度”后的文本框中输入值，来设定最小切削深度的大小。

（4）“连接”选项卡 在“深度加工轮廓”铣操作对话框中，单击“切削参数”按钮 ，系统弹出“切削参数”对话框，单击“连接”标签，将其切换到“连接”选项卡，如图6-31所示。可以通过其中的“层到层”下拉列表来设置层到层的传递方式。下面将对各个传递方式及相关参数进行说明。

“层到层”是一个特定于深度加工轮廓铣的切削参数。使用“层到层”的“直接对部件进刀”和“沿部件斜进刀”选项可确定刀具从一层到下一层的放置方式。它可切削所有的层而无须抬刀至安全平面。

1）使用传递方法：系统将执行在“进刀/退刀”对话框中所指定的操作。刀具在完成每个刀具路径后都抬刀至安全平面，如图 6-32a 所示。

图 6-31 “连接”选项卡

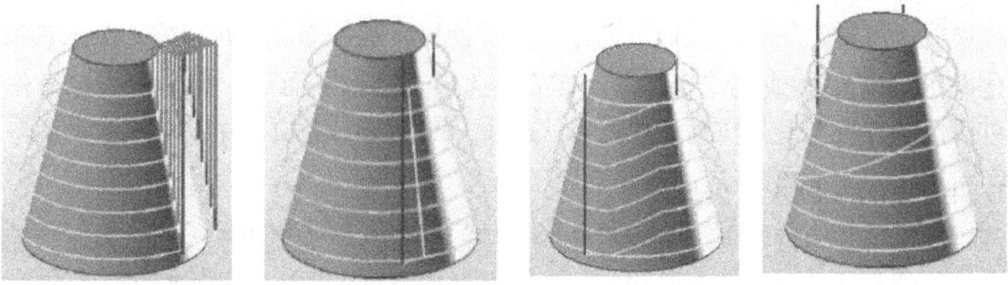

a)　　b)　　c)　　d)

图 6-32 “层到层”的传递方式

a）使用传递方法 b）直接对部件进刀 c）沿部件斜进刀 d）沿部件交叉斜进刀

2）直接对部件进刀：刀具在完成一个切削层的加工后进入下一切削层时将直接在零件表面运动，消除了不必要的内部退刀，如图 6-32b 所示。这样将会大大减少刀具的非切削运动时间，提高加工的效率。

注意：“直接对部件”与“使用直接的转移方式”并不相同，后者是一种快速的直线移动，不执行过切或碰撞检查。

3）沿部件斜进刀：刀具在完成一个切削层的加工后进入下一切削层时将直接在零件表面沿斜线切削到下一层。其斜削角度为“进刀和退刀”参数中指定的斜角。这种切削具有更恒定的切削深度和残余高度并且能在工件顶部和底部生成完整的刀具路径，如图 6-32c 所示。

4）沿部件交叉斜进刀：与“沿部件斜进刀”方式相似，不同的是在斜削进下一层之前完成上一切削层的整个刀具路径。刀具在完成一个切削层的加工后进入下一切削层时，将产生一个斜线运动，所有的斜线运动相连接以消除不必要的内部退刀，如图 6-32d 所示。该选项在高速加工中经常使用。

5）在层间进行切削：可在深度加工轮廓铣加工中的切削层间存在间隙时创建额外的切削。其可消除在标准“层到层”加工操作中留在浅区域中的大刀痕。不必为非陡峭区域创建单独的区域铣削操作，也不必使用非常小的切削深度来控制非陡峭区域中的刀痕。当用于半精加工时，该操作可生成更多的均匀余量。当用于精加工时，退刀和进刀的次数更少，并且表面精加工更连贯。

6）步距选项：用于指定加工缝隙区域时所使用的步距。使用默认的“使用切削深度”选项，步距将与当前切削范围的切削深度相匹配。要进一步控制这些区域中的高度，可以在“步”距下拉列表中选择“恒定”、“残余高度”或“刀具直径”选项来指定步距的大小。

7）最大移刀距离选项：用于定义不切削时希望刀具沿工件进给的最长距离。当系统需要连接不同的切削区域时，如果这些区域之间的距离小于此值，则刀具将沿工件进给。如果该距离大于此值，则系统将使用当前转移方式来退刀、转换并进刀至下一位置。

4. 角落深度加工轮廓铣

角落深度加工轮廓铣可以有效去除粗加工、半精加工刀具路径中的大尺寸刀具在工件夹角处残留的过多的材料，通过设置“切削参数”可以得到拐角处均匀的余量。角落深度加工轮廓铣可以选择指定“切削区域”选项，在指定部位生成铣削刀具路径，但往往配合“参考刀具”选项创建刀具路径。

创建角落深度加工轮廓铣操作跟创建型腔铣操作基本一样。即在“插入”工具条中，单击“创建操作”按钮或在“插入”主菜单中选择“操作”命令，弹出“创建操作”对话框，在对话框的“类型”下拉列表中选择“mill _ contour”选项，在“操作子类型”中，单击“角落深度加工轮廓铣”按钮。

角落粗铣加工与角落深度加工轮廓铣加工相似，角落粗铣多用于大尺寸刀具开粗后的角落粗加工，目的是使角落处的余量均匀，以更好地安排下一道工序的半精加工。

5. 插铣加工

插铣是一种固定轴操作类型，它通过刀具轴向运动高效率地进行大切削量的粗加工，并且可以精加工其他加工方法难以处理的垂直侧壁。在插铣过程中，刀具承受的主要是轴向的力，径向力大大减少，这样，当精加工难以处理深壁的时候就可以采用长且细的刀具而且保持很高的切削速度。

插铣采用自底向上操作。要从顶向下切削，必须创建多个操作，每个操作的范围都在前一个操作的范围之下。第一个操作的范围将从工件顶部到某些中间层，然后再到其下面的层等。当一个型腔分成几个子腔位的时候，切削区域会分组，然后按深度依次切削。使用插铣粗加工通常会留下较大的刀痕和台阶。可以在操作中使用处理中的工件，以便获得更一致的剩余余量。还可以在连续加工操作中使用处理中的工件，限制和减少不必要的刀具运动，提高加工的效率。

创建插铣操作跟创建型腔铣操作基本一样。即在“插入”工具条中，单击“创建操作”按钮或在“插入”主菜单中选择“操作”命令，弹出“创建操作”对话框，在对话框的“类型”下拉列表中选择“mill _ contour”选项，在“操作子类型”中，单击“插铣”按钮。

“插铣”对话框的“刀轨设置”参数如图 6-33 所示，包括一般切削参数、控制点和插削层等参数。下面对各个参数进行具体的说明。

（1）切削模式　在插铣操作中切削方式有往复、单向、单向轮廓、跟随周边、跟随部件和轮廓六种走刀方式。其中，往复、单向、单向轮廓、跟随周边和跟随部件模式用于粗加工；轮廓模式用于精加工。“跟随部件”模式具有用于粗加工的专用增强功能：轮廓模式具有用于精加工的专用增强功能。

（2）向前步长　用于指定从一次插入到下一次插入向前移动的步长。对于非对中切削工况，横越步长距离或向前步长距离必须小于指定的最大切削宽度值，此时，系统会减小应用的向前步长，以使其在最大切削宽度值内。

（3）最大切削宽度　是刀具可切削的最大宽度（俯视刀轴时）。它通常由刀具制造商根据刀片的尺寸来提供。如果它比刀具半径小，则刀具的底部中央位置有一个未切削部分。此参数确定插铣操作的刀具类型。最大切削宽度可以限制横越步长和向前步长，以防止刀具的非切削部分插入实体材料中。对于对中切削刀具，将最大切削宽度设置为 50% 或更高，以使切削量达到最大。对于非对中切削刀具，将最大切削宽度设置为 50%以下。

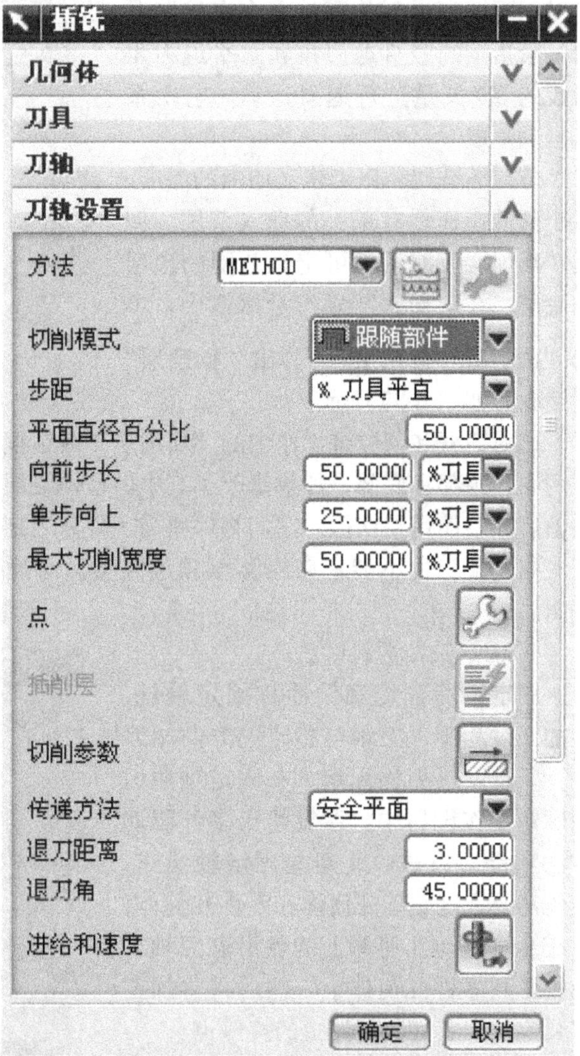

图 6-33　“插铣”对话框

（4）控制点　有预钻点和切削区域起点，用于控制插铣从何处开始切削。在“插铣”对话框中，单击“点”按钮，弹出“控制几何体”对话框，如图 6-34 所示。通过该对话框可以对预钻点和切削区域的开始点进行设置。

1）预钻孔进刀点：使用预钻孔进刀点的方法有两种。一种可以手工指定预钻点；另一种可以让系统自动生成预钻点。对于手工指定预钻点，可以在“控制几何体”对话框中，单击“编辑”按钮，通过弹出的“预钻孔进刀点”对话框来定义。

2）切削区域起点：可以在切削区域指定刀具的进刀位置和步进方向。

（5）传递方法　插铣支持的传递方法有“安全平面”和“自动”两种。当选择“安全平面”方式时，系统将会以已定义的安全平面作为退刀的过渡平面；选择“自动”方式时，将自动在不发生过切和碰撞的 Z 高度加上安全间距所确定的最低高度处过渡。

(6) 退刀　在插铣中，可以通过指定退刀距离和退刀角度的大小来控制退刀。沿指定的竖直退刀角和水平退刀角形成的 3D 矢量进行退刀运动，它由系统自动生成。

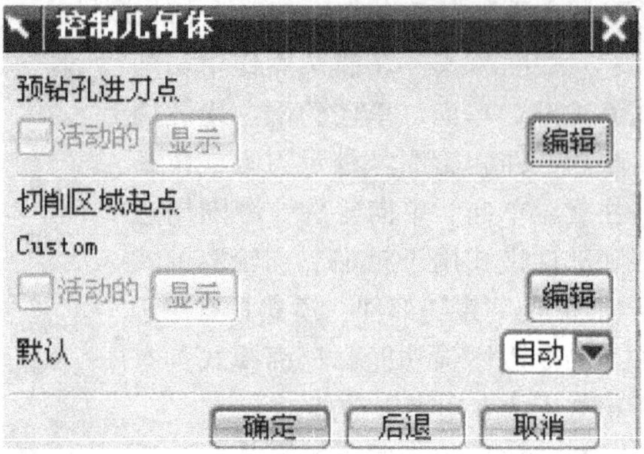

图 6-34 “控制几何体”对话框

(7) 插铣层　用于定义切削的深度。每个插铣操作均有单一的插入范围。使用“插削层”对话框可定义范围的顶层和底层。在“插铣”操作对话框中，单击“插削层”按钮，弹出“插削层”对话框，如图 6-35 所示。

该对话框和型腔铣操作中的“切削层”对话框相似，但在每一个插铣操作中的切削层只有两层：顶部和底部。如果修改了其中的任何一层，则在下次处理该操作时系统将使用相同的值。如果使用默认值，它们将保留与工件和毛坯的关联性。在插铣操作中，不能将顶层移至底层之下，也不能将底层移至顶层之上。对插削层的编辑可以参考型腔铣中切削层的编辑。

6. 固定轴曲面轮廓铣

固定轴曲面轮廓铣简称固定轴铣，在加工过程中，刀轴与指定的方向始终平行，也就是刀轴固定。在固定轴曲面轮廓铣操作设置中，系统给出多种驱动方法和走刀方式，要建立固定轴操作，首先需要指定驱动几何体和零件几何体。系统会将驱动几何体上的点沿着刀轴方向投影到零件几何体上，然后再将加工刀具定位到零件几何体上的接触点。

驱动点的产生比较灵活，可以在整个或部分零件几何上产生，或者在与零件几何体无关的其他几何体上产生，然后再投影到零件几何体上。

固定轴铣一般用于零件的半精加工和精加工；对于复杂零件，固定轴铣也能用于粗加工。

(1) 固定轴曲面轮廓铣的基本术语

1) 零件几何体：指要加工的轮廓表面，通常直接选择零件被加工后的实际表面。零件几何体可以是实体、片体、

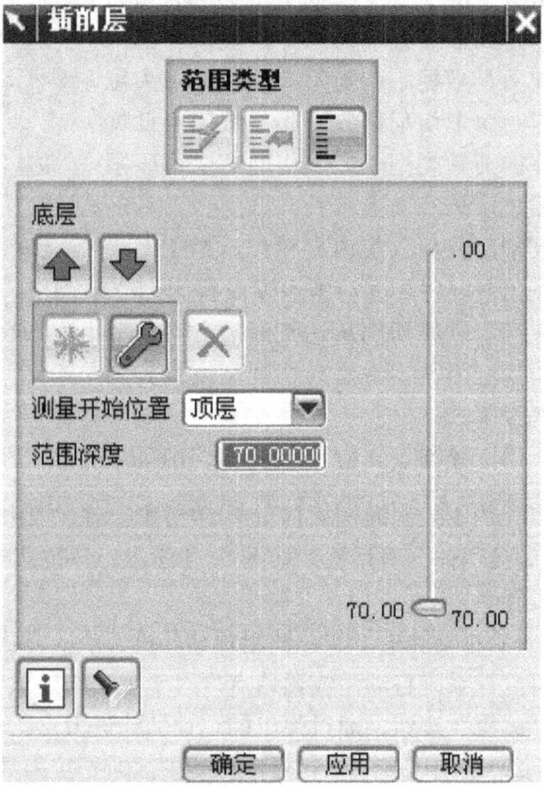

图 6-35 “插削层”对话框

实体表面或表面区域。直接选择实体或实体表面作为零件的几何体，可以保持加工刀轨与这些表面之间的相关性。表面区域是在准备几何体功能中创建的。

2）检查几何体：指在切削过程中刀具不能侵犯的几何体对象，如零件壁、岛、夹具等。刀具碰到检查几何体时，会自动避开检查几何体，直到下一个安全的切削位置才开始进刀。

3）切削区域：若采用区域铣和清根切削驱动方法，则存在切削区域的概念。每一个切削区域都是零件几何体的一个子集。若不指定切削区域，则将整个零件作为切削区域，即利用零件几何体的外轮廓作为切削区域。

4）修剪几何体：若采用区域铣和清根切削驱动方法，则可以指定修剪边界来进一步约束切削区域。修剪边界是封闭边界，并沿刀轴矢量投影到零件几何体上以确定切削区域；刀具的定位方式总是 ON；材料侧可以是修剪边界的内侧或外侧；它可以同时指定多个修剪区域。

5）驱动几何体：由驱动方法定义来生成驱动刀轨的几何体对象。将驱动刀轨投影到零件表面上，即生成刀轨。若使用表面驱动方法，也可以不指定零件几何体，而直接在驱动几何体上生成刀轨。驱动几何体可以是扩展的曲面。

6）驱动点：在驱动几何体上生成，是按照规定的投影方法投影到零件几何体上的点。

7）驱动方法：定义生成刀轨所需的驱动点的方法。固定轴曲面轮廓铣有很多种驱动方法，每种驱动方法的对话框都是不同的。常用的驱动方法有曲线/点驱动方法、边界驱动方法、区域铣削驱动方法、表面积驱动方法和流线驱动方法等。

8）投影矢量：用来规定驱动点如何向零件表面上投影，并决定刀具接触的是零件的哪一侧。在一般情况下，驱动点沿投影矢量方向投影到零件表面上，有时当驱动点从驱动曲面向零件表面投影时，可能会沿着投影矢量方向的反方向投影。但不管如何投影，刀具总是沿着投影矢量和零件表面的一侧接触。

对于不同的驱动方法，可以定义的投影矢量方法不同。除清根驱动方法外，其他驱动方法都可以定义投影矢量，但是如果没有定义零件几何体，即直接在驱动几何体上加工时，投影矢量也不能使用。

9）刀轴：刀轴矢量用来定义固定刀轴与可变刀轴的方向。固定刀轴与指定的矢量平行，而可变刀轴则在沿着刀具路径移动时可以不断改变方向。在固定轴铣的操作中，只能定义固定刀轴；而在可变轴铣的操作中，既能定义固定刀轴，也能定义可变刀轴。

10）驱动方法及驱动几何体的原理：驱动方法用于定义创建刀轨时的驱动点。有些驱动方法沿着指定曲线定义一系列驱动点，有些驱动方法则在指定的边界内部或在指定的曲面上定义驱动点阵列。只要定义了驱动点就要用来创建刀轨。若未指定零件几何体，则直接从驱动点创建刀轨。若指定了零件几何体，则把驱动点沿着投影方向投影到零件几何体上来创建刀轨，有多种驱动方法可以使用。

（2）创建固定轴铣的一般步骤

1）选择创建的操作类型。进入 UG NX6 的加工模块，在“插入”工具条中，单击“创建操作”的按钮，或在“插入”主菜单中选择“操作”命令，弹出“创建操作”对话框，如图 6-36a 所示，在对话框的“类型”下拉列表中选择“mill_contour”选项，在“操作子类型”中，单击“固定轴曲面轮廓铣”按钮，系统将弹出“固定轮廓铣”对话框，如图 6-36b 所示。设置“程序”、“刀具”、“几何体”和“方法”父节点组后，单击“确定”按钮。

a) b)

图 6-36 固定轮廓铣的创建

a)“创建操作”对话框 b)“固定轮廓铣”对话框

2）创建加工几何体。固定轴曲面轮廓铣的几何体随着选择的驱动方式的不同而不同，主要包括部件几何体、检查几何体、切削区域几何体、修剪几何体、文本几何体 5 个按钮，通过这 5 个按钮来进行加工几何体的选择。

3）设置固定轴曲面轮廓铣的操作参数。设置基本的操作参数包括选择驱动方法，设置相关的驱动参数，设置投影矢量、刀轴、切削参数、非切削参数、进给和速度和机床控制等参数。

4）生成刀轨。在操作对话框中设置所有的参数后，单击“生成刀轨”按钮生成刀轨，最后单击“确定”按钮。

7. 固定轴铣的边界驱动

边界驱动方式可以指定边界和环定义切削区域。将已定义的切削区域的驱动点按照指定的投影矢量的方向投影到工件表面，从而生成刀具轨迹。在边界驱动方式中，边界可以由一系列曲线、现有的永久边界、点或面构成。它们可以定义切削区域外部，如岛和腔体。可以为每个边界成员指定位置属性，如对中、相切或接触。所指定的边界可以超出工件表面的大小范围，也可以在工件表面内限制一个更小的区域，还可以与工件表面的边重合。

边界驱动方式与平面铣的工作方式大致相同。但与平面铣不同的是，边界驱动方式可用来创建允许刀具沿着复杂表面轮廓移动的精加工操作。需要注意的是，使用边界驱动方式时，不能控制刀轴或相对于驱动曲面的投影矢量。

在“固定轮廓铣”对话框的“方法”下拉列表中，选择“边界”选项，系统弹出“边界驱动方法”对话框，如图 6-37 所示。通过该对话框可以对边界驱动操作的相关参数进行设置。

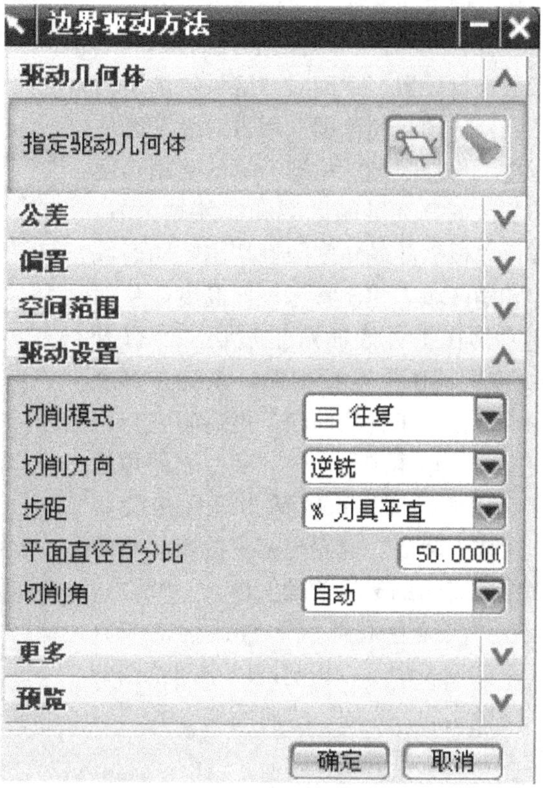

图 6-37 “边界驱动方法”对话框

下面对“边界驱动方法”对话框中的各参数进行说明。

（1）驱动几何体　用于指定驱动几何体边界。在“边界驱动方法”对话框中，单击“指定驱动几何体”按钮，弹出“边界几何体”对话框。该对话框和平面铣中的“边界几何体”对话框一样，可以添加或减少边界成员以及设置各自相关的参数。在定义驱动几何体边界后，可以再次单击“指定驱动几何体”按钮，弹出“编辑边界”对话框，对比边界进行编辑和修改，同时可以为每个边界成员指定位置属性，如对中、相切或接触。其中对中和相切方式与平面铣中的刀具位置属性设置一样。接触方式与对中或相切不同，其接触点位置根据刀尖沿着轮廓曲面运动时的位置而改变，刀具沿着曲面前进，直到它接触到边界。在轮廓曲面上，刀尖处的接触点位置不同。

注意，在指定边界刀具位置方式时，接触方式不能与对中方式或相切方式结合使用。如果要将接触方式用于驱动边界任何一个成员，则整个边界都必须使用接触方式。

（2）边界公差和边界偏置

1）边界公差：用于指定刀具偏离实际边界的最大距离，包括边界内公差和边界外公差。可以在公差栏中的“边界内公差”和“边界外公差”文本框中输入公差的值。公差的值越小，其精度越高，但需要的加工时间也越长。

2）边界偏置：用于设置边界余量的大小，它通过一个偏置值来控制边界上遗留下的材料的量。其一般用于粗铣加工中指定材料的预留余量，以便在后续的精加工中切除。

（3）空间范围　部件空间范围用于指定工件包容的方式。可以通过“部件空间范围”下拉列表来指定工件包容的方式，其中有“关”、“最大的环”和“所有环”三种方式。“环”类似于边界，都可定义切削区域，是沿着所有的外工件表面边缘生成的。与边界不同，“环”是在工件表面上直接生成的而且无需投影。“关”方式不使用工件包容来定义切削区域。

8. 固定轴铣区域铣削驱动

区域铣削驱动方式通过指定一个切削区域来生成刀具轨迹。该方式只能用于固定轴曲面轮廓铣操作，不需要驱动几何体。一般情况下，应该尽可能使用区域铣削驱动方法来代替边界驱动方法。

在“固定轮廓铣”对话框的“方法”下拉列表中，选择“区域铣削”选项，系统将弹出“区域铣削驱动方法”对话框，如图6-38所示。通过该对话框可以对区域铣削驱动的相关操作参数进行设置。下面对“区域铣削驱动方法”对话框中的各选项进行说明。

(1) 陡峭空间范围　用来对加工区域进行进一步的限制。根据刀具的陡峭角度将切削区域分为陡峭区域和非陡峭区域，这样可以根据陡峭角度限制切削陡峭区域或非陡峭区域，控制参考表面高度，从而避免刀具在工件表面产生过切。当打开“陡峭空间范围”对话框时，系统在每个接触点处计算工件表面角，然后将它与用户定义的陡峭角进行比较。实际表面角超出指定陡峭角时，系统认为表面是陡峭的。生成刀轨后，以超出指定的陡峭角的曲面组成封闭的边界清理实体。

图6-38　“区域铣削驱动方法”对话框

在“陡峭空间范围”对话框的“方法”下拉列表中可以指定陡峭空间范围的方式，分别为：“无”、“非陡峭”和“定向陡峭”三个选项。

1)“无”选项：在刀具路径上不使用陡峭约束，系统将会加工整个切削区域。

2)“非陡峭”选项：系统将只对非陡峭区域进行加工。该选项一般用于切削比较平缓的工件表面。当指定方法为“非陡峭”时，会激活“陡峭角”文本框，可以通过在该文本框中输入陡峭角度的值来限制非陡峭区域的大小。

3)“定向陡峭”选项：只允许切削指定方向上的陡峭区域。其方向由切削角来确定，即从工作坐标系（WSC）的 X_C 轴开始，绕 Z_C 轴旋转指定的切削角度的大小就是指定的切削方向。

(2) 切削模式　区域铣削驱动方法中的切削模式和边界驱动方法中的切削模式基本一样，但区域铣削驱动方法中多了往复上升切削模式。往复上升切削模式和往复时走刀方法基本相同，只是根据指定的局部进刀方式、退刀方式和移刀方式运动，在刀具路径之间提升刀具。在刀具的运动中没有离开和接近运动。

(3) 步距　用于定义连续切削刀具路径之间的距离。

1)“恒定”方式：用于指定连续的切削刀具路径间的固定步距。步距在驱动路径的切削刀具路径之间测量。用于“径向线”切削类型时，恒定的距离从距离圆心最远的边界点处沿着弧长进行测量。此选项类似于平面铣中的“恒定”选项。

2）“残余高度”方式：系统根据输入的残余高度决定步距。步距计算在垂直于刀轴的平面上进行。

3）“刀具直径”方式：用于根据有效刀具直径的百分比定义步距。有效刀具直径是指实际上接触到腔体底部的刀具的直径。对于球头立铣刀，系统将其整个直径用作有效刀具直径。此选项类似于平面铣中的“刀具直径”选项。

4）“变量平均值”方式：使用介于指定的最小值和最大值之间的不同步距。所需的输入值根据所选择的切削类型的不同而有所不同。此选项类似于平面铣中的“可变”选项。

（4）应用步距 该参数用于定义步距的测量方式，其中有“在平面上”和“在部件上”两种测量方式。

1）“在平面上”方式：系统在生成用于操作的刀轨时，步距是在垂直于刀轴的平面上测量的。“在平面上”方式最适用于非陡峭区域。当应用在具有陡峭壁的工件时，工件上实际的步距将不相等。

2）“在部件上”方式：可用于使用Zig-Zag切削类型的“跟随周边”和“平行”切削模式。系统生成用于操作的刀轨时，沿着工件测量步距。该方式适用于具有陡峭壁的工件。这样可以对工件几何体较陡峭的部分维持更紧密的步距，以实现对残余高度的附加控制。

9. 固定轴铣清根驱动

自动清根驱动方式是固定轴曲面轮廓铣操作中特有的驱动方式，它在部件表面形成的凹角和凹谷上生成刀轨。系统将会使用基于加工最佳方法的一些规则自动决定自动清根的方向和顺序。生成的刀轨可以进行优化，方法是使刀具与工件尽可能保持接触并最小化非切削运动。虽然在大部分情况下，系统生成的自动清根序列是令人满意的，但是为了方便用户编辑刀具路径，系统仍提供了手工组合功能。

在“固定轮廓铣”对话框中的“方法”下拉列表中，选择“清根”选项，系统将弹出“清根驱动方法”对话框，如图6-39所示。通过该对话框可以对清根操作的相关参数进行设置。

图6-39 “清根驱动方法”对话框

下面对“清根驱动方法”对话框中的各文本框和选项进行说明。

（1）驱动几何体

1）最大凹腔：用于指定进行清根操作的最大凹角。可以在其中输入角度的大小，来确定要切削尖角和陡峭谷。只有在凹角小于等于指定的最大凹角的区域才进行自动清根操作。

2）最小切削深度：用于指定生成的刀具轨迹的最小切削长度。设置合适的最小切削深度能够除去可能发生在工件隔离区内的短刀轨分段，不会生成小于此值的切削运动。

3）连接距离：用于通过连接不连贯的切削运动来除去刀轨中不连续或不需要的缝隙。如果两条刀具路径之间的距离小于或等于指定的连接距离的值，则系统会自动将两条刀具路径连接起来。

(2) 陡峭　用于设定陡峭的空间范围和陡峭切削方式。系统根据输入的陡峭角控制操作的切削区域，并将刀具路径分为陡峭区域和非陡峭区域。

1）空间范围：用来设置陡峭包含的方式，有“无”、“陡峭”和“非陡峭”三个选项。

①“无”选项：系统将输出刀具轨迹的陡峭部分和非陡峭部分，并分别将陡峭切削方向和非陡峭切削方向应用到这两个部分。

②“陡峭”选项：系统只对大于指定陡峭角的陡峭区域部分进行自动清根加工。

③“非陡峭”选项：系统只对小于等于指定的陡峭角的非陡峭区域部分进行自动清根加工。

2）陡峭切削：用于指定陡峭区域的切削方式，有“混合”、“高到低”和“低到高”三个选项。

①“混合”选项：系统将生成由高到低和由低到高的交替刀具路径，自动计算路径，并使生成的刀具路径最短。

②“高到低”选项：系统将生成由高到低的刀具路径，刀具由高到低进行自动清根加工。

③“低到高”选项：系统将生成由低到高的刀具路径，刀具由低到高进行自动清根加工。

10. 固定轴铣文本驱动

文本驱动方法用于直接在工件上加工制图文字。

在“固定轮廓铣”对话框的“方法”下拉列表中，选择“文本”选项，系统弹出“文本驱动方法”对话框，单击“确定”按钮，关闭“文本驱动方法”对话框。此时“固定轴轮廓”对话框的“几何体”下增加“指定制图文本”按钮。然后可以在绘图区中，选择文本几何体，在切削参数中设置切削深度，完成文本驱动方式的固定轴曲面轮廓铣的创建。

11. 固定轴铣曲线/点驱动

曲线/点驱动方式用于通过指定点和选择的曲线来定义驱动几何体。指定点后，驱动路径生成为指定点之间的线段。指定曲线后，驱动点沿着所选择的曲线生成。在这两种情况下，驱动几何体先投影到工件表面上，然后在此工件表面上生成刀具轨迹。

曲线/点驱动方式常常用于工件表面上的轮廓图案的加工。

12. 固定轴铣螺旋驱动

螺旋驱动方式用于定义从指定的中心点向外螺旋的驱动点。驱动点在垂直于投影矢量并包含中心点的平面上生成，然后驱动点沿着投影矢量投影到所选择的工件表面上。

和其他的驱动方式相比，螺旋驱动的最大优点是：刀具从一条刀具路径步进至下一条刀具路径时，将以恒定的步距光顺地移动，并且保持固定的切削速度。因此，螺旋驱动方式非常适合于高速加工。

13. 固定轴铣表面积驱动

表面积驱动方式可以创建一个位于驱动曲面栅格内的网状的驱动点阵列。生成的驱动点阵列按指定的投影矢量的方向投影到工件表面上，生成刀具轨迹。

该驱动方式既可以用于固定轴曲面轮廓铣，也可以用于可变轴轮廓铣。表面积驱动方式对刀轴和投影矢量的附加控制，既可用于可变轴轮廓铣对表面形状复杂的工件进行加工，当然也可用于固定轴曲面轮廓铣削，来加工复杂工件的表面。所选的表面既可以是平面，也可以是曲面。

选择驱动曲面时，所选的驱动曲面必须按一定的行序或列序进行排列，相邻的曲面必须共享一条共用边。

14. 投影矢量

投影矢量用于定义驱动点投影到部件表面的方式和刀具要接触的部件表面侧。驱动点沿着投影矢量投影到部件表面上，投影矢量的方向决定刀具要接触的部件表面侧。刀具总是从与投影矢量逼近的一侧定位到部件表面上。当驱动点移动时，会以投影矢量的相反方向（仍然沿着矢量轴）从驱动曲面投影到部件表面上。

在固定轴轮廓铣操作中，可以选择“指定矢量”、“刀轴”、“远离点”、“朝向点”、“远离直线”、“朝向直线”、“垂直于驱动”、“朝向驱动”、“侧刃划线”和“用户定义”10 种方式来指定投影矢量。

（1）“指定矢量”方式　该方式将通过“矢量”对话框来定义一个矢量作为投影矢量。

（2）“刀轴”方式　该方式是系统默认的投影方式，系统将定义投影矢量的方向为刀轴的方向。当驱动点向几何体投影时，其投影方向与刀轴矢量的方向相反。

（3）“远离点”方式　选择该方式将弹出“点”对话框，用于定义焦点。系统从指定的焦点向部件表面的投影矢量延伸。

（4）“朝向点”方式　该方式和“远离点”方式类似，通过定义焦点来产生投影矢量，只是投影矢量从部件表面延伸至指定焦点。

（5）“远离直线”方式　选择该方式将弹出“直线”对话框，用来指定一条直线，系统将创建指定的直线延伸至工件表面的投影矢量。

（6）“朝向直线”方式　该方式与“远离直线”方式类似，只是投影的方向与“远离直线”方式中投影的方向相反。刀具的位置将从部件表面的外侧移到中心线。驱动点沿着向所选聚焦线收敛的直线从驱动曲面投影到工件表面。

（7）“垂直于驱动”方式　该方式将驱动曲面法线定义为投影矢量。投影矢量方向为驱动曲面材料侧垂直法向矢量的反方向。

（8）“朝向驱动”方式　该方式与“垂直于驱动”投影方式类似。“垂直于驱动”方式的投影从无穷远处开始，而“朝向驱动”方式中投影从距驱动曲面较短距离的位置处开始。

（9）“侧刃划线”方式　该方式用于定义平行于驱动曲面的侧刃划线的方向为投影矢量方向。只有在同时使用“曲面区域驱动”方式和“侧刃驱动刀轴”时，此选项才可用。

（10）“用户定义”方式　该方式通过执行一个内部用户函数程序来定义投影矢量。系统可以在当前操作中使用在 UG NX6 外部创建的投影矢量，从而提供了更多的系统灵活性。

15. 点位加工

UG NX 点位加工包括钻孔、镗孔、扩孔、沉孔、铰孔、点焊和铆接等。创建的一个点位加工操作，其刀具路径的运动由三部分组成：首先刀具快速定位在指定的加工位置上，然后切入零件，完成切削后再退回。点位加工的刀具路径如图 6-40 所示。

（1）点位加工的特点　点位加工和平面铣、型腔铣等加工操作相比有其自身的特点：

1）当所要加工的零件中有若干个直径相同的孔时，通过指定不同的循环方式和循环参数组可以一次性完成这些孔的加工操作，而不需要每个孔都指定各自的循环方式和循环参数组。这样加工时不需要频繁地换刀和重新定位，节省了加工时间，提高了加工效率，同时也提高了各个孔的相对定位精度。

2）点位加工的几何体容易指定。平面铣和型腔铣等操作加工零件时需要指定零件几何体、毛坯几何体和检查几何体等，操作比较烦琐；而点位加工只需要指定孔的加工位置、工件表面和加工底面就可以确定点位加工的几何体。

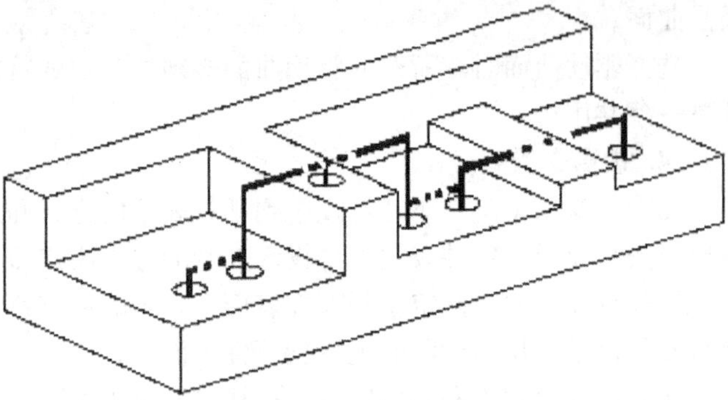

图 6-40　点位加工的刀具路径

3）在钻孔加工和镗孔加工时，需要特别注意及时清除切屑，以免影响加工质量。

4）在钻孔时，由于钻头的顶部不平，所以需要增加一定的深度值。

5）点位加工的程序相对简单，通常可以在机床上直接输入程序语句进行加工。

点位加工适用于创建钻孔、攻螺纹、镗孔、平底扩孔和扩孔等操作的刀轨。它的其他用途还包括点焊和铆接操作，以及任何“刀具定位到几何体，插入部件，退刀”类型的操作。

（2）点位加工的创建步骤

1）设置各父节点组。

① 导入 CAD 模型文件，进入加工环境。在“加工环境”对话框的“要创建的 CAM 设置”下拉列表中，选择“drill”选项，如图 6-41 所示，单击“确定”按钮完成导入。

② 设置刀具组。在“加工创建”对话框中，单击“创建刀具”按钮，设置创建刀具的父节点组和名称，然后设置刀具的具体参数。

③ 设置加工几何体组。分别设置加工坐标系、安全平面、工件几何体和毛坯几何体。

④ 设置加工方法组。分别设置粗加工方法、半精加工方法和精加工方法。

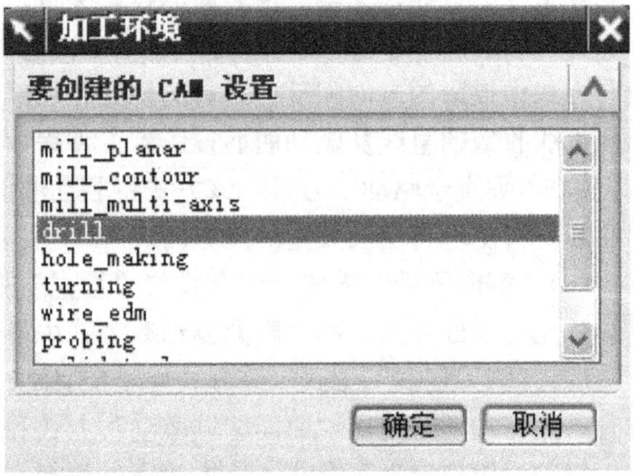

图 6-41　“加工环境”对话框

2）创建点位加工操作。

① 选择创建的操作类型。在“插入”主菜单中选择“操作”命令，弹出“创建操作”对话框，如图 6-42 所示，在对话框的“类型”下拉列表中选项“drill”选项，选择一种点位加工的子类型。

② 选择父节点组。点位加工的父节点组程序、几何体、刀具和方法可以在图 6-42 所示的“创建操作”对话框中选择，也可以在点位加工操作对话框中对应的下拉列表中选择或者重新创建。

3）设置点位加工操作。

① 设置加工几何体。在系统弹出的“点位操作”对话框中“几何体”选项中，设定相关的几何体，如“指定孔”、“指定部件表面”、“指定底面”，如图 6-43 所示。

图 6-42 “创建操作”对话框

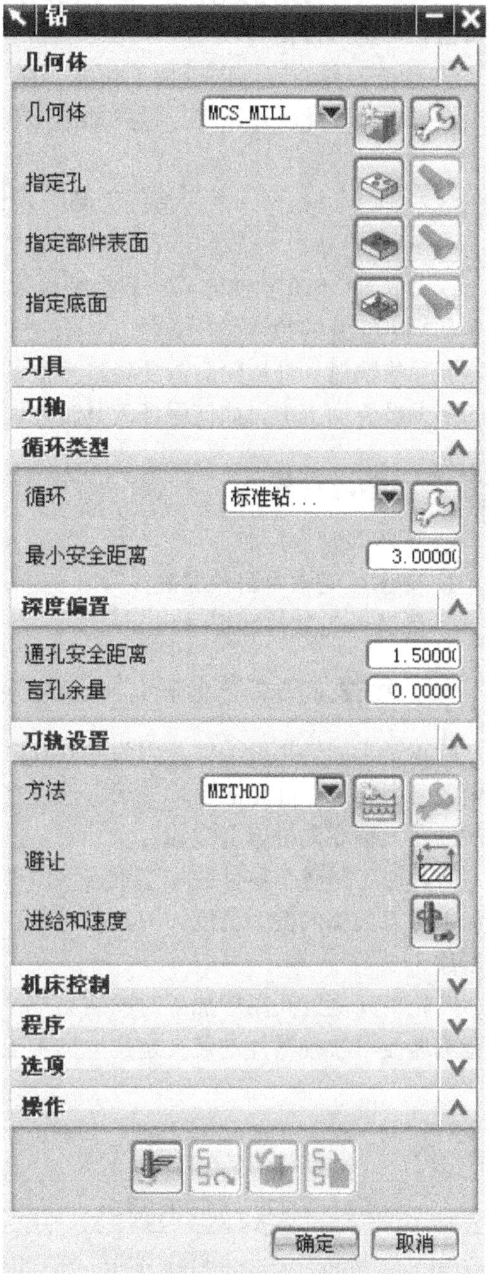

图 6-43 “点位操作”对话框

② 设置基本的操作参数。设置“刀轴”、“循环”、“最小安全距离”等参数。

③ 设置其他的参数。设置“通孔安全距离”、“盲孔余量”、“避让”、“进给和速度”和“机床控制”等相关参数。

4）生成并检查刀具轨迹。

① 生成刀具轨迹。在操作对话框设置了所有的参数后，单击“生成刀轨”按钮，系统将生成刀轨。可以在绘图区，从不同的角度观察刀轨，检查生成的刀具轨迹是否合理，最后单击“确定”按钮。

② 检查刀具轨迹，进行加工仿真。在“钻”对话框中，单击“确认刀轨”按钮，系统弹出“刀轨可视化”对话框，设置加工仿真的相关参数后进行加工仿真。

第二节 叶轮的高速加工

以 UG NX 6.0 软件的五轴数控编程为基础，了解各种刀轴控制方法，灵活应用由专门夹具和机床配置的最佳使用方法。本任务以叶轮为例，它是燃气发动机中的重要零部件之一，叶片的数量和外形轮廓需要经过多次的修改，配合发动机试车的性能优化得以确定。叶轮的多轴数控加工中，如何保证刀具轴在两叶片间合理地摆动是程序编制的重要环节。

学习目标

◎ 了解多轴数控加工；
◎ 熟悉可变轴曲面轮廓铣；
◎ 熟悉叶轮数控编程过程。

一、叶轮加工工艺分析

叶轮属于回转类型零件，因为两叶片之间的距离小，所以合理控制刀具轴是多轴程序编制中的一个难点。叶轮的毛坯外形可通过在数控车床上车削成形，而流道和叶片的成形加工则需要在五轴联动机床上完成。

叶片加工是整个零件的加工难点，由于叶片之间的间隔距离小，而叶片的扭曲程度决定了加工时刀具轴的摆动范围，刀具轴必须在两叶片之间的范围内摆动，刀具才不会与叶片发生干涉。

叶轮中间的圆孔用于加工时的装夹定位，只需将毛坯放入与之配合的圆柱上，再用螺母压紧毛坯便可实现零件的装夹定位。加工工艺规划见表 6-2。

表 6-2 叶轮加工工艺规划

序号	加工工步	加工策略	加工刀具	公差/mm	余量/mm
1	叶轮流道面粗加工	可变轮廓铣 1	球头刀 *D*10*R*5	0.01	0.5
2	叶片粗加工	可变轮廓铣 2	球头刀 *D*10*R*5	0.01	0.5
3	叶片精加工	可变轮廓铣 3	球头刀 *D*8*R*4	0.01	0
4	叶轮流道面精加工	可变轮廓铣 4	球头刀 *D*8*R*4	0.01	0

二、加工准备

1）双击桌面的快捷图标，打开 UG NX 6.0 软件。在 UG NX 6.0 软件中单击“打开”按钮，或从文件下拉菜单中选择“打开”命令，弹出“打开”文件对话框。打开光盘中 part 文件夹，选择“yelun.prt”，单击“OK”按钮或单击鼠标中键，打开该文件，并自动进入建模模块。该文件包含要加工的零件和已经建好的毛坯，如图6-44所示。

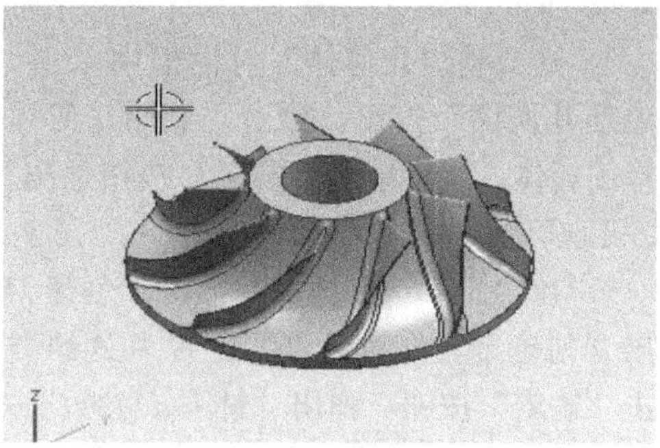

图 6-44　叶轮零件图

2）在应用工具条中单击“加工”按钮，弹出“加工环境”对话框，选择合适的加工配置模板，单击“确定”按钮，如图 6-45 所示。

3）在“导航器”工具条中单击“几何视图”按钮，在工作界面左侧单击“操作导航器-几何”按钮，在 MCS-MILL 中双击，弹出“MillOrient”对话框，如图 6-46 所示。

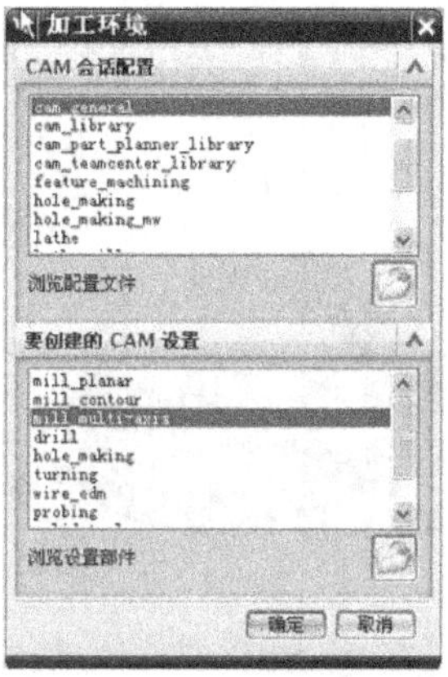

图 6-45　“加工环境”对话框

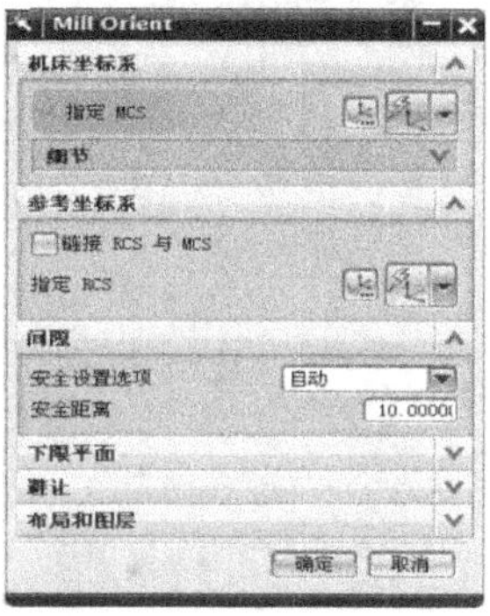

图 6-46　“Mill Orient”对话框

4）在“Mill Orient”对话框中单击“CSYS 对话框”按钮，弹出“CSYS”对话框，单击“点对话框”按钮，弹出“点”对话框。将捕捉类型设置为“圆弧中心/椭圆中心/球心”，将加工坐标系移动到圆心点。然后单击“确定”按钮退出对话框，如图 6-47 所示。

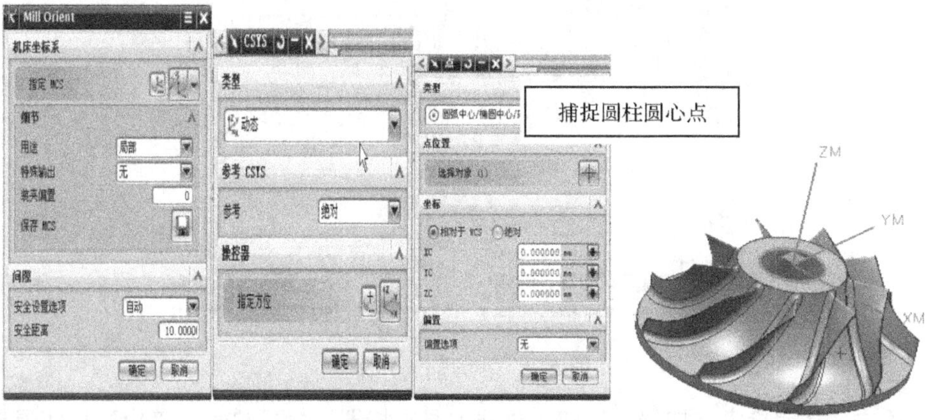

图 6-47　设置加工坐标系

5）在“操作导航器-几何”中双击“WORKPIECE”，弹出“铣削几何体”对话框，如图 6-48 所示。

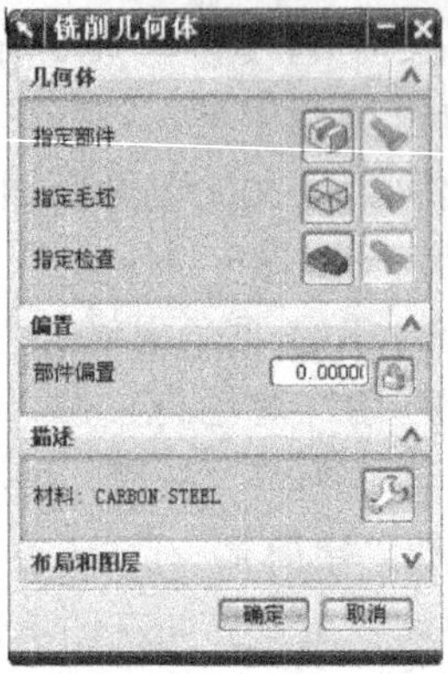

图 6-48 “铣削几何体”对话框

6）在“铣削几何体”对话框中单击“选择或编辑毛坯几何体”按钮，弹出“毛坯几何体”对话框，选择回转体，然后单击“确定”按钮退出对话框，如图 6-49 所示。

7）在“插入”工具条中单击“创建刀具”按钮，弹出“创建刀具”对话框。设置刀具的类型和名称，单击“确定”按钮，弹出“铣刀-5 参数”对话框，设置刀具几何参数，然后单击“确定”按钮退出对话框，如图 6-50 所示。

8）在“铣刀-5 参数”对话框中切换到“夹持器”选项卡，单击“从库检索夹持器”按钮，创建刀具夹持器，然后单击“确定”按钮退出对话框，如图 6-51 所示。

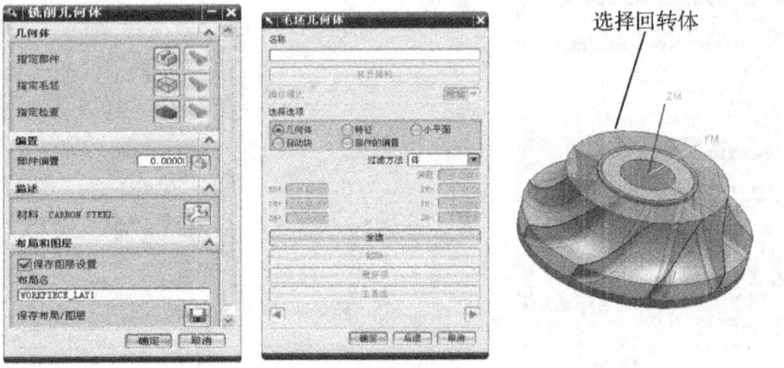

图 6-49 设置加工毛坯

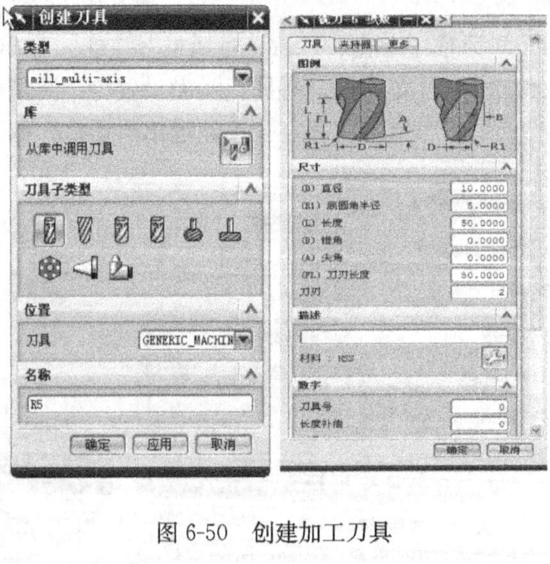

图 6-50 创建加工刀具

图 6-51 创建夹持刀柄

9）参考上一步的操作再创建 $R4$ 铣刀，刀具几何参数如图 6-52 所示。

图 6-52 创建其余的加工刀具

三、加工程序的编写

1. 可变轮廓铣程序 1 的编写

1）在“插入”工具条中单击“创建操作”按钮 ，弹出“创建操作”对话框。将类

型设置为“mill _ multi－axis”，操作子类型设为“VARIABLE _ CONTOUR”（按钮），刀具选择“R4”，几何体选择“WORKPIECE”，如图 6-53 所示。

2）单击“确定”按钮，弹出“可变轮廓铣”对话框，单击“选择或编辑部件几何体”按钮，弹出“部件几何体”对话框，过滤方法选择“面”，选择曲面，单击“确定”按钮退出对话框，如图 6-54 所示。

3）在“可变轮廓铣”对话框的“驱动方法”选项中将方法设置为“表面积”，弹出“驱动方法”对话框，单击“确定”按钮，弹出“表面积驱动方法”对话框，设置“驱动设置”和“更多”选项中的参数，单击“确定”按钮退出对话框，如图 6-55 所示。

图 6-53 “创建操作”对话框

4）在“表面积驱动方法”对话框中单击“选

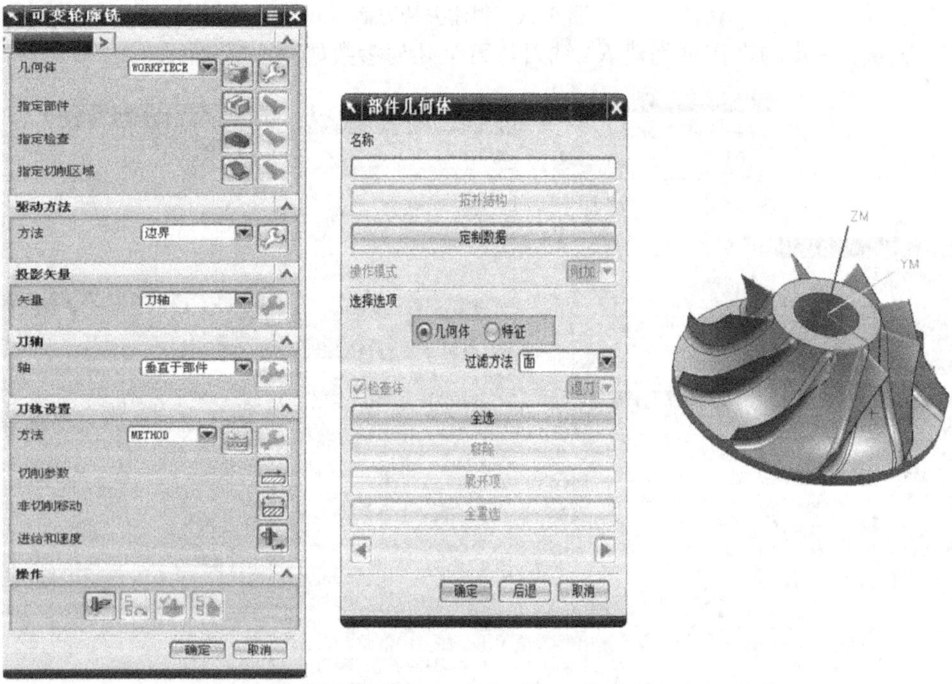

图 6-54 设置部件几何体

择或编辑驱动几何体”按钮，按顺序选择驱动曲面，单击“确定”按钮退出对话框，如图 6-56 所示。

5）在“表面积驱动方法”对话框中单击“切削方向”按钮，选择左上角的箭头确定切削方向，如图 6-57 所示。

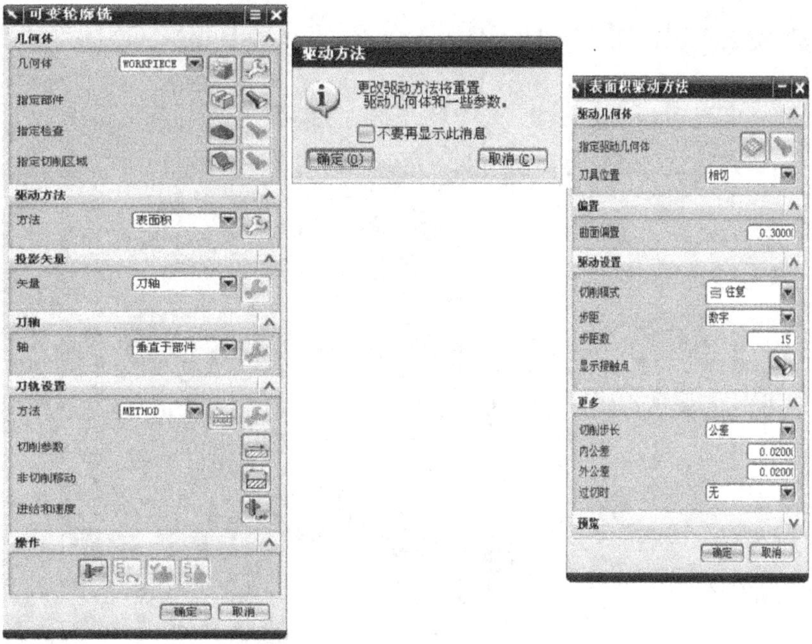

图 6-55　设置驱动参数

图 6-56　设置驱动几何体

6）在“表面积驱动方法”对话框中的“切削区域”选择“曲面%”，弹出“曲面百分比方法”对话框，设置曲面百分比参数，然后单击“确定”按钮退出对话框，如图 6-58 所示。

7）在“表面积驱动方法”对话框中单击“材料反向”按钮，调整材料加工方向，然后单击“确定”按钮退出对话框，如图 6-59 所示。

8）在“可变轮廓铣”对话框中将矢量设置为“垂直于驱动体”，轴设置为“朝向点”，弹出“点”对话框，选择“现有点”，然后单击“确定”按钮退出对话框，如图 6-60 所示。

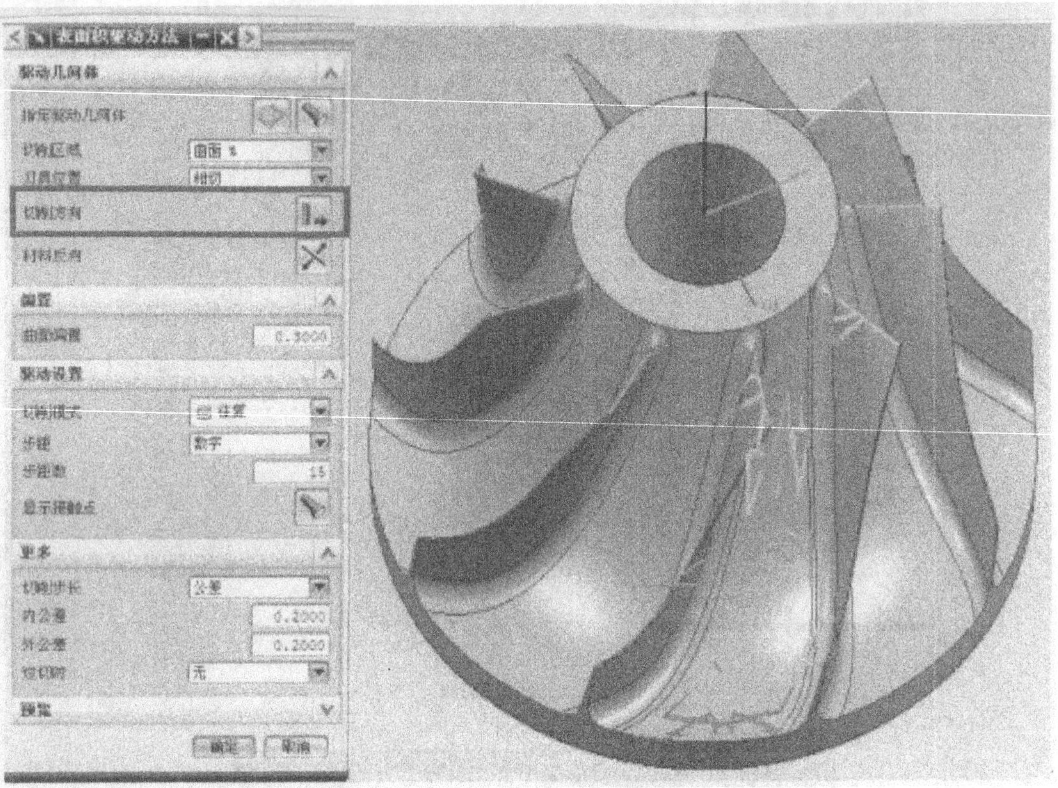

图 6-57 设置切削方向

9）在“可变轮廓铣”对话框中单击“切削参数”按钮，弹出“切削参数”对话框，在其中设置参数，然后单击“确定”按钮退出，如图 6-61 所示。

10）在“可变轮廓铣”对话框中单击“非切削移动”按钮，弹出“非切削移动”对话框，在其中设置参数，然后单击“确定”按钮退出，如图 6-62 所示。

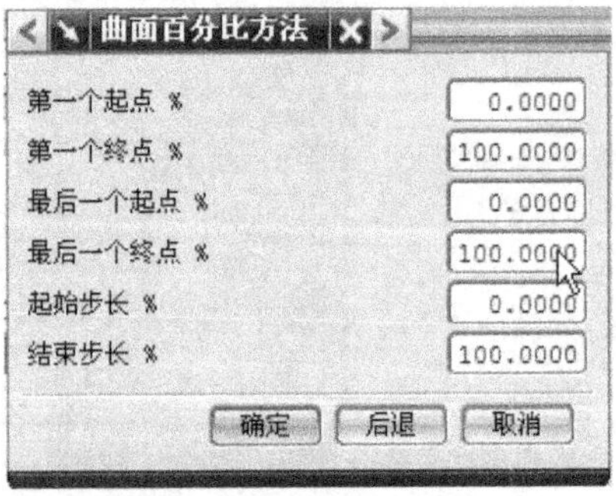

图 6-58 设置加工区域百分比

11）在“可变轮廓铣”对话框中单击“进给和速度”按钮，弹出“进给和速度”对话框，在其中设置参数，然后单击“确定”按钮退出，如图 6-63 所示。

12）在“可变轮廓铣”对话框中单击“生成”按钮，生成刀具路径，如图 6-64 所示。

2. 可变轮廓铣程序 2 的编号

1）在插入工具条中单击“创建操作”按钮，弹出“创建操作”对话框，将类型设置为“mill-multi-axis”，操作子类型设置为“VARIABLE-CONTOUR”，刀具选择“R4”，几何体选择“WORKPIECE”，如图 6-65 所示。

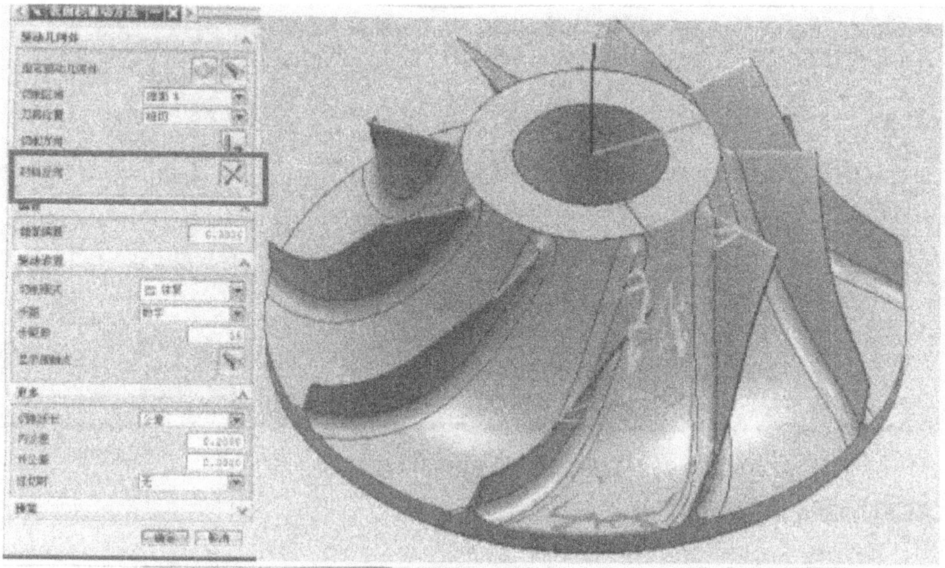

图 6-59　调整材料加工方向

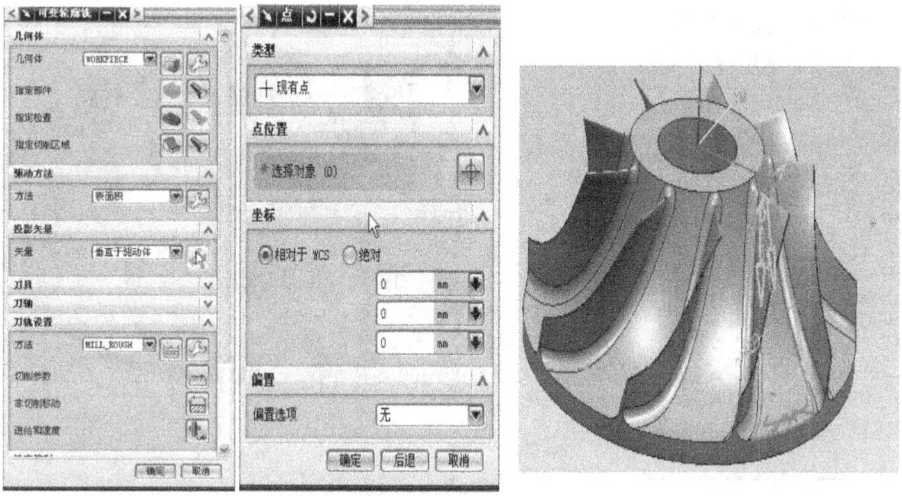

图 6-60　刀具轴

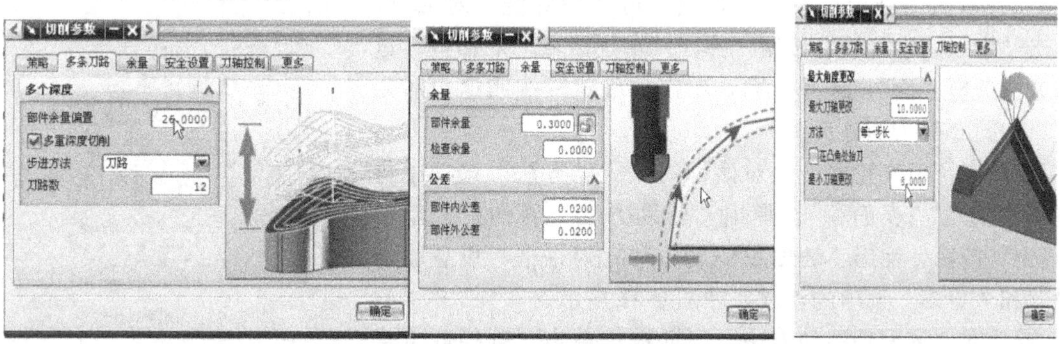

图 6-61　设置切削参数

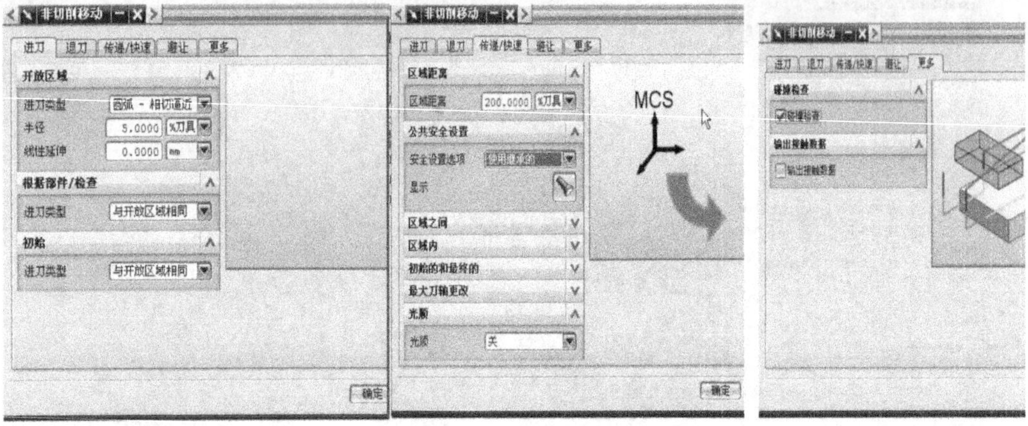

图 6-62　设置非切削参数

图 6-63　设置进给和速度

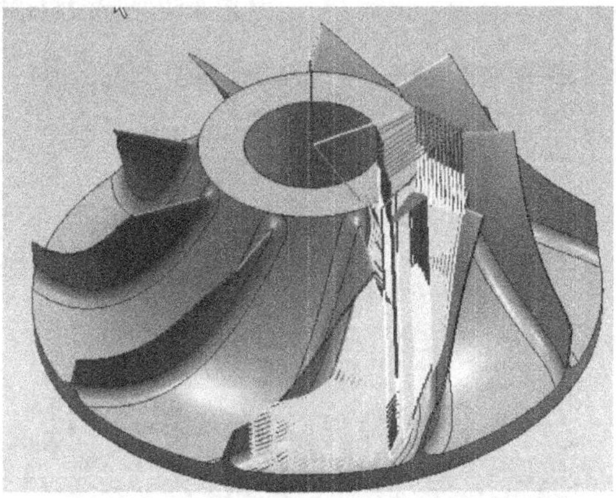
图 6-64　生成可变轮廓程序

图 6-65　创建操作

2）单击“确定”按钮，弹出“可变轮廓铣”对话框，单击“指定切削区域”按钮，弹出“切削区域”对话框。过滤方法选择“面”，选择曲面，单击“确定”按钮退出对话框，如图 6-66 所示。

3）在“可变轮廓铣”对话框的“驱动方法”选项中将方法设置为“表面积”，弹出“驱动方法”对话框，单击“确定”按钮，弹出“表面积驱动方法”对话框，设置驱动设置和“更多”选项的参数，如图 6-67 所示。

4）在“表面积驱动方法”对话框中单击“选择或编辑部件几何体”按钮，按顺序选择驱动曲面，单击“确定”按钮退出对话框，如图 6-68 所示。

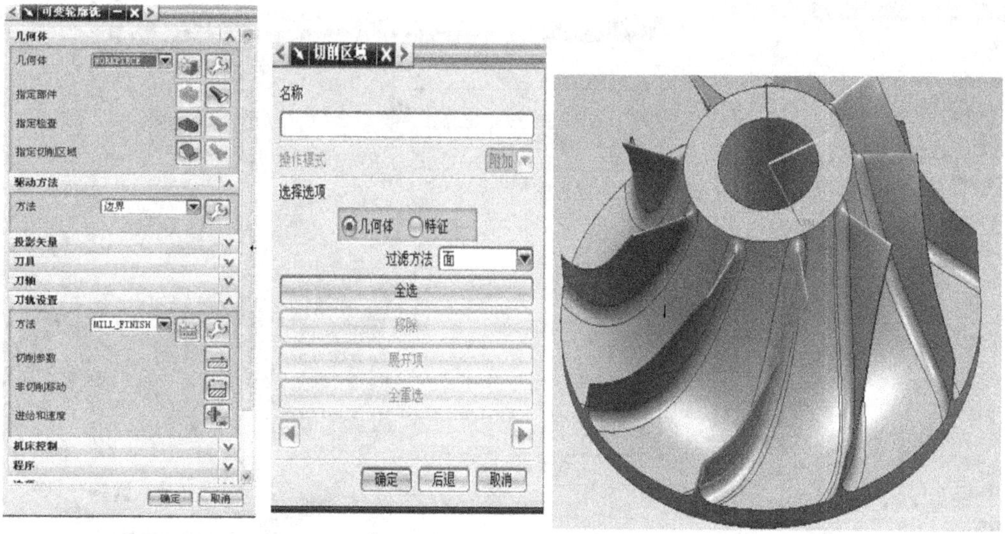

图 6-66　设置部件几何体

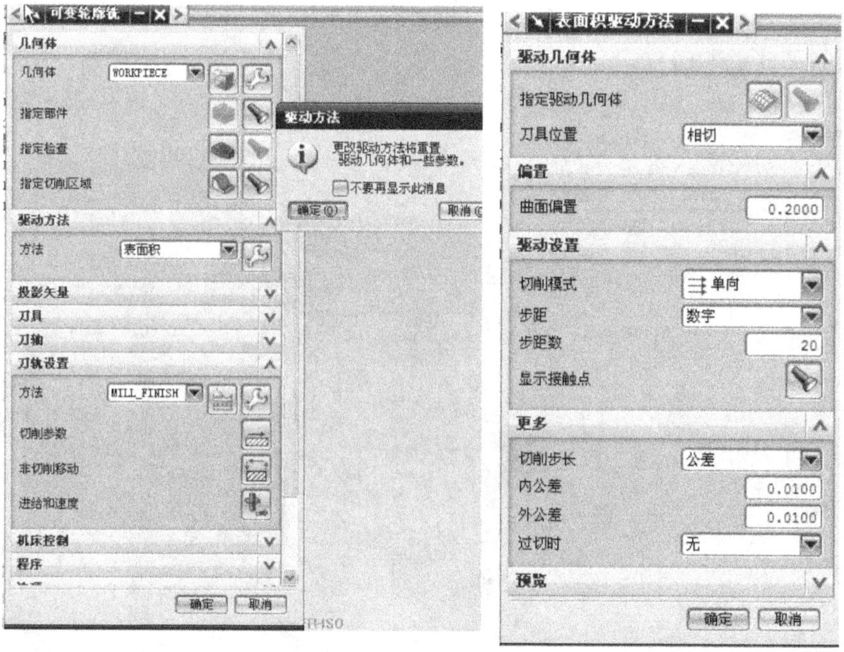

图 6-67　设置驱动参数

5）在“表面积驱动方法”对话框中单击“切削方向”按钮，选择左上角的箭头确定切削方向，如图6-69所示。

6）在“表面积驱动方法”对话框中单击“材料反向”按钮，调整材料加工方向，然后单击“确定”按钮退出对话框，如图 6-70 所示。

7）在“可变轮廓铣”对话框中将矢量设置为“垂直于驱动体”，将轴设置为“侧刃驱动

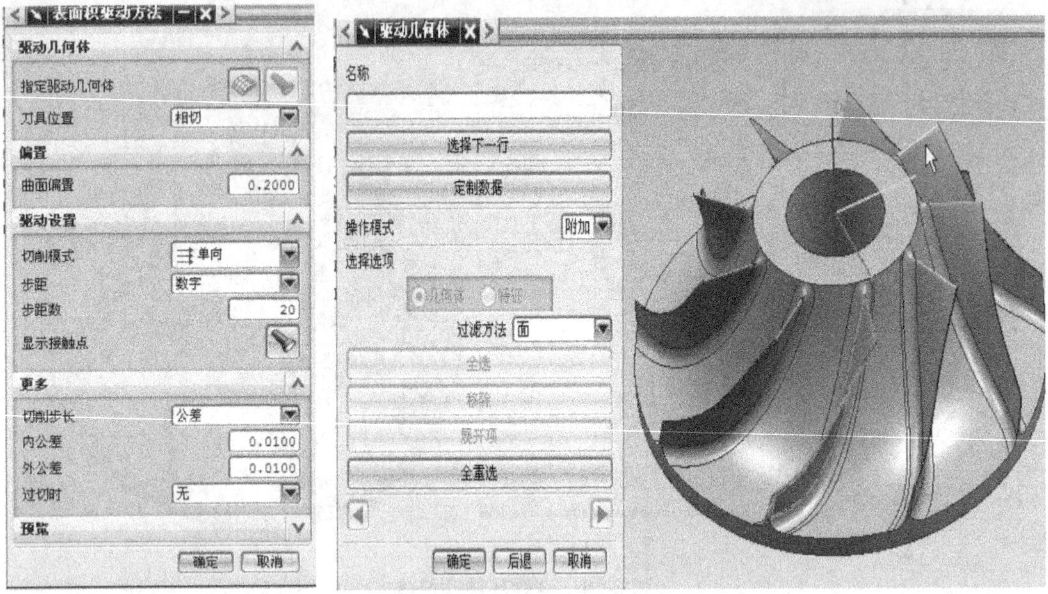

图 6-68　设置驱动几何体

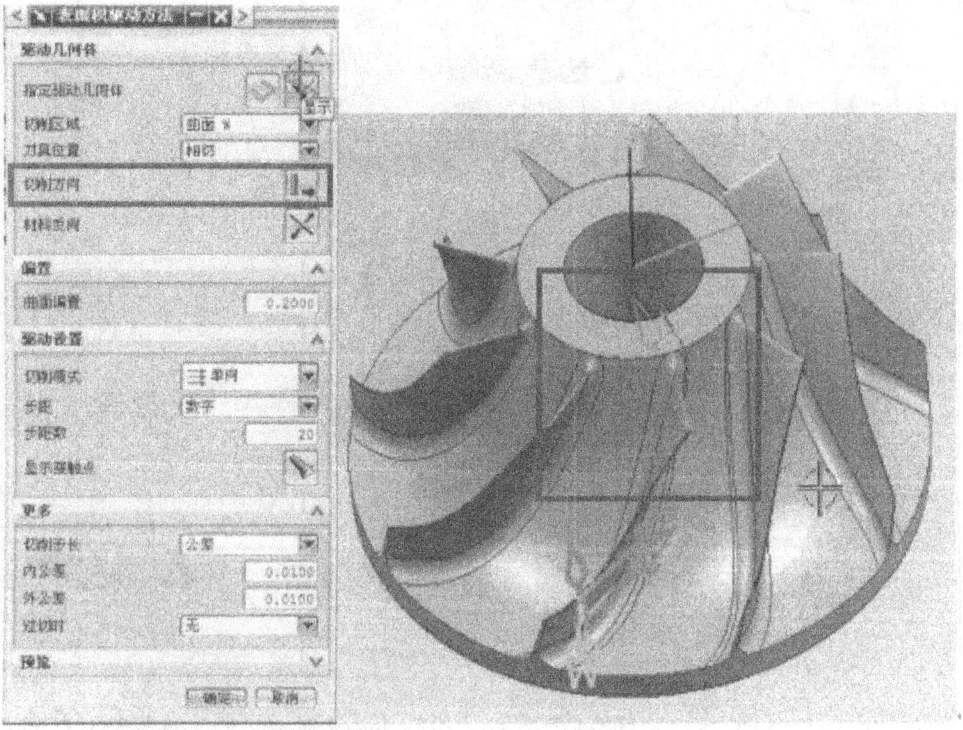

图 6-69　设置切削方向

体”，弹出“侧刃驱动体”对话框，设置侧刃加工侧倾角为 2，选择合适的刀具轴方向箭头，然后单击“确定”按钮退出对话框，如图 6-71 所示。

8）在“可变轮廓铣”对话框中单击“切削参数”按钮，弹出“切削参数”对话框，在其中设置参数，然后单击“确定”按钮退出对话框，如图 6-72 所示。

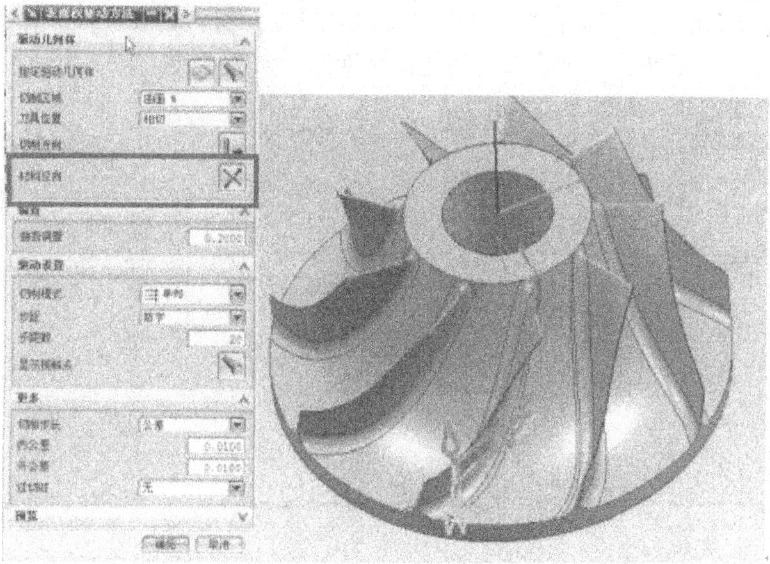

图 6-70 设置材料方向

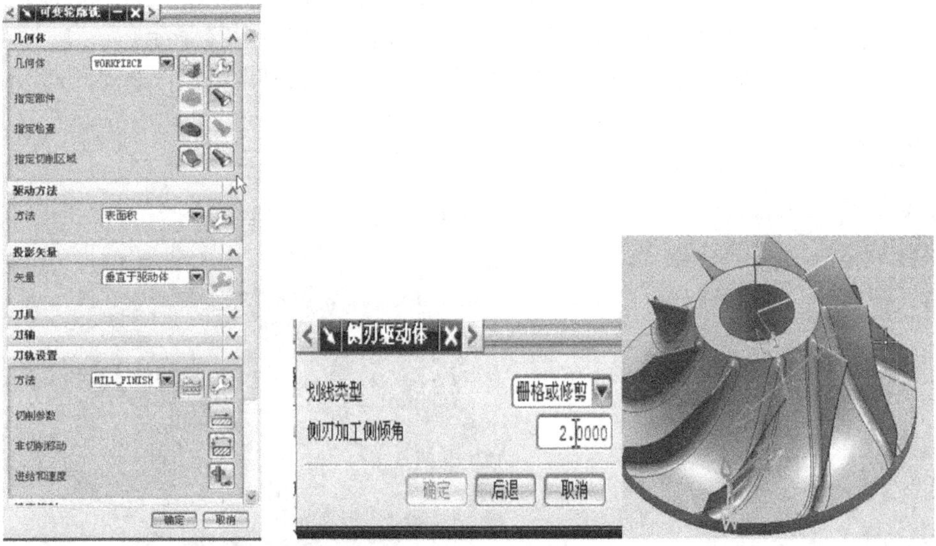

图 6-71 设置刀具轴

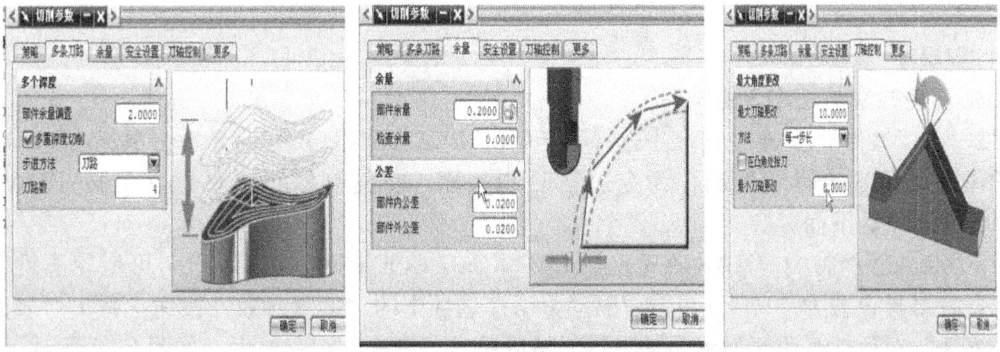

图 6-72 设置切削参数

9）在“可变轮廓铣”对话框中单击“非切削移动”按钮，弹出“非切削移动”对话框，在其中设置参数，然后单击“确定”按钮退出对话框，如图 6-73 所示。

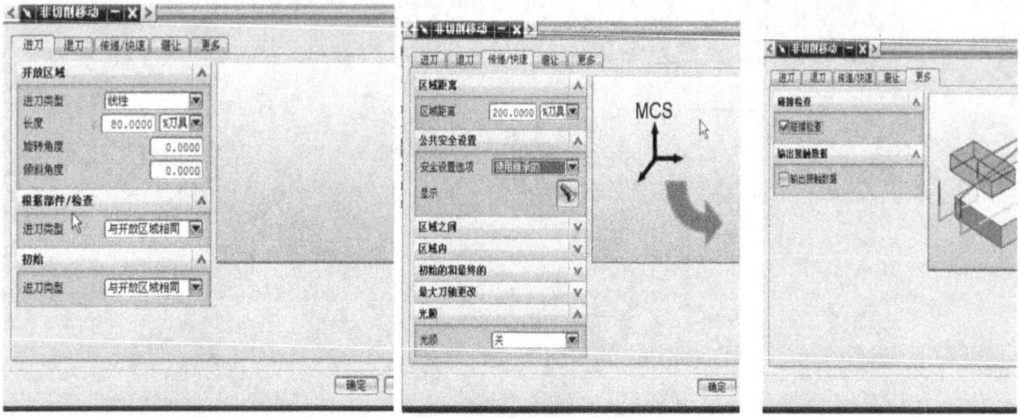

图 6-73　设置非切削移动参数

10）在“可变轮廓铣”对话框中单击“进给和速度”按钮，弹出“进给和速度”对话框，在其中设置参数，然后单击“确定”按钮退出对话框，如图 6-74 所示。

11）在“可变轮廓铣”对话框中单击“生成”按钮，生成刀具路径，如图 6-75 所示。

图 6-74　设置进给和速度

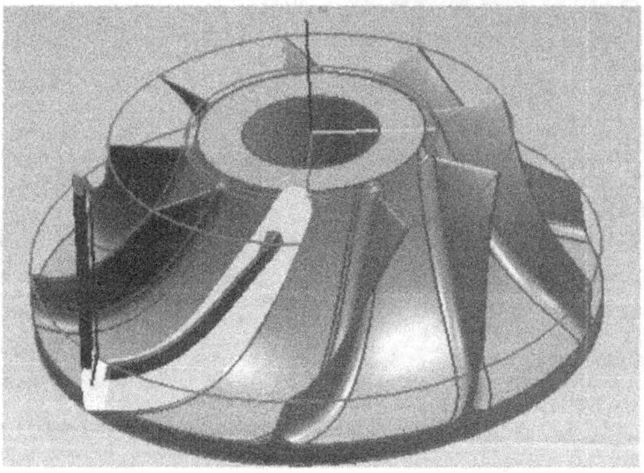

图 6-75　生成可变轮廓铣路径

3. 可变轮廓铣程序 3 的编写

1）在“操作导航器-几何”中选择“VARIABLE-CONTOUR-1”，单击鼠标右键，在弹出的快捷菜单中选择“复制”命令进行复制程序，将复制的程序粘贴在“VARIABLE-CONTOUR-1”下面。

2）双击已复制的“VARIABLE-CONTOUR-1-COPY”程序，弹出“可变轮廓铣”对话框，将刀具设置为“R5”。单击“驱动方法”选项中的“编辑参数”按钮，弹出“表面积驱动方法”对话框，重新设置驱动参数，然后单击“确定”按钮退出，如图 6-76 所示。

3）在“可变轮廓铣”对话框中单击“切削参数”按钮，弹出“切削参数”对话框，在其中设置参数，然后单击“确定”按钮退出，如图 6-77 所示。

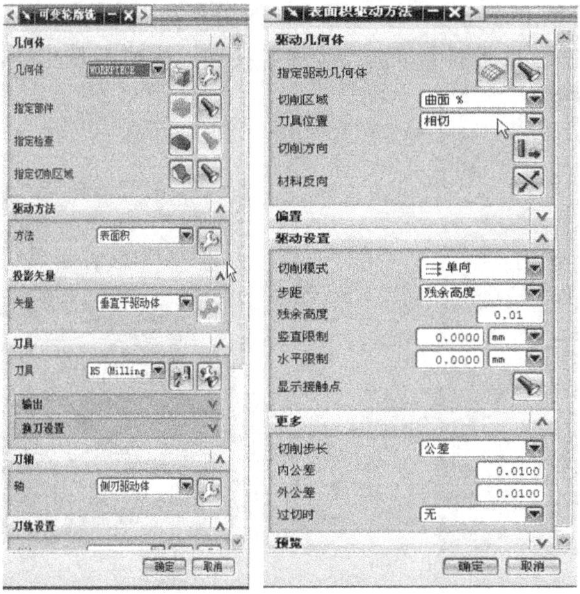

图 6-76　重新设置驱动参数

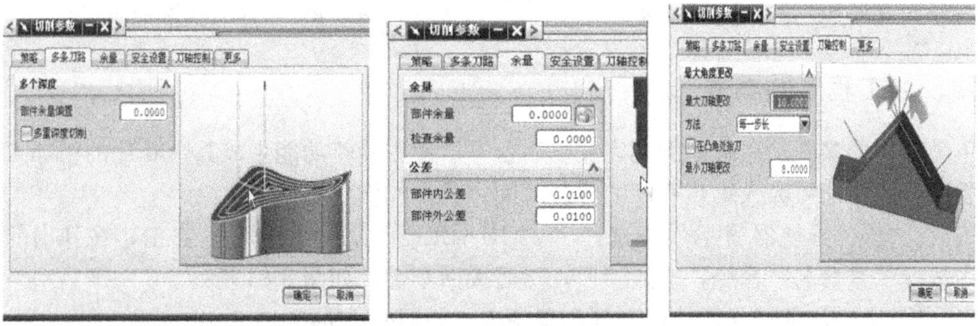

图 6-77　设置切削参数

4）在“可变轮廓铣”对话框中单击“非切削移动”按钮，弹出“非切削移动”对话框，在其中设置参数，然后单击“确定”按钮退出，如图 6-78 所示。

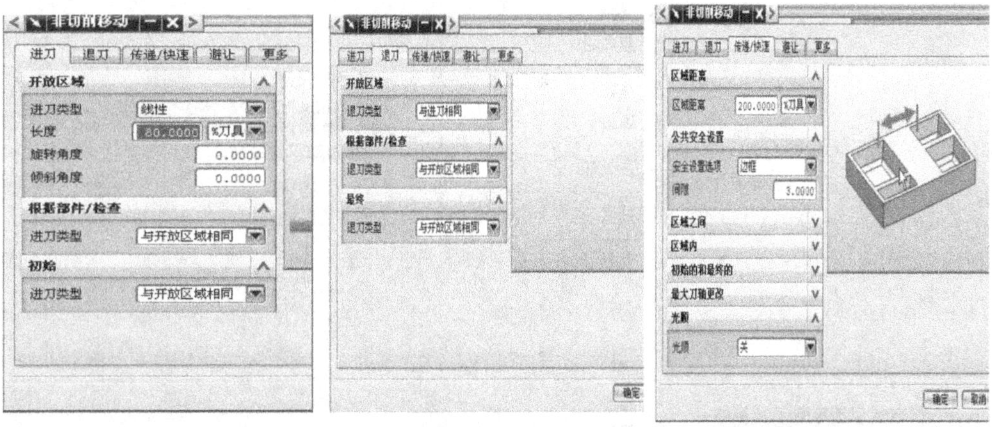

图 6-78　设置非切削参数

5）在“可变轮廓铣”对话框中单击“进给和速度”按钮，弹出“进给和速度”对话框，在其中设置参数，然后单击“确定”按钮退出，如图 6-79 所示。

6）在“可变轮廓铣”对话框中单击“生成”按钮，生成刀具路径，如图 6-80 所示。

图 6-79　设置进给和速度

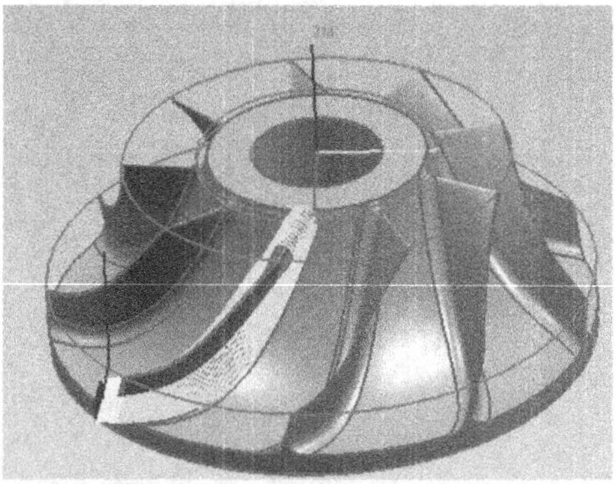

图 6-80　生成可变轮廓铣路径

四、加工程序的编辑

单个叶片的多轴加工程序编制完成以后，可以使用旋转功能生成其余叶片的粗加工和精加工程序，此功能可大大缩短程序的编制时间。具体操作步骤如下：

1）在“操作导航器-集合”中选择“VARIABLE-CONTOUR-1”，右击，在弹出的快捷菜单中选择“重命名”命令，输入“1”，然后按回车键，如图 6-81 所示。

2）参考上一步的操作继续修改其余程序名，如图6-82所示。

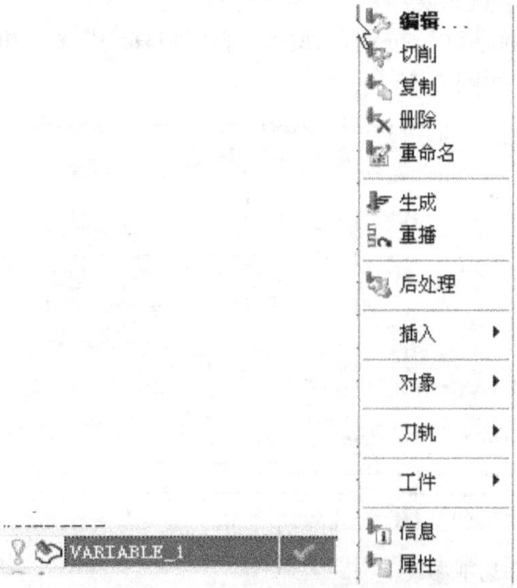

图 6-81　重命名程序名

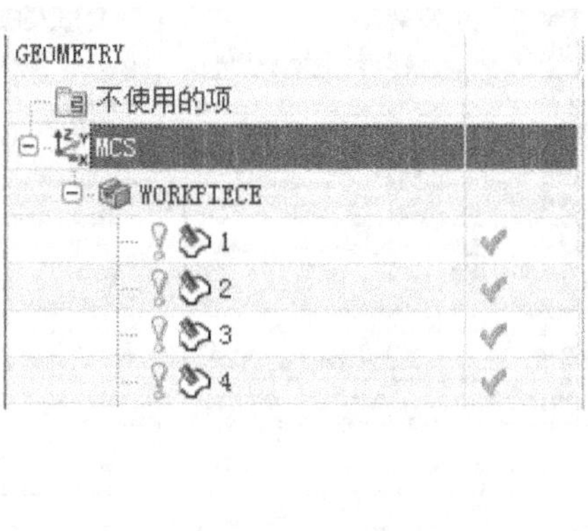

图 6-82　修改其余程序名

3）在“操作导航器-几何”中选择程序 1，右击，在弹出的快捷菜单中选择“对象”→“变换”命令，如图 6-83 所示。

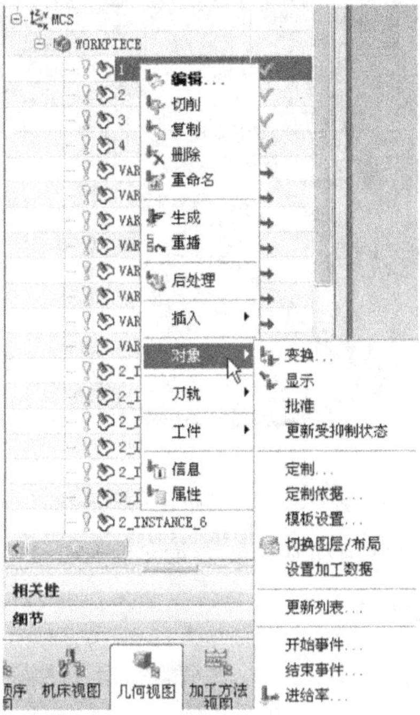

图 6-83　选择程序

4）弹出“变换”对话框，在其中设置刀具路径的旋转复制参数，然后单击“确定”按钮退出对话框，如图 6-84、图 6-85 所示。

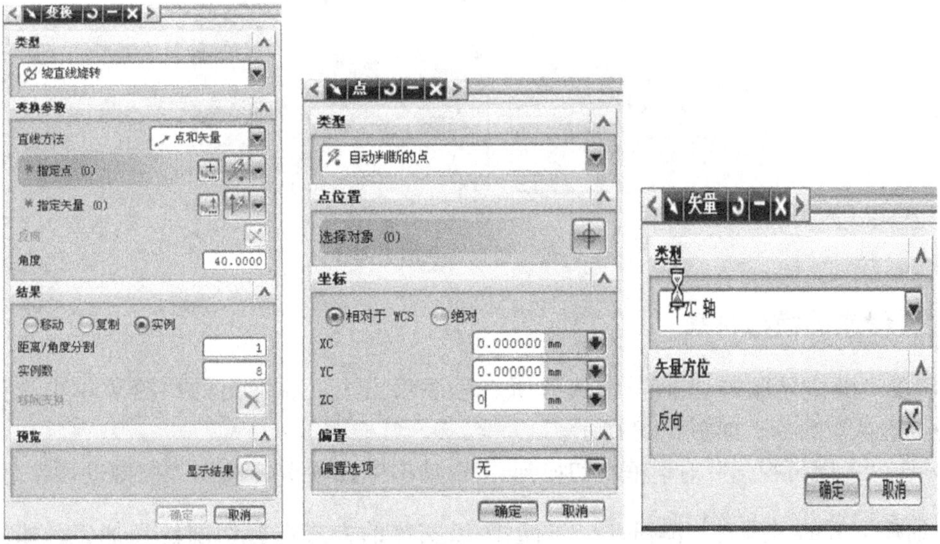

图 6-84　旋转加工程序

图 6-85　刀具路径完成复制

5）参考上一步的操作继续复制和旋转其余加工程序，如图 6-86～图 6-88 所示。

图 6-86　复制其余加工程序

五、程序的模拟仿真

1）在“操作导航器-几何”中选择所有程序后右击，在弹出的快捷菜单中选择“刀轨”→“确认”命令，如图 6-89 所示。

2）在“刀轨可视化”对话框中切换到“2D 动态”选项卡，选中“抑制动画”复选框，单击对话框下方的“播放”按钮，图形区以实体的方式进行切削仿真加工，如图 6-90 所示。

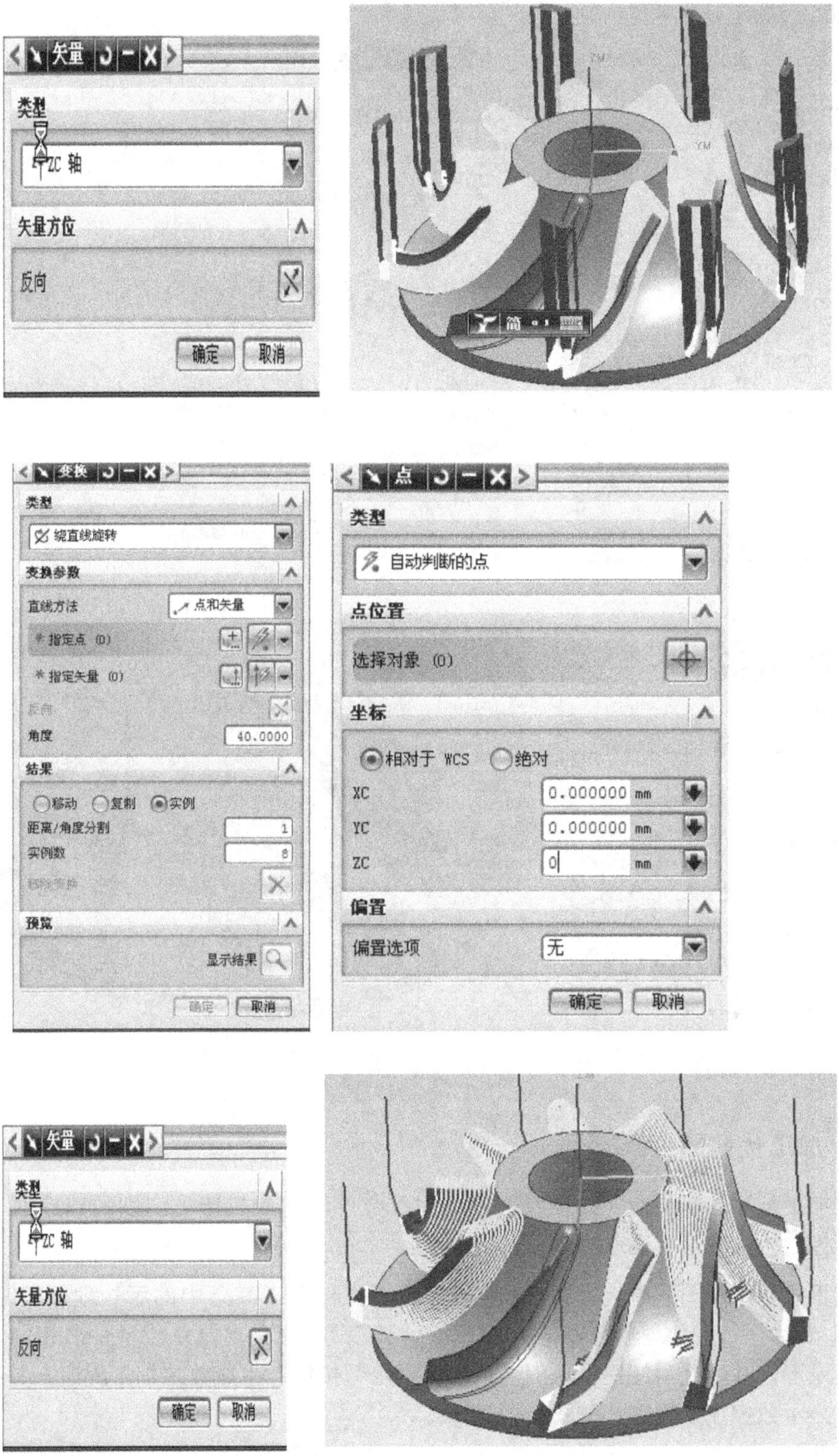

图 6-87　旋转其余的加工程序

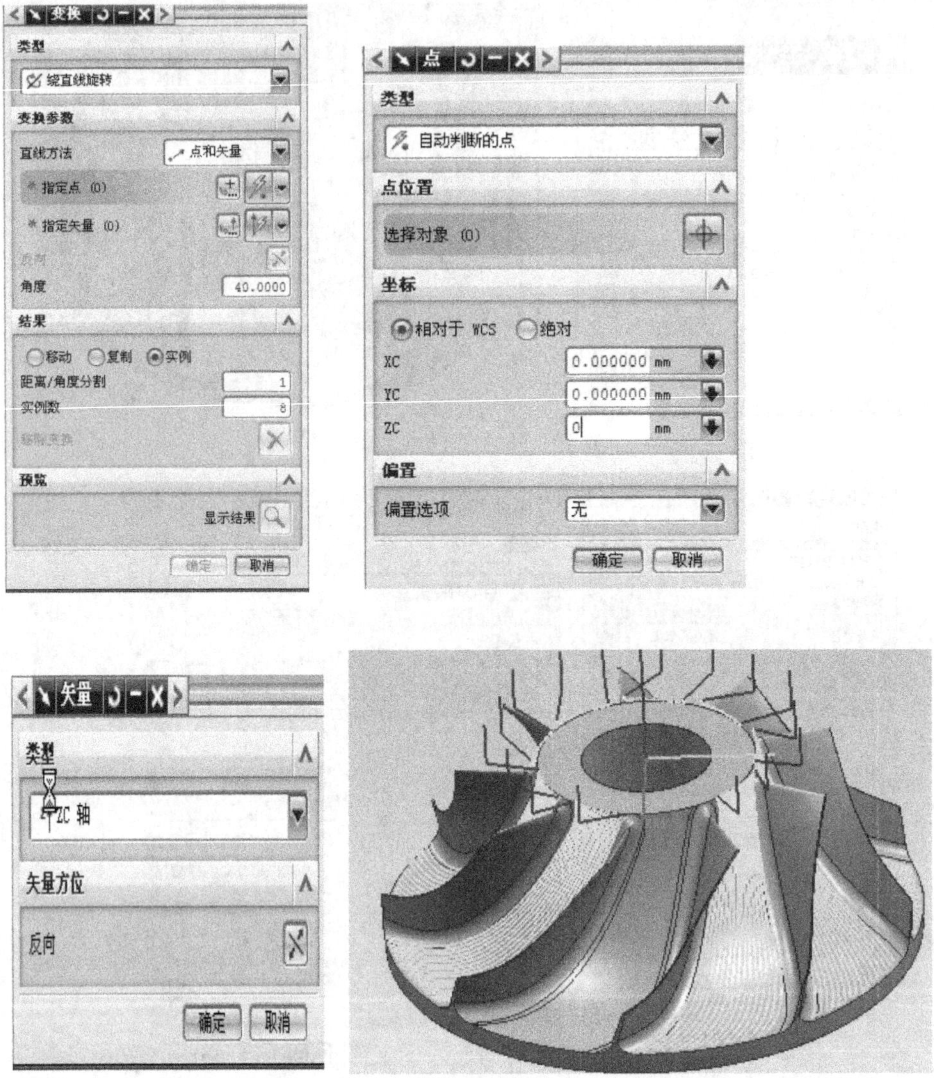

图 6-88　旋转其余的加工程序

六、加工代码的生成

完成加工程序的编制后，还需将程序的刀位文件转化成机床可识别的数控加工程序代码，用于控制机床的运行动作，创建过程如下：

在“程序顺序视图”中选择所有程序。单击“操作”工具条中的后处理按钮，弹出“后处理”对话框，后处理器选择“MILL _ 5 _ AXIS”，文件名默认跟零件名相同，并且位于同一目录下，其余选项使用默认值，单击“确定”按钮，生成数控加工程序，并以信息窗口的形式显示数控加工程序，如图 6-91 所示。

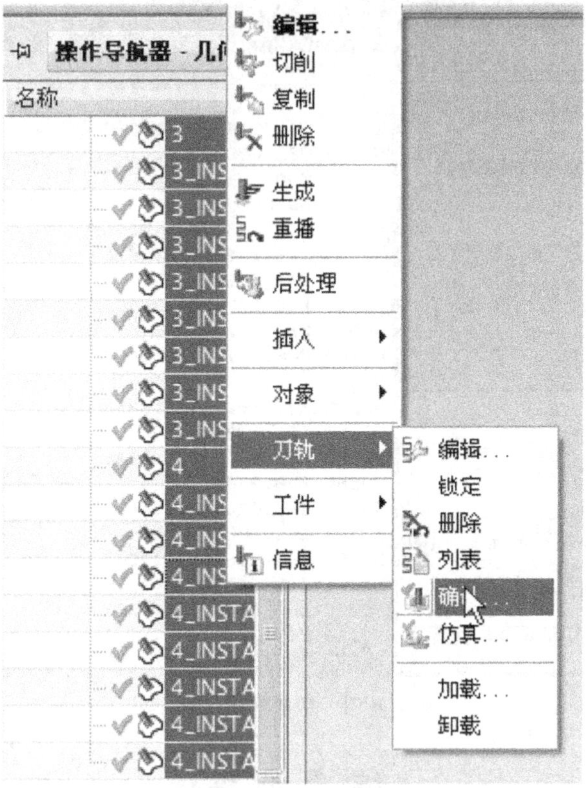

图 6-89　模拟仿真操作

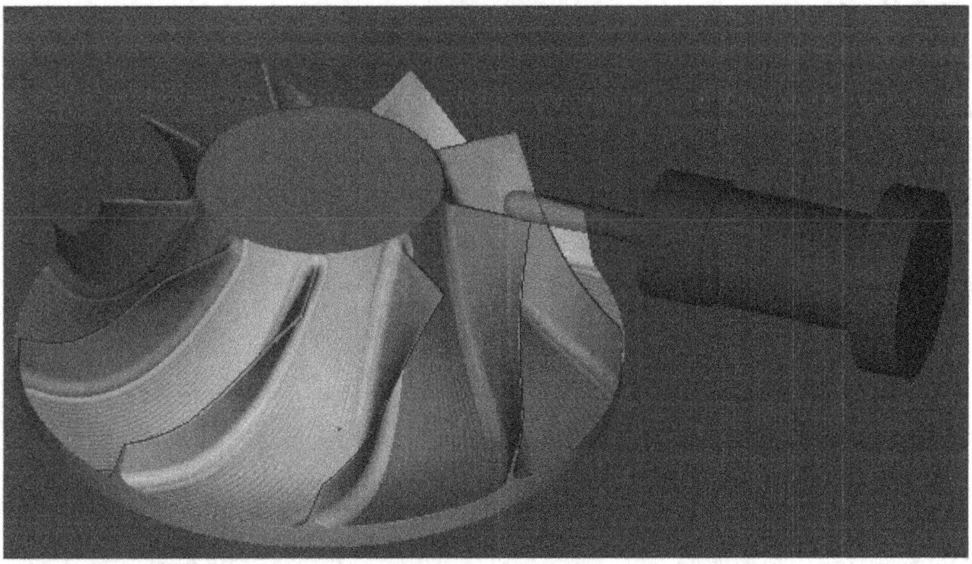

图 6-90　模拟仿真加工

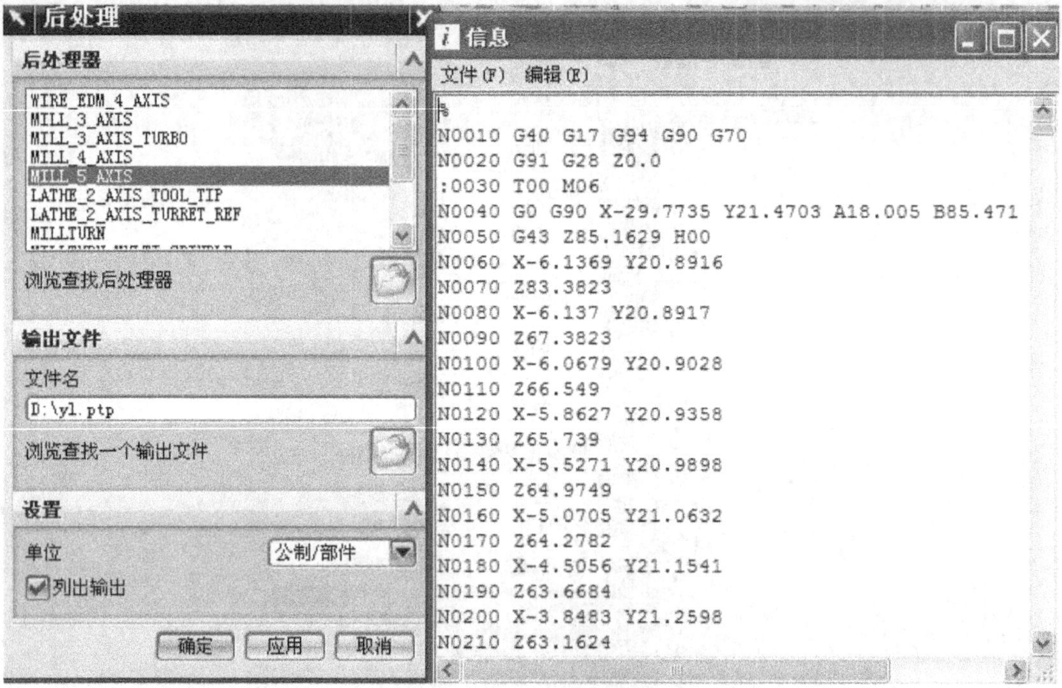

图 6-91　生成程序代码

综合训练

思考与练习

1. 用加工中心加工图 6-92 所示的凸模零件。零件材料均为 45 钢调质，按图样要求完成工件坐标系的设定，制订正确的工艺方案（包括定位、夹紧方案和工艺路线），选择合理的刀具和切削工艺参数，编制数控加工程序。

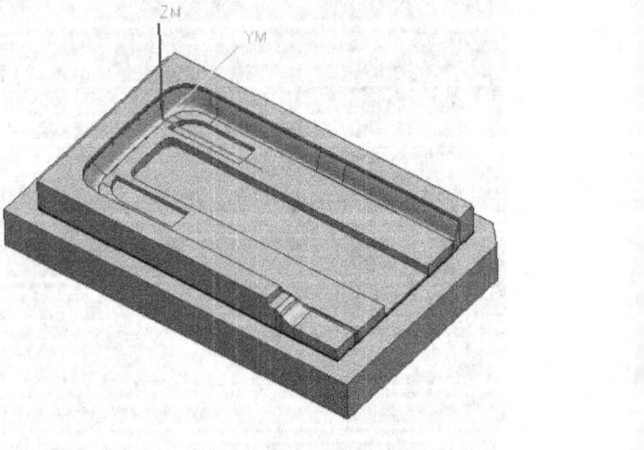

图 6-92　凸模零件

解题思路：

1）在 UG NX 6.0 软件环境下打开一个名为“tumo.prt”的模型文件。

2）默认进入建模模块。要进行数控编程，需要先进入加工模块，在“开始”菜单中选择“加工”命令，弹出“加工环境”设置对话框，如图 6-93 所示。该对话框概括了几乎所有的加工环境，通常选择普通设置（图 6-92）。

3）分析零件，确定加工工艺。通常加工分粗加工、半精加工和精加工，首先需要对毛坯的顶面进行加工，以保证顶面平面和工作台面的平行度，这一步通常手动进行切削；再使

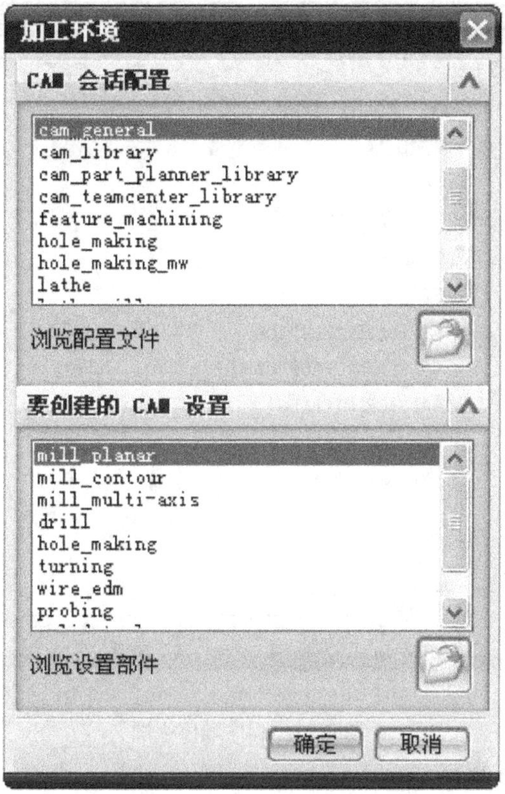

图 6-93　“加工环境”对话框

用大刀具大进给速度进行粗加工，切削掉大部分材料；然后在需要的地方进行半精加工，半精加工后零件表面上的余量保持相同；最后进行精加工，以达到零件的精度要求。零件加工工艺参数见表 6-3。

表 6-3　加工工艺参数表　　（单位：mm）

序号	加工工步	加工策略	加工刀具	公差	余量
1	粗加工整个零件	型腔铣	T1D12	0.03	0.15
2	粗加工圆角区域	圆角粗铣	T2D4	0.03	0.1
3	对凸起的陡峭区域进行精加工	等高轮廓铣	T2D4	0.01	0
4	对底座侧面进行精加工	等高轮廓铣	T2D4	0.01	0
5	对凸起的内部平面精加工	平面铣	T2D4	0.01	0
6	对外部台阶面精加工	平面铣	T3D6	0.01	0
7	对内部曲面精加工	等高轮廓铣	T4B3	0.01	0

4）在创建操作之前，通常先需要创建父节点组，如程序组、刀具组、加工几何组和加工方法组。图 6-94 所示为程序顺序视图中显示的创建的程序组“FINISH”，每个视图都可以新建不同的父节点组。

5）在创建完几个父节点组后，就可以创建操作。操作相当于实际的工步，一个操作等于一个工步，在制造时，一个操作程序通常是一次性进行加工。首先按照工艺规划对大区域

图 6-94　程序顺序视图

进行粗加工，生成的刀具路径如图 6-95 所示。

6）然后使用小一点的刀具对小区域圆角进行粗加工，生成的刀具路径如图 6-96 所示。

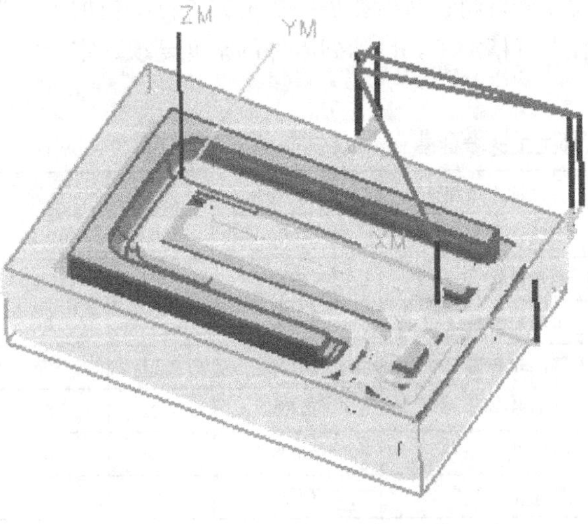

图 6-95　大区域的粗加工

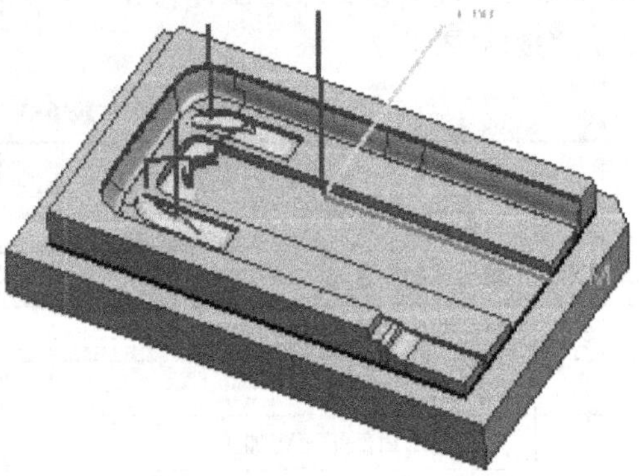

图 6-96　小区域圆角的粗加工

7）在粗加工完成后，要分析零件的加工结果，决定是否需要进行半精加工。如果不需要，就可以直接进行精加工。对陡峭区域进行精加工生成的刀具路径如图 6-97 所示。

8）然后对底座侧面进行精加工，生成的刀具路径如图 6-98 所示。

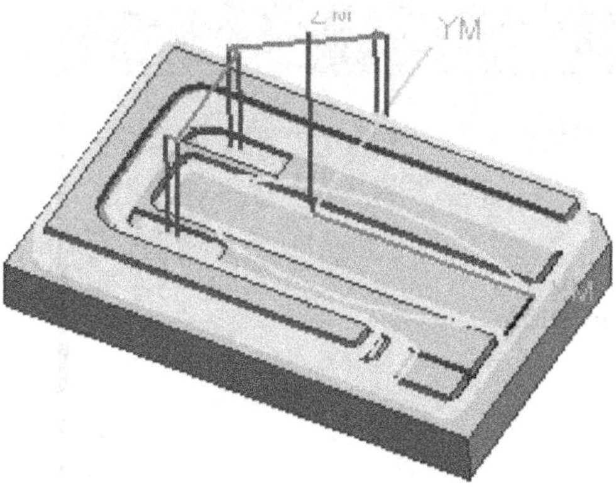

图 6-97　陡峭区域的精加工

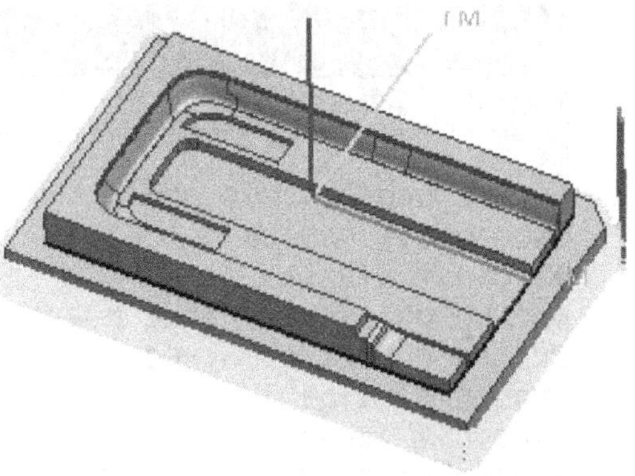

图 6-98　底座侧面的精加工

9）在对陡峭区域进行精加工后，然后再对平面进行精加工。首先对凸模内部平面进行精加工，生成的刀具路径如图 6-99 所示。

10）然后再对台阶平面进行精加工，生成的刀具路径如图 6-100 所示。

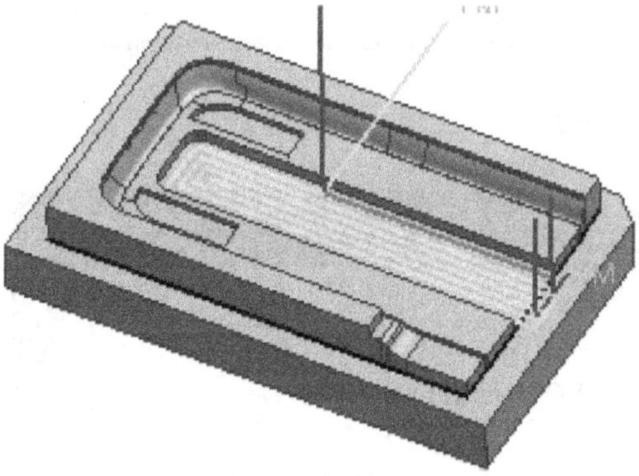

图 6-99　凸模内部平面的精加工

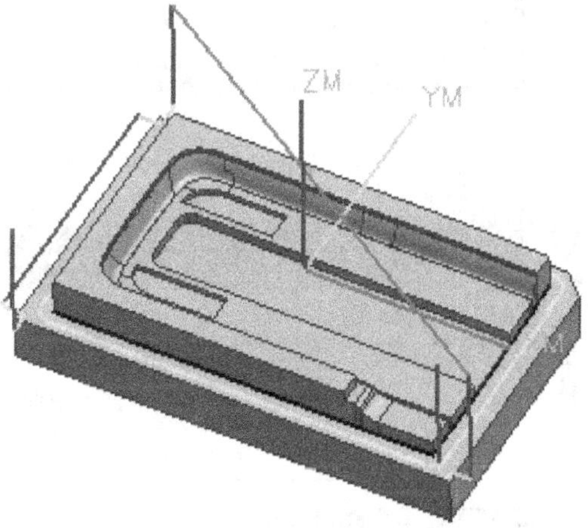

图 6-100　台阶平面的精加工

11）最后再使用小刀具，对凸模内部陡峭面进行精加工，达到更高的表面精度，生成的刀具路径如图 6-101 所示。

12）在对所有的操作生成刀具路径后，为了保证刀具路径的正确性，还需要对刀具路径进行验证。UG NX 6.0 提供了可视化模拟加工环境的验证方式。验证结果显示没有红色的过切与撞刀现象，说明刀具路径正确；如果有需要进行修改，直到没有为止。

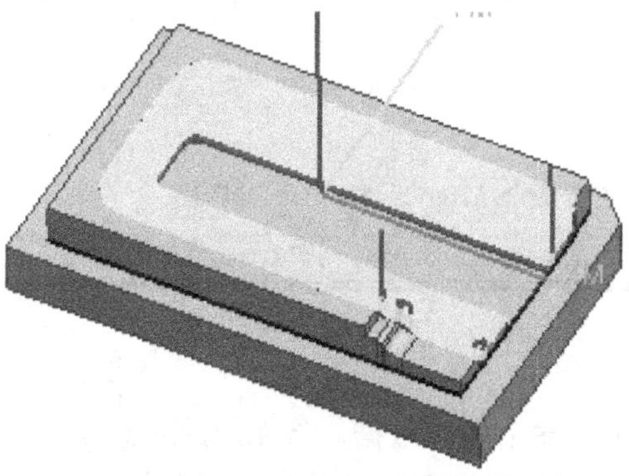

图 6-101　凸模内部陡峭面精加工

13）在保证正确的刀具路径后，就可以进行后处理，后处理可以生成加工程序和工艺文档。图 6-102 所示为加工程序，图 6-103 为车间工艺文档。

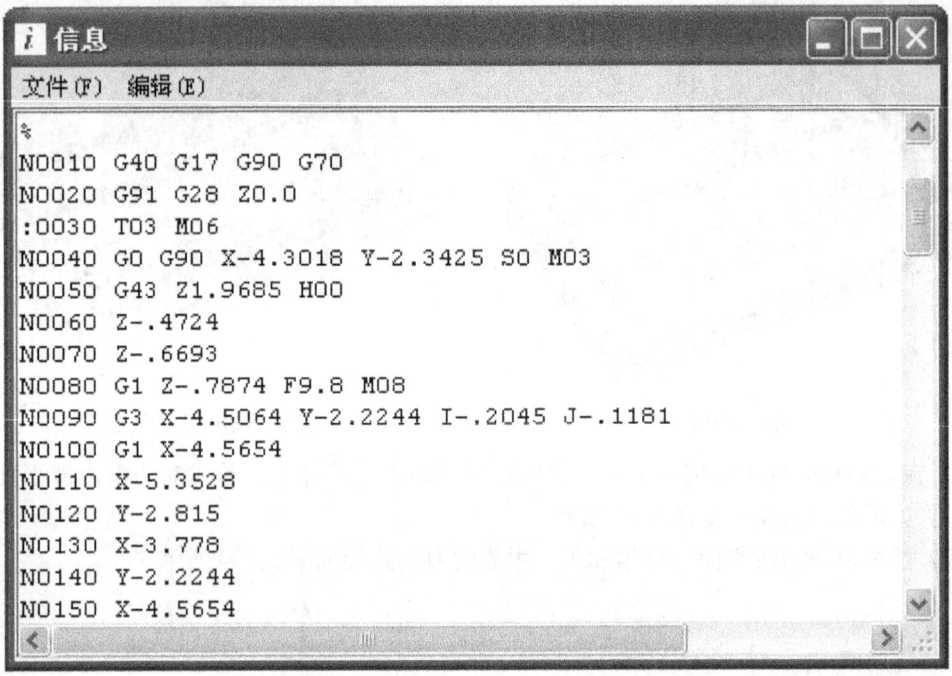


```
%
N0010 G40 G17 G90 G70
N0020 G91 G28 Z0.0
:0030 T03 M06
N0040 G0 G90 X-4.3018 Y-2.3425 S0 M03
N0050 G43 Z1.9685 H00
N0060 Z-.4724
N0070 Z-.6693
N0080 G1 Z-.7874 F9.8 M08
N0090 G3 X-4.5064 Y-2.2244 I-.2045 J-.1181
N0100 G1 X-4.5654
N0110 X-5.3528
N0120 Y-2.815
N0130 X-3.778
N0140 Y-2.2244
N0150 X-4.5654
```

图 6-102　加工程序

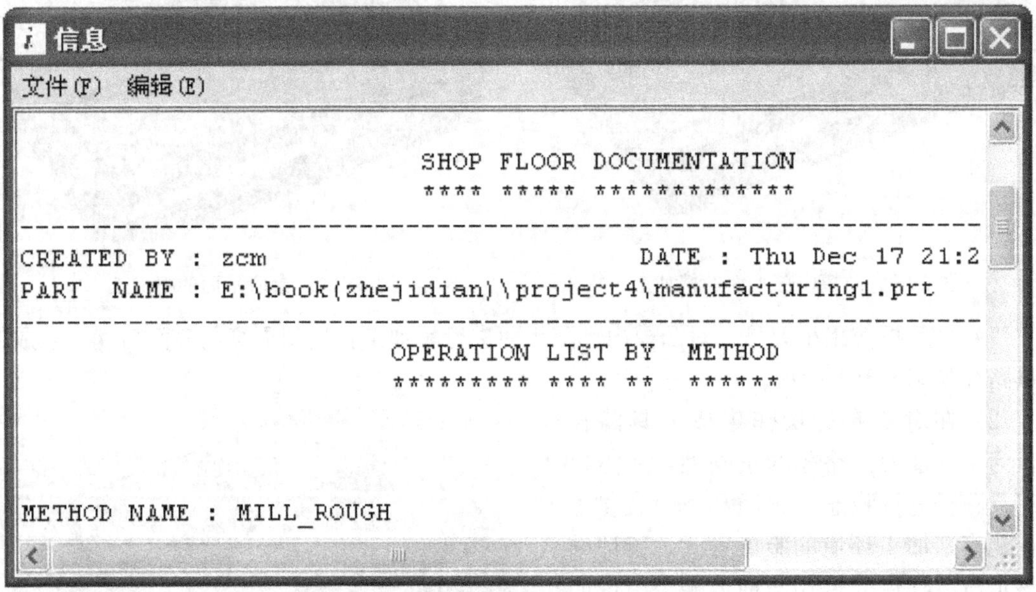


```
                    SHOP FLOOR DOCUMENTATION
                    **** ***** *************
----------------------------------------------------------------
CREATED BY : zcm                      DATE : Thu Dec 17 21:2
PART  NAME : E:\book(zhejidian)\project4\manufacturing1.prt
----------------------------------------------------------------
                  OPERATION LIST BY  METHOD
                  ********* **** **  ******


METHOD NAME : MILL_ROUGH
```

图 6-103　车间工艺文档

14）最后整理数据，将无用的对象放置于 256 层，保存文件。

2. 用加工中心加工图 6-104 所示车灯模具。零件材料均为 45 钢调质，按图样要求完成工件坐标系的设定，制订正确的工艺方案（包括定位、夹紧方案和工艺路线），选择合理的刀具和切削工艺参数，编制数控加工程序。

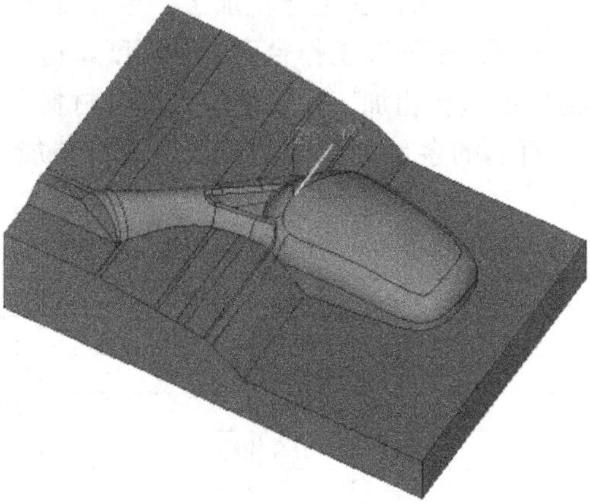

图 6-104　车灯模具

解题思路：

1）在 UG NX6.0 软件环境下打开一个名为“hsjtumo.prt”的模型文件。

2）默认进入建模模块。要进行数控编程，需要进入加工模块，在“开始”菜单中选择“加工”命令，弹出“加工环境”设置对话框，如图 6-105 所示。该对话框概括了几乎所有的加工环境，通常选择图 6-105 所示的普通设置。

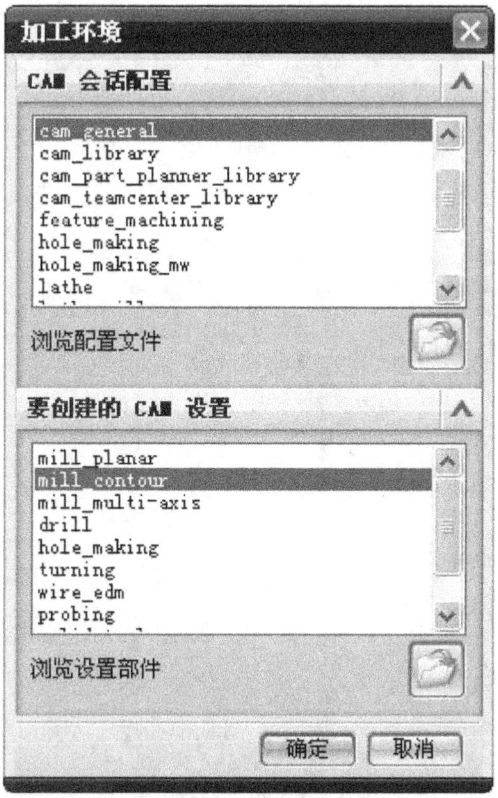

图 6-105　加工环境对话框

3）分析零件，确定加工工艺。通常加工分粗加工、半精加工和精加工，首先需要对毛坯的顶面进行加工，以保证顶面的平面和工作台面的平行度，这一步通常可以使用手动进行切削；再使用大刀具大进给速度进行粗加工，切削掉大部分材料；然后在需要的地方进行半精加工，半精加工后零件表面上的余量是相同的；最后进行精加工，以达到零件的精度要求。加工工艺参数见表 6-4。

表 6-4　加工工艺参数　　（单位：mm）

序号	加工工步	加工策略	加工刀具	公差	余量
1	粗加工整个零件	型腔铣	D50R6	0.03	0.3
2	二次粗加工整个零件	型腔铣	D25R5	0.03	0.15
3	粗加工手柄中间的小型腔	型腔铣	D6	0.03	0.15
4	半精加工整个零件	等高轮廓铣	D16R0.8	0.03	0.15
5	半精加工小型腔	等高轮廓铣	D6	0.03	0.15
6	精加工零件上的平面	表面铣	D12R0.4	0.01	0
7	精加工大区域陡峭面	等高轮廓铣	D12R0.4	0.01	0
8	精加工大区域平坦面	固定轴铣	B12	0.01	0
9	精加工小型腔侧面	等高轮廓铣	D6	0.01	0
10	精加工小型腔底面	固定轴铣	D3	0.01	0
11	清角加工	固定轴铣	B2	0.01	0

4）在创建操作之前，通常先创建需要父节点组，如程序组、刀具组、加工几何组和加工方法组。图 6-106 所示为程序顺序视图中创建的程序组“FINISH”。每个视图都可以新建不同的父节点组。

图 6-106　程序顺序视图

5）在创建完几个父节点组后，就可以创建操作。操作相当于实际的工步，一个操作等于一个工步，在制造时，一个操作程序通常是一次性进行加工。图 6-107 所示为程序顺序视图中显示的操作。首先按照工艺规划对大区域进行粗加工，生成的刀具路径如图 6-107 所示。

6）然后使用小一点的刀具对整个零件进行二次粗加工，生成的刀具路径如图 6-108 所示。

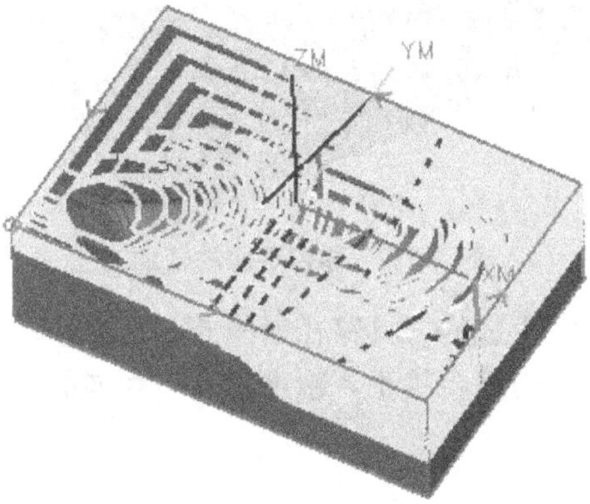

图 6-107 大区域的粗加工

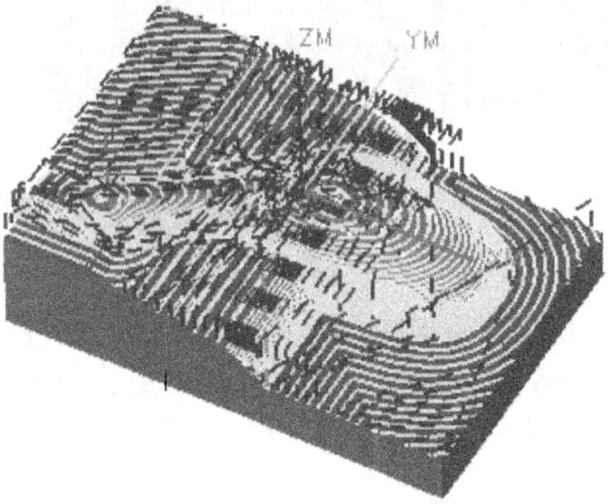

图 6-108 二次粗加工

7）在使用小刀具对整个零件进行二次粗加工后，在零件上还留有中间的一个小型腔未进行粗加工。由于小型腔中的余量非常大，不能进行半精加工或精加工，所以需要使用更小的刀具对该区域进行粗加工，粗加工生成的刀具路径如图 6-109 所示。

8）在进行粗加工后，零件上大部分的余量被切除了，但零件表面上的余量还不均匀，所以通常需要进行半精加工。半精加工后，零件表面余量均匀。首先使用大一点的刀具对零件大部分区域进行半精加工，生成的刀具路径如图 6-110 所示。

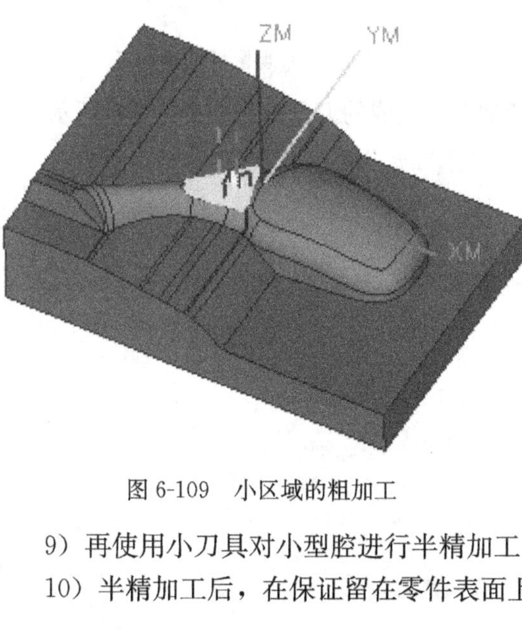

图 6-109 小区域的粗加工

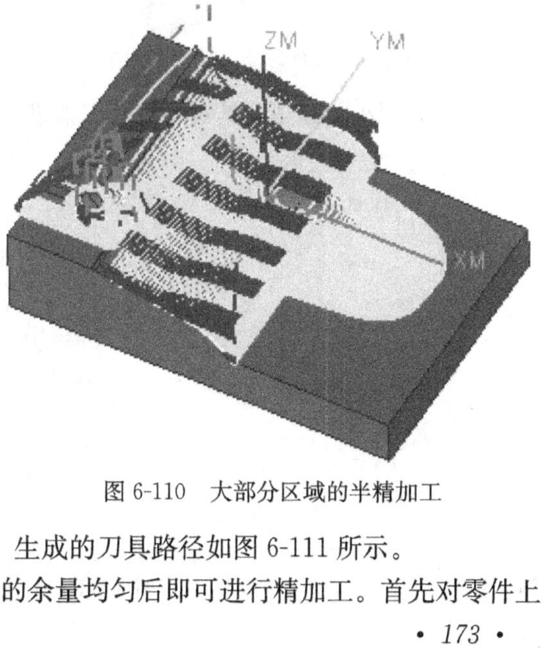

图 6-110 大部分区域的半精加工

9）再使用小刀具对小型腔进行半精加工，生成的刀具路径如图 6-111 所示。

10）半精加工后，在保证留在零件表面上的余量均匀后即可进行精加工。首先对零件上的平面进行精加工，生成的刀具路径如图 6-112 所示。

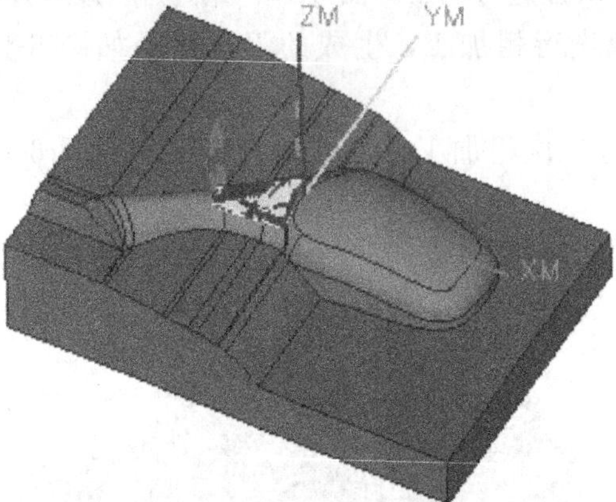

图 6-111　小型腔的半精加工

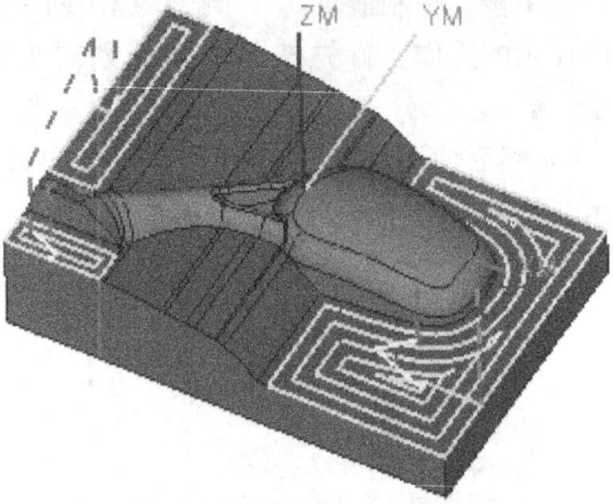

图 6-112　零件平面的精加工

11）再使用圆角刀对零件陡峭区域进行精加工，生成的刀具路径如图 6-113 所示。

12）使用球头刀对零件的平坦区域进行精加工，刀间距越小，精度越高，生成的刀具路径如图 6-114 所示。

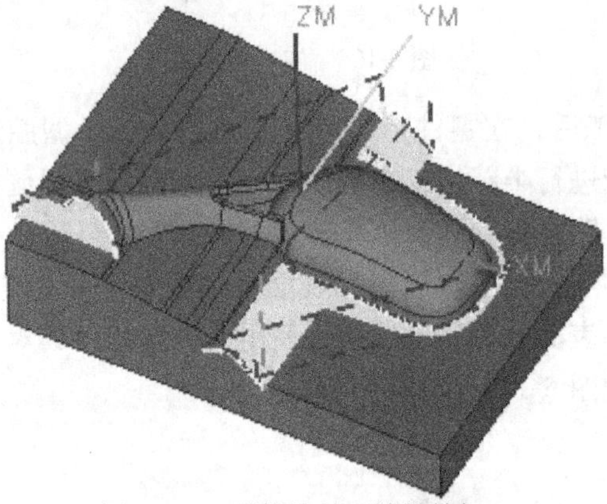

图 6-113　零件陡峭区域的精加工

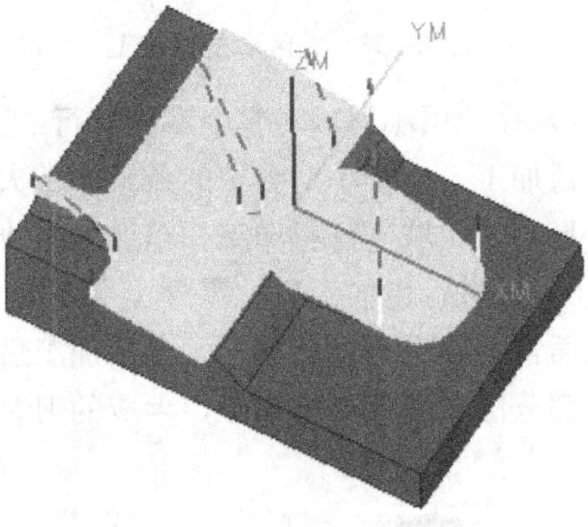

图 6-114　平坦区域的精加工

13）使用小的圆角刀具对小型腔侧面进行精加工，生成的刀具路径如图 6-115 所示。

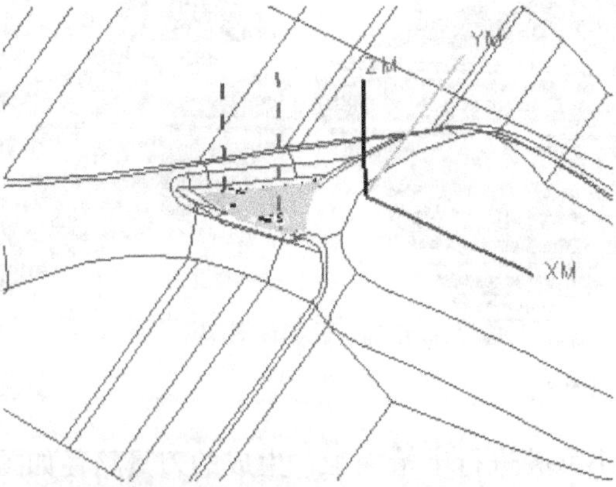

图 6-115　小型腔侧面的精加工

14）使用球头刀具对小型腔的底面进行精加工，生成的刀具路径如图 6-116 所示。

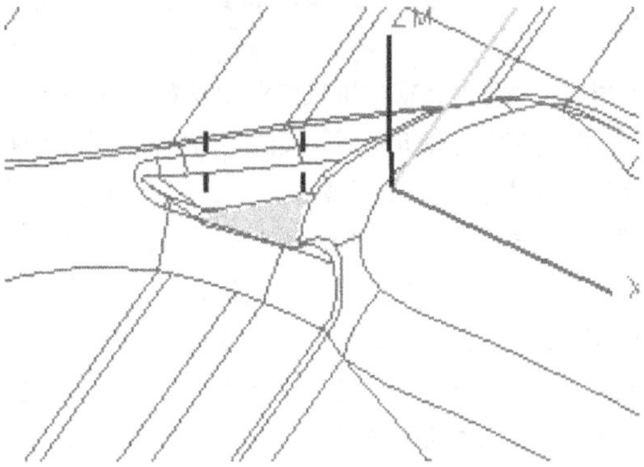

图 6-116　小型腔的底面精加工

15）精加工后，零件上面与面之间的夹角部分通常是加工不到的地方，需要使用刀具从大到小进行清根，以达到最好的夹角效果。清根操作生成的刀具路径如图 6-117 所示。

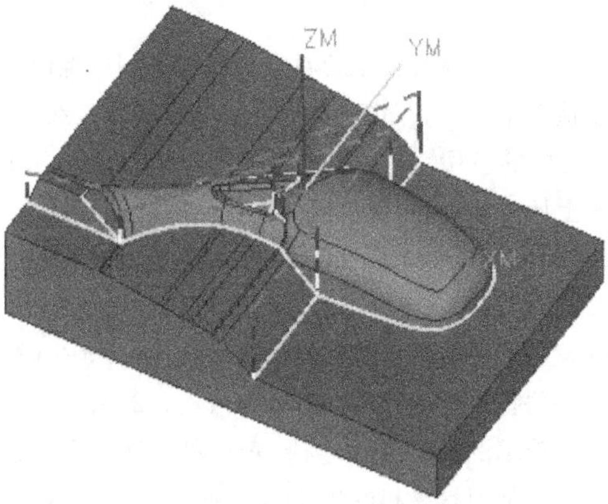

图 6-117　清根操作

16）在对所有操作生成刀具路径后，为了保证刀具路径的正确性，还需要对刀具路径进行验证，UG NX 6.0 提供了可视化模拟加工环境的验证方式。验证的结果显示没有红色的过切与撞刀现象，说明刀具路径正确。如果有需要进行修改，直到没有为止。

17）在保证正确的刀具路径后，就可以进行后处理，后处理生成加工程序和工艺文档。其中，加工程序用于驱动机床进行加工，工艺文档用于指导操作工进行操作。

18）最后整理数据，将无用的对象放置于 256 层，保存文件。

参考文献

[1] 王卫兵. 高速加工数控编程技术 [M]. 北京：机械工业出版社，2009.
[2] 陈学翔. UG NX 6.0 数控加工经典案例解析 [M]. 北京：清华大学出版社，2009.
[3] 刘战强，武文革，万熠. 高速切削数据库与数控编程技术 [M]. 北京：国防工业出版社，2009.
[4] 王先逵. 机械加工工艺手册（第1卷：工艺基础卷）[M]. 2版. 北京：机械工业出版社，2007.
[5] 何庆. 高速加工与数控编程 [M]. 北京：电子工业出版社，2009.
[6] 张伯霖. 高速切削技术及应用 [M]. 北京：机械工业出版社，2002.
[7] 高永祥. 零件三维建模与制造——UG NX 逆向造型、数控加工 [M]. 北京：机械工业出版社，2011.
[8] 高永祥. 零件三维建模与制造——UG NX 三维造型 [M]. 北京：机械工业出版社，2010.
[9] 王贵成，王树林，董广强. 高速加工工具系统 [M]. 北京：国防工业出版社，2005.
[10] 高永祥，来建良. 塑料挤吹型坯壁厚控制系统的研究 [J]. 机械制造，2007 (9) 56-58.
[11] 杨宁宁，钟新安，李乃文. UG NX 6 中文版数控加工案例解析 [M]. 北京：清华大学出版社，2010.
[12] 高永祥，姜晓强. 高速加工刀具轨迹优化策略研究 [J]. 轻工机械，2008 (9)：39-40.
[13] 常百. UG NX 6.0 中文版数控加工基础入门与范例精通 [M]. 北京：科学出版社，北京科海电子出版社，2009.
[14] 高永祥，徐晓风. 基于 UG 的数控铣削加工刀具选择研究 [J]. 现代机械，2009 (6)：68-69.
[15] 盛晓敏，邓朝辉. 先进制造技术 [M]. 北京：机械工业出版社，2000.
[16] 高永祥. Pro/E 在数控编程中的应用 [J]. 机械与液压，2009 (2)：218-219.
[17] 孙大涌. 先进制造技术：上册 [M]. 北京：机械工业出版社，1999.
[18] Yongxiang Gao. Cutter Path Optimization during High-speed Machining of Numerical Control [J]. Advanced Materials Research，2011. 10 (Vol. 341-342).
[19] 高博特. 高速加工技术的发展趋势 [J]. 航空精密制造技术，2004 (2)：11.
[20] 汪通悦. 高速加工机床的相关技术进展 [J]. 机床与液压，2004 (12)：4-6.
[21] 杨祖孝. 高速切削及其关键技术的发展现状 [J]. 航空精密制造技术，2001 (2)：1-5.
[22] 艾兴，刘战强，赵军. 高速切削刀具材料的进展和未来 [J]，制造技术与机床，2001 (8)：21-25.
[23] 席俊杰. 高速切削的关键技术及应用 [J]. 润滑与密封，2006 (5)：174-177.
[24] 于启勋. 现代刀具材料系列讲座（九）：超硬刀具材料——金刚石与立方氮化硼 [J]. 机械工程师，2001 (9)：67-69.
[25] 刘战强. 先进刀具设计技术：刀具结构、刀具材料与涂层技术 [J]. 航空制造技术，2006 (7)：60-63.
[26] 胡兴军. 刀具表面涂层技术进展综述 [J]. 精密制造与自动化，2005 (1)：14-17.
[27] 赵宏林，高立新，丁庆新. 高速切削中的刀柄技术 [J]. 制造技术与机床，2006 (7)：20-22.
[28] 田张松，韩晓红. 高速主轴承的油-气集中润滑系统 [J]，制造技术与机床，2000 (4)：23-24.
[29] 陈世平，石军，罗辑. 高速切削加工用刀柄的发展现状 [J]，新技术新工艺，2003 (9)：21-23.
[30] 张仲伟，高速，高精度加工用热装刀具夹持系统 [J]，现代零部件，2006 (2)：76-78.
[31] 沈健. 静压膨胀夹紧技术的应用 [J]，制造技术与机床，2003 (12)：67-69.
[32] 李如松. 高速加工和动平衡 [J]，世界制造技术与装备市场，2006 (2)：93-95.
[33] 熊建武，周进. 高速切削技术的特点及应用要求 [J]，科学技术与工程，2006 (10)：1404-1406.
[34] 方沂，王力强，何平，等. 高速加工工艺策略 [J]. 天津工程师范学院学报，2005 (1)：13-15.
[35] 程操宇. 高速铣削的工艺技术研究 [D]. 长春：吉林大学，2007.
[36] 张伯霖，夏红梅，黄晓明. 数控机床高速化的研究与应用 [J]. 中国机械工程，2001 (10)：1132-1137.

［37］陈长年，周润．高速加工中心及在我国的应用［J］．世界制造技术与装备市场，2000（3）：19-22．
［38］韩荣第．现代机械加工新技术［M］．北京：电子工业出版社，2004．
［39］王珂．锻模高速铣加工及 DELCAM 编程技术［J］．CAD/CAM 与制造业信息化，2004（4）：98-101．
［40］刘敏，傅蔡安．基于 UG 的高速加工技术［J］，CAD/CAM 与制造业信息化，2006（6）：90-91．
［41］李世珍．国外高速机床用电主轴概况［J］．轴承，2001（6）：42-45．
［42］黄红武，熊万里，等．高速大功率精密电主轴的关键技术［J］．湖南大学学报，2002（5）：49-54．
［43］于启勋．现代刀具材料系列讲座（五）：新型硬质合金——细晶粒与超细晶粒硬质合金和 Ti（C，N）与 TiC 基硬质合金［J］．机械工程师，2001（5）：174-177．
［44］周正干，崔在成．高速加工中心的核心部件及其关键技术［J］．机床与液压，2000（6）：53-56．
［45］张思弟，王令其，饶华球．高速切削加工工艺系统剖析［J］．中国制造业信息化，2007（19）：113-116．
［46］王成勇，周莉，等．模具高速加工的 NC 编程策略［J］．制造技术与机床，2003（2）：25-29．
［47］查韬，田伟，贾东永．从学习到实践——UG NX 6 数控加工［M］．北京：清华大学出版社，2009．